海南省万泉河流域水生态健康评估

李龙兵　王旭涛　林尤文　黄少峰　程　文　著

中国水利水电出版社
www.waterpub.com.cn
·北京·

内 容 提 要

河湖水生态健康包括良好的自然生态状况和可持续的社会服务功能两个方面的内涵。通过逐步开展河湖水生态健康评估工作，加强对河湖水生态状况的了解，力求为水生态健康评估指标体系、评估标准和评估方法的探索积累经验，形成科学的评价规范，为水生态系统的保护与修复提供支撑。

本书在开展万泉河水生态健康调查的基础上，对生境物理特征、水文水资源状况、水质物化参数、水生生物群落、河湖服务功能等方面进行了多尺度的分析与评价，构建了万泉河水生态健康评估指标体系和评估方法，对万泉河的水生态健康作出了定量评估，识别影响万泉河健康的主要因素，为万泉河的水生态保护工作提供科学依据。本书共分10章，包括河湖健康评估技术方法的应用及海南省万泉河水生态健康现状，可为河湖生态研究和水资源管理工作者提供参考。

图书在版编目（CIP）数据

海南省万泉河流域水生态健康评估 / 李龙兵等著
. -- 北京 : 中国水利水电出版社, 2020.9
ISBN 978-7-5170-8856-1

Ⅰ. ①海… Ⅱ. ①李… Ⅲ. ①流域－水环境质量评价－海南 Ⅳ. ①X824

中国版本图书馆CIP数据核字(2020)第171312号

书　名	**海南省万泉河流域水生态健康评估** HAINAN SHENG WANQUAN HE LIUYU SHUISHENGTAI JIANKANG PINGGU
作　者	李龙兵　王旭涛　林尤文　黄少峰　程　文　著
出版发行	中国水利水电出版社 （北京市海淀区玉渊潭南路1号D座　100038） 网址：www.waterpub.com.cn E-mail：sales@waterpub.com.cn 电话：（010）68367658（营销中心）
经　售	北京科水图书销售中心（零售） 电话：（010）88383994、63202643、68545874 全国各地新华书店和相关出版物销售网点
排　版	中国水利水电出版社微机排版中心
印　刷	北京瑞斯通印务发展有限公司
规　格	184mm×260mm　16开本　12印张　285千字
版　次	2020年9月第1版　2020年9月第1次印刷
印　数	001—800册
定　价	**68.00**元

本书编委会

前　言

我国的水资源保护工作在过去很长一段时间里主要以水质物理化学参数作为水环境质量的管理目标，但随着流域水生态问题的涌现及人们对水生态系统认知的逐步加深，水生态系统健康逐渐成为水行政主管部门关注的焦点，除继续抓好水质物化参数的监测外，还开展涉及生物群落、栖息地环境质量等要素的水生态健康调查评估工作。但由于我国各流域自然社会条件复杂、水生生物监测数据资料匮乏等原因，目前我国的水生态健康评估工作在各地以试点的形式开展，主要目标是加强对河湖水生态状况的了解，力求为水生态健康评价指标体系、评价标准和评价方法的探索积累经验，形成科学的评价规范，为水生态系统的保护与修复提供支撑。

目前生态系统健康的涵义尚未有统一的定义，众多学者从各自的研究领域出发，在多个角度给出了生态系统健康的定义。综合各家观点，一个健康的生态系统必须是能保持新陈代谢活力，并且内部组织结构完整，具备抵抗外界干扰和自我恢复的能力。对生态系统健康程度的评价方法也有很多，不同领域的研究者根据其知识经验给出了不同的评价方法，其中具有代表性的评价方法包括指示物种法、综合指数评价法、健康距离法、PSR 模型法等。目前国内外开展的水生生态系统健康研究主要是选用生态指标来进行评价，但其评价方法与标准的确定仍处于探索过程中；再加上目前对于水生生态系统健康还处于静态评价的阶段，而河湖健康与否本身就是动态变化的。因而，从哪些方面入手构建较为完善的、能突出某一区域河湖特点的健康评价指标体系？采用什么方法与标准评价河湖是否健康？影响河湖健康状况时空动态变化的驱动因子又是什么？如何维持与修复河湖健康？这都是河湖水生态健康评价研究领域中值得探讨的科学问题。

本书认为，河湖水生态系统健康的内涵是指河湖自然生态系统状况良好，同时具有可持续的社会服务功能。自然生态状况包括河湖的物理、化学和生物三个方面，我们用完整性来表述其良好状况；可持续的社会服务功能是指河湖不仅具有良好的自然生态状况，而且具有可以持续为人类社会提供服务的能力。本书在水利部水资源司、河湖健康评估全国技术工作组的《河流健康评估指标、标准与方法（试点工作）》《中国湖泊健康评价指标、标准与方法》的基础上，通过开展水生态调查工作，了解河湖生态系统各要素的质量现状，从河湖生态系统的物理完整性、化学完整性、生物完整性和服务功能完整性以及它们的相互协调性这几个方面评价水生态系统健康的状况，识别河湖水生态存在的健康问题，并提出针对性的保护对策。

1999年3月30日，国家环境保护总局正式批准海南省为中国第一个生态示范省；1999年7月30日，海南省第二届人民代表大会常委会第八次会议通过《海南生态省建设规划纲要》。经过10余年的发展，海南生态省建设在生态环境质量持续保持全国领先水平。2015年，海南省政府办公厅下发了《2015年度海南生态省建设工作要点》，提出“加强自然生态保护”的工作要求，“加强松涛水库和南渡江、昌化江、万泉河、宁远河、太阳河五大流域以及城市内河生态系统的保护，提高水环境质量”。保护河湖水生态健康、加强水资源管理是保护河流生态系统的重要基础，而水生态健康评估作为落实最严格水资源管理工作的重要组成部分，对海南省河流生态系统保护工作有重要的指导意义。

万泉河是海南岛第三大河，位于海南岛东部，发源于五指山，全长163km，流域面积3693km^2。沿河两岸典型的热带雨林景观和巧夺天工的地貌，令人叹为观止，因而被誉为中国的“亚马孙河”。但随着流域范围内的社会经济发展步伐逐步加快，生态植被受破坏、工农业污水无序排放等问题均对万泉河水生态健康造成威胁。本书在开展万泉河水生态健康调查的基础上，对生境物理特征、水文水资源状况、水质物化参数、水生生物群落、河湖服务功能等方面进行了多尺度的分析与评价，构建了万泉河水生态健康评估指标体系和评估方法，对万泉河的水生态健康作出了定量评估，识别影响万泉河健康的主要因素，为万泉河的水生态保护工作提供科学依据。

从调查结果来看，万泉河河流物理状态受到不同程度的人为干扰，其中岸坡开垦种植、水力梯级开发、河道采砂是主要的干扰因素。2011—2015年万泉河各水文站点实测平均流量较天然流量有较大程度的变异，但均满足生态基流。

万泉河流域水质相对较好，2015 年干流全年水质达到Ⅱ类水质目标，定安河达标率较低。其中，除下游支流的高锰酸盐指数较高外，其他监测点的耗氧有机污染物浓度处于较低水平；河流未受明显的重金属污染，两个重要水库的营养盐处于较低水平。

万泉河流域共检出浮游植物 8 门 204 种（属），其中蓝藻门、绿藻门和硅藻门浮游植物是各调查点的优势类群，流域不同区位的浮游植物种类、密度、生物量、优势种等群落结构特征存在时空差异。浮游动物 5 类 54 种（属），各监测点浮游动物呈一定的时空分布特征，其中桡足类、枝角类等甲壳动物在大部分监测点的优势度较高。

万泉河流域汛期和非汛期分别检出着生硅藻 142 种和 111 种。其中，上游的大平水文站及下游的文曲河、汀州以喜污染性的硅藻种类占优，其他站点以喜中低污染水体的硅藻种类占优。

万泉河流域共检出底栖动物 3 门 6 纲 45 种，其中软体动物的腹足纲底栖动物在大部分站点中占有优势，近河口的汀州大桥站点则以咸淡水种类为优势；适应于溪流环境的昆虫纲底栖动物（如蜉蝣目、蜻蜓目）在上游的太平溪、营盘溪出现频率较高。从万泉河各站点的底栖动物群落的特点来看，底栖动物的丰富度与采样点处的底质状况、水文环境和水质状况有一定的联系。

万泉河流域记录鱼类 73 种，本研究通过现场调查和资料文献查阅，累计已采集及整理 51 种，其中有珠江水系及海南岛珍稀、特有种类 5 种：广东鲂、尖鳍鲤、倒刺鲃、异鱲、盆唇华鲮。与南渡江相比，万泉河水域的鱼类种类比较单一，且越往上游，鱼类种类越少。而在支流溪流的种类更是稀少。生物多样性指数方面，万泉河总体偏低。

根据调查结果可知，万泉河态健康属于健康状态。南源、北源和中下游三个评价单元各健康要素得分情况与流域总得分基本一致，均以河流形态和生物群落两项得分较低；其中北源定安河社会服务功能得分亦较低，主要是水功能区未能达标。根据万泉河水生态健康评估结果，识别出万泉河存在河流流量变异较大、鱼类多样性及资源量下降、水库消落带的脆弱性等健康问题。

本书共分 10 章，第 1 章是对万泉河流域概况的介绍，第 2 章介绍了万泉河水生生境现状，第 3 章介绍了万泉河水质状况，第 4 章～第 8 章分别介绍了万泉河流域的浮游植物、浮游动物、着生硅藻、底栖动物、鱼类资源的群落特征，第 9 章介绍了万泉河水生态健康评估方案，第 10 章分析了万泉河水生态健康问题及管理对策。

本研究和书稿撰写得到了多方支持和指导，在此谨向为本研究工作提供帮助与指导的单位、专家、学者表示衷心感谢！

本书虽力求全面反映万泉河流域水生态健康各项要素，评价水生健康状态和影响因素，但由于条件和能力所限，书中不妥之处请广大读者批评指正。

作者

2020 年 4 月

目　录

前言

第 1 章　流域概况 …… 1

1.1　自然环境 …… 1

1.2　社会环境 …… 13

1.3　水力资源开发现状 …… 19

1.4　河流水质质量现状 …… 25

第 2 章　水生生境现状 …… 26

2.1　岸带状况调查方法 …… 26

2.2　河岸生境 …… 28

2.3　河（库）岸带状况 …… 35

2.4　河道采砂现状 …… 39

第 3 章　水质状况 …… 47

3.1　调查方法 …… 47

3.2　水质类别 …… 49

3.3　溶解氧及耗氧污染物 …… 51

3.4 营养盐 …… 58

3.5 重金属 …… 60

第 4 章　浮游植物 …… 63

4.1　调查方法 …… 63

4.2　种类组成 …… 65

4.3　密度状况 …… 68

4.4　生物量状况 …… 72

4.5　优势种 …… 75

第 5 章　浮游动物 …… 77
5.1　调查方法 …… 77
5.2　种类组成 …… 77
5.3　密度状况 …… 81
5.4　优势种 …… 84
第 6 章　着生硅藻 …… 87
6.1　调查方法 …… 87
6.2　群落结构组成 …… 88
6.3　种类数空间变化 …… 91
6.4　生态学意义 …… 93
6.5　硅藻指数计算 …… 101
第 7 章　底栖动物 …… 103
7.1　调查方法 …… 103
7.2　种类组成 …… 104
7.3　密度和生物量组成 …… 109
7.4　生态评价 …… 113
第 8 章　鱼类资源 …… 116
8.1　调查方法 …… 116
8.2　鱼类资源概况 …… 118
8.3　鱼类资源调查结果 …… 119
8.4　珍稀及特有鱼类状况 …… 127
8.5　鱼类生物多样性 …… 129
8.6　重要鱼类生态习性 …… 130
第 9 章　水生态健康评估方案 …… 134
9.1　评估方案 …… 134
9.2　水文水资源 …… 150
9.3　河流形态 …… 152
9.4　水质状况 …… 155
9.5　生物群落 …… 158
9.6　社会服务功能 …… 161
9.7　万泉河健康综合评估 …… 163
第 10 章　水生态健康问题及管理对策 …… 165
10.1　水生态健康问题 …… 166
10.2　健康管理对策 …… 173
参考文献 …… 178

流 域 概 况

1.1 自 然 环 境

1.1.1 地理位置

万泉河位于海南岛中东部，东经 109°37′～110°38′，北纬 18°46′～19°31′。南支源自五指山风门岭，向东横贯琼中县境内，流经霖田向东，经乘坡、灯火岭、牛路岭、会山至合阻与北源相汇；北支源自琼中县风门岭，向东流经中朗、红岭、嘉兴岭至合口阻。南北源上中游属山地区，两岸森林茂密，植被良好，多为次生林，该河段跌水礁滩较多，水流瑞急，其间有侵蚀而造成的沟谷盆地。河流的出口处横亘着葫芦形的港湾，该港湾是由海沙与河沙冲积成的玉带滩形成的。博鳌地区位于万泉河的出海口处，该地区由于博鳌论坛的落地而声名远著，该区主要以滨海台地与三角洲为主要地貌类型，多姿多彩的丘陵山体、滨海沙坝、岛屿、河流、泻湖等构成独特的然景观（图 1-1）。

1.1.2 地质概况

万泉河从西向东流，河宽 30～500m。地形总的趋势为西南高、东北低，由西南内陆向东北沿海逐渐降低。流域上游属中、低山区，峰林连绵，群山环抱。最高山峰五指山 1879m，鹦哥岭 1815m，黎母岭 1437m，万泉河就发源于这些群山峰林中，河流迂回弯曲，水系十分发育，支流众多，以万泉得名，属山区性河流，河谷为 V 形谷。中下游为半山区或丘陵区，在合口咀以下河道进入冲积平原区，一级阶地发育，河谷宽阔，河槽滩地宽阔，江心洲林立。

区内发育有古生界、中生界及新生界的地层，另外，还大面积分布有岩浆岩。

古生界：仅见寒武系地层出露，为一套深灰色碎屑岩。主要分布在流域区中下游及周边地区。

中生界：见白垩地层出露，为一套灰紫色、紫红色碎屑岩沉积，主要分布在流域下游地区。

新生界新四系：主要有基岩风化形成的残坡积棕红、黄色黏性土，主要分布于上中统山区丘陵地带；海相沉积、海陆混合相、冲洪积形成的堆积物，主要分布于出海口、三角洲部位及万泉河河流沿岸的阶地，山麓及山间盆地等部位。

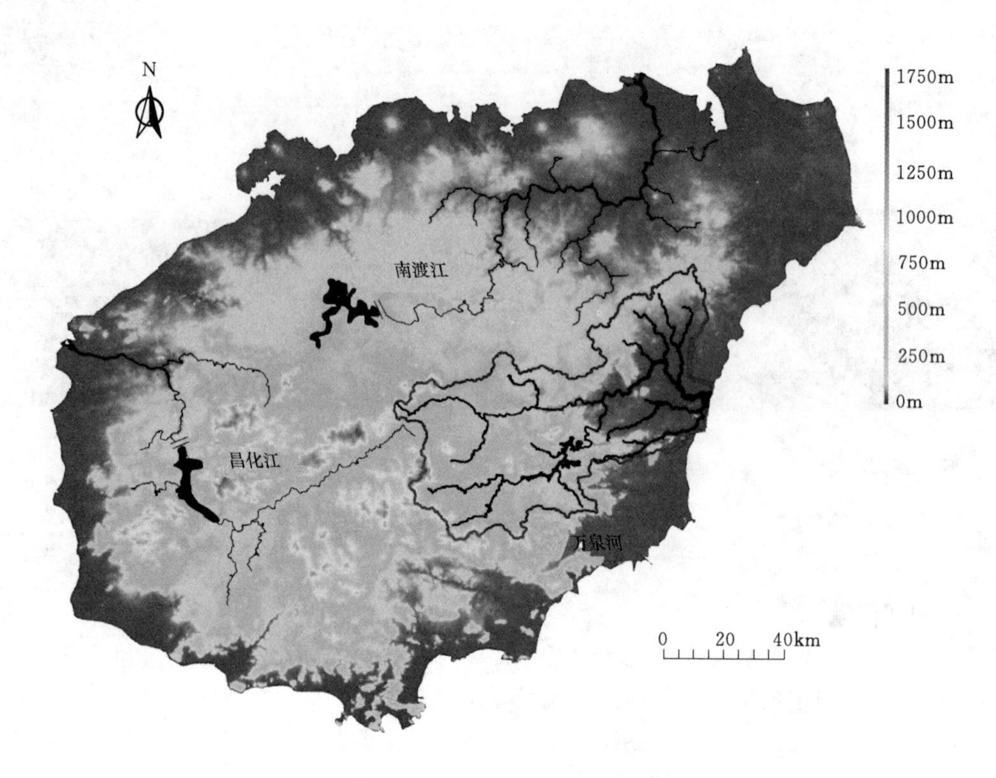

图1-1 万泉河地理位置示意图

岩浆岩：由喷出岩和侵入岩两种组成，喷出岩形成于新生代，岩性多为玄武岩，主要分布在琼海市以北及文昌市的大部分地带；侵入岩是多次岩浆侵入作用的产物，形成于中生代，岩性较复杂，以花岗岩类为主，还有闪长岩和闪长斑岩等。主要分布于流域区中上游。

万泉河流域处于海南岛北部雷琼新凹陷（三级）中的雷海凹陷与南部南华准地台华夏褶皱带海南隆起两构造单元之间。自古生代以来，经历了多期构造运动，其中以印支运动和燕山运动较为强烈。区内规模最大断裂为：王五—文教东西向断裂及尖峰岭—吊罗山东西向断裂，万泉河流域呈东西向带状分布于两大断裂之间；此外，区内褶皱扭性断裂及层间错动均较发育，其构造形迹主要呈NE—EW向，为区内主导构造。

(1) 王五—文教深断裂：分布于万泉河流域区之北部，东西走向。中生代第四期侵入体作东西方向分布，此外还见第三纪地层与老于第三纪地质体呈嵌入不整合接触。

(2) 尖峰岭—吊罗山深断裂：位于万泉河流域区之南部，东西走向。由中生代第三、四期侵入体和中生代喷出体组成，呈东西向排列，属推测断裂破碎带。

万泉河流域地形图如图1-2所示。

1.1.3 流域气象

万泉河流域属热带季风海洋性气候。基本特征为：四季不分明，夏无酷热，冬无严寒，气温年较差小，年平均气温高；干季、雨季明显，冬春干旱，夏秋多雨，热带气旋、干旱等气候灾害频繁。万泉河流域多年平均气温为23.5℃，极端最高气温39℃，极端最

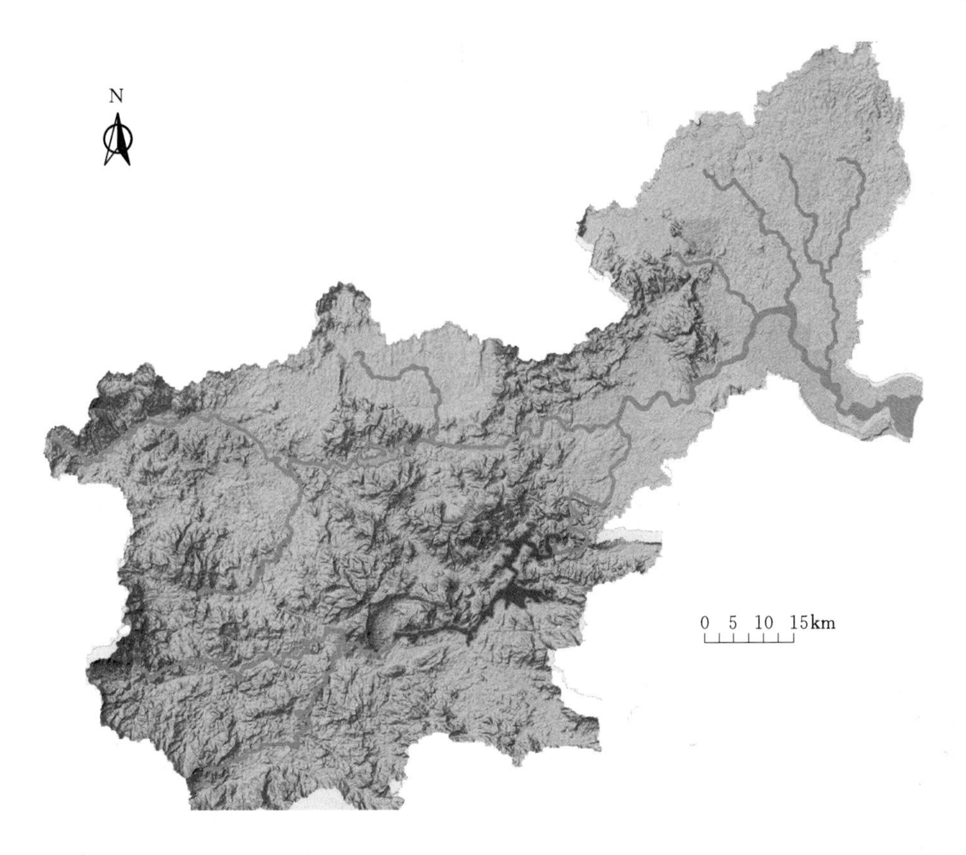

图 1-2 万泉河流域地形图

低气温 3℃。东部、东北部气温相对较高，西部、西南部气温相对较低；多年平均水面蒸发为 1479mm，陆地蒸发为 870mm；多年平均相对湿度 85%；该流域是海南岛降水量最为丰富的地区，多年平均降水量为 2385mm，但降水年内分配不均匀，每年 5—11 月为雨季，降水量约占全年的 84%以上，降水的年际变化较大，具有明显的丰枯水年之分。万泉河流域也是海南省的暴雨中心之一，大墩、琼中、加报、乘坡、加豪、琼海等主要测站的多年平均最大 24h 暴雨量都在 171mm 以上，24h 暴雨量最大的达 433.4mm。年内 3d 最大暴雨量达 732.6mm。流域内降水分布不均匀，琼中、加报和琼海市气象观测站分别位于本次规划范围的上、中、下段，根据以上三站及结合其他站同期（1965—1988 年）降水观测资料分析，中部的多年平均降水量最大，加报站多年平均降水量为 2401.8mm，乘坡站为 2507.2mm；其次是上段的降水量，位于大边河上段的琼中站多年平均降水量为 2396.4mm，大墩站为 2188.2mm；下段的降水量最小，琼海市气象站多年平均降水量为 1953.4mm。

本流域是热带气旋多发区，登陆的热带气旋每年有 4～6 次。热带气旋登陆时最大风速达 21.5m/s（NNE），多年平均最大风速为 16.1m/s，多年平均风速为 2.3m/s。流域内主要站雨量特征值统计见表 1-1，主要站的年、月降水量统计见表 1-2，加报站蒸发量年内分配统计见表 1-3。

表 1-1　　主要站雨量特征值统计表　　%

站名	大墩	琼中	加报	乘坡	加豪	琼海	
年降水量/mm	多年平均	2188.2	2421.3	2433.1	2569.3	2534.3	2006.7
	最大	3322.8	3769.0	3354.0	3568.0	3442.4	3531.4
	出现年份	1981	1978	1972	1978	1972	1953
	最小	1245.6	1434.9	1363.5	1186.2	1456.1	1162.5
	出现年份	1969	1969	1977	1977	1969	1977
最大24h暴雨量/mm	多年平均	181.7	191.7	181.1	200.5	206.4	171.3
	最大	345.5	416.5	409.6	390.7	433.4	378.4
	出现日期	1976-09-26	1976-09-26	1970-10-16	1983-10-27	1961-11-14	1953-09-28
年最大3d暴雨量/mm	最大	606.1	620.1	590.2	732.6	620.8	490.9
	出现日期	1976-09-25	1976-09-25	1982-11-25	1983-10-25	1982-11-25	1953-09-28

表 1-2　　主要站年、月降水量统计表　　单位：mm

站名	月份												全年
	1	2	3	4	5	6	7	8	9	10	11	12	
琼中	35.4	35.2	50.8	106.5	228.5	232.3	234.3	321.8	450.1	471.6	191.1	54.1	2411.7
琼海	36.5	40.1	62.0	118.4	178.9	228.3	164.7	283.6	391.8	287.1	151.8	63.5	2006.7
加豪	49.8	50.2	63.7	161.6	213.8	277.0	208.6	295.7	471.9	402.0	258.2	81.9	2534.4
加报	47.2	52.6	72.0	142.7	205.9	262.3	205.4	304.6	475.5	397.8	197.6	69.6	2433.2
大墩	31.3	20.9	28.3	146.0	229.2	243.7	231.1	278.6	422.0	478.1	172.2	42.2	2323.6
乘坡	31.3	33.5	33.9	117.7	210.1	256.0	257.1	315.2	541.3	521.0	202.2	50.0	2569.3

表 1-3　　加报站蒸发量年内分配统计

项目	月份												全年
	1	2	3	4	5	6	7	8	9	10	11	12	
平均蒸发量/mm	58.8	59.9	90.9	115.6	140.6	126.3	140.7	120.7	97.3	86.1	65.1	58.6	1160.6
百分比/%	5.07	5.16	7.83	9.96	12.11	10.88	12.12	10.40	8.39	7.42	5.61	5.05	100

1.1.4 河流水系

万泉河是海南岛第三大河流，流域面积 3693km^2，总落差 800m，平均坡降 1.12‰；年均径流量 540300 万 m^3，多年平均流量 172m^3/s，仅次于南渡江；年最大洪峰一般出现在7—10月，非汛期（11月至次年4月）流量甚少。海南岛三大水系比较图如图 1-3 所示。

万泉河流域水系十分发育，支流众多，以万泉得名。万泉河流域水系主要由南、北两源组成。南源为干流，发源于琼中五指山风门岭，横贯琼中县境内，流经霖田、乘坡、灯火岭、牛路岭、会山，至合口咀纳入定安河后，经琼海市的石壁、龙江、加积至博鳌港入海，干流全长 157km，平均坡降 1.12‰，总落差 586m，多年平均流量 154m^3/s。干流在

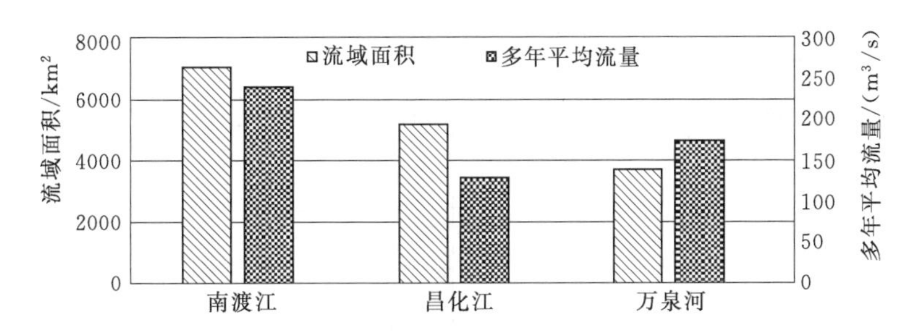

图 1-3 海南岛三大水系比较图（数据来源：海南省水务局，2005）

合口咀以上部分为上游段，主源为乘坡河（俗称乐会水），长度 103km，落差 573m，集水面积 1387km²；合口咀至入海口河段称万泉河，全长 56km，落差 13m。万泉河流域水系如图 1-4 所示。

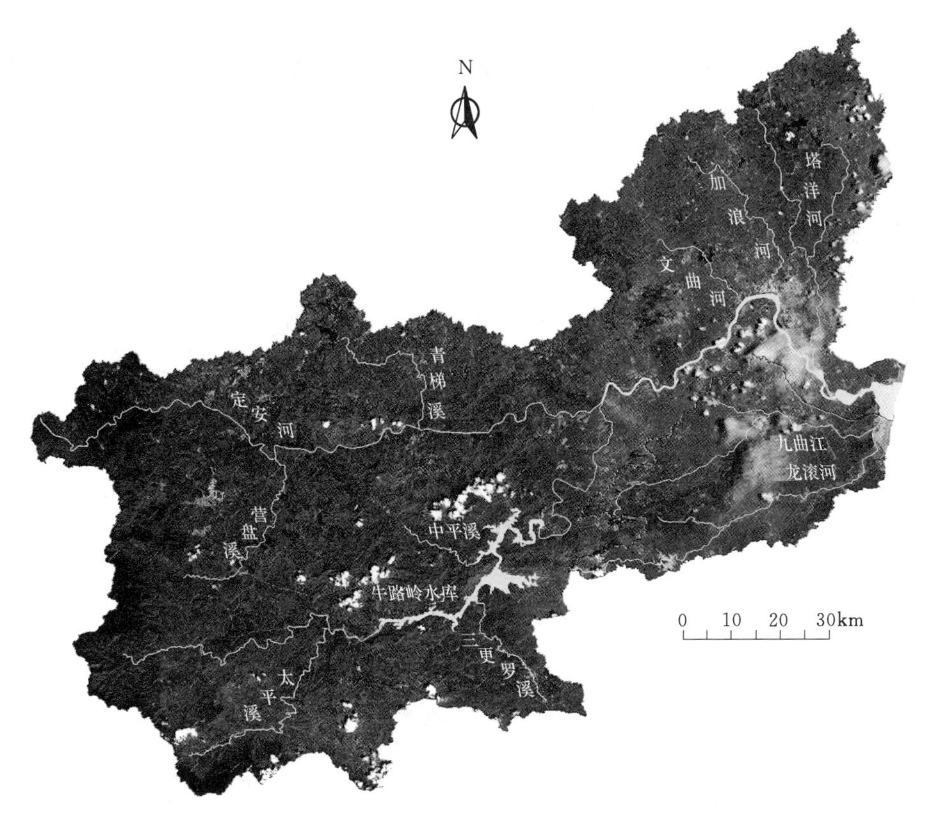

图 1-4 万泉河流域水系图（不包括九曲江和龙滚河）

北源大边河（又称定安河）为万泉河最大的一级支流，发源于琼中县风门岭，向东流经中郎、红岭、加兴岭，至合口咀从左岸汇入干流，河长 88km，落差 803m，坡降 2.89‰，集水面积 1222km²。

万泉河在琼海博鳌与九曲江和龙滚河汇合后流入南海，这两条河流的集水面积分别为 278km² 和 214km²。

万泉河的主要支流情况详见表 1-4。

表 1-4　　万泉河水系情况信息表

河流名称	发源地	出口地	集雨面积/km^2	河长/km	坡降/‰	年均径流/(m^3/s)
太平溪	琼中县三角山	琼中县合口	220	34.6	9.07	3.92
三更罗溪	万宁市黑石岭	万宁市田堆村	99.9	27.5	10.40	1.70
中平溪	琼中县火岭	琼中灯火岭北	110	19.4	11.00	2.00
定安河	琼中县风门岭	琼海市合口咀	1222	88.0	2.89	18.39
营盘溪	琼中县那番苗岭	琼中县下村园	113	32.8	8.83	1.72
青梯溪	屯昌县双顶岭	琼中县合口村	214	31.3	4.69	3.03
文曲河	定安县山岭	琼海市石姆园	135	29.4	4.52	1.49
加浪河	定安县岭脚湖	琼海市溪边寨	181	31.2	2.17	1.99
塔洋河	定安县石马村	琼海市南面村	357	63.6	1.36	3.48

万泉河流域的径流来自降水。从上游至下游的水文（位）站有乘坡、加报、加积三个水文站点，各点均有水位、流量数据。加积（二）站位于万泉河流域的下游，集水面积3236km^2，占万泉河流域面积的87.6%，为该流域的主要控制站，加积站的径流变化反映了万泉河流域的径流特性。据加积（二）站1956—2015年资料统计，多年平均径流量为48.0亿m^3，多年平均流量为152m^3/s。径流的年际变化，除丰、枯年相差较大外，一般年份的差异不是很大，丰水年（1973年）年平均流量247m^3/s，枯水年（1977年）年平均流量54.9m^3/s，丰、枯比值为4.50倍。乘坡站位于干流上游乘坡河，集水面积727km^2，占万泉河流域面积的19.7%，据乘坡站1961—2015年资料统计，多年平均径流量为11.8亿m^3，多年平均流量为37.4m^3/s。径流的年际变化，丰水年（1964年）年平均流量68.8m^3/s，枯水年（1977年）年平均流量12.4m^3/s，丰、枯比值为5.55倍，除丰、枯年相差较大外，一般年份的差异不大。加报站位于主要支流大边河，集水面积1149km^2，据1957—2015年资料统计，多年平均径流量为15.8亿m^3，多年平均流量为50.2m^3/s。径流的年际变化，除丰、枯年相差较大外，一般年份的差异也不大，丰水年（1973年）年平均流量86.9m^3/s，枯水年（2015年）年平均流量12.8m^3/s，丰、枯比值为6.79倍。万泉河水文站点信息表见表1-5。

表 1-5　　万泉河水文站点信息表

水文站名	集水面积/km^2	地　址	地理坐标	
			东经	北纬
乘坡	727	海南省琼中县和平镇	110°01′	18°54′
加积	3236	海南省琼海市加积镇	110°28′	19°14′
加报	1149	海南省琼海市东太农场加报	110°12′	19°08′

1.1.4.1　乘坡水文站

乘坡水文站位于万泉河上游，于1959年9月由海南行政公署水文气象局设立为水文站进行水位、流量观测至今。1963年12月16日以前是人工观测水位，一般每日8：00、20：00观测2次，汛期则根据水位变化增加测次。1963年12月16日开始使用自记水位计观测，一般每天校测一次。该站流量测验采用流速仪测验方法，低水时通常采用浮杆法施测。1980 年开始使用缆道测流。该站测验河段有 600m 顺直，中水控制良好，河床为岩石，测验断面变化微小，历年水位流量关系较为稳定。该站没有进行泥沙测验。

1965 年基本断面下游约 700m 处新建一滚水坝、坝顶高程 106.89m，当水位在 106.4m 以下时全断面接近死水。1994 年将原滚水坝改为低水公路桥，桥面最高点高程 107.30m。牛路岭电站建成蓄水后对乘坡站的低水水位流量关系造成影响。万泉河乘坡节点天然月均流量及实测流量如图 1－5 所示。

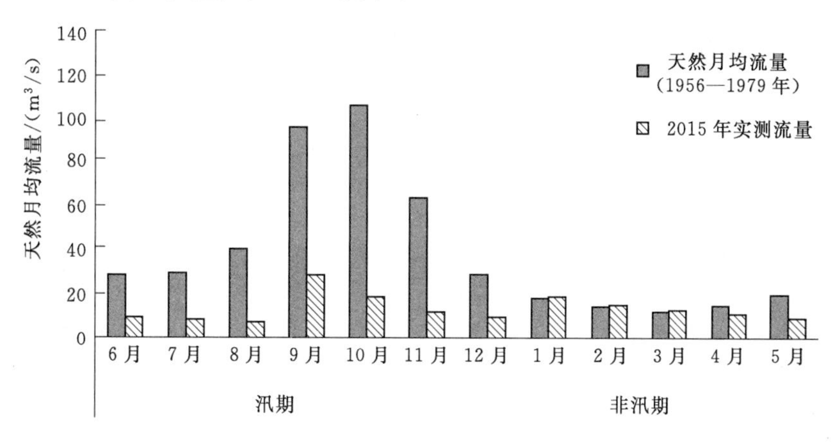

图 1－5 万泉河乘坡节点天然月均流量及实测流量

1.1.4.2 加报水文站

加报水文站位于大边河与万泉河交汇的合口咀以上约 8.5km 处，是大边河的主要控制站，于 1956 年 7 月由广东省水利电力厅水文总站设立为水文站测验至今。1974 年前水位为人工观测，一般每日 8：00、20：00 观测 2 次，汛期一般按 2：00、8：00、14：00、20：00 观测 4 次，如遇水位变化急剧时则适当增加测次。1974 年开始使用自记水位计观测，一般每天校测一次。该站流量测验采用精度较好的流速仪测验方法，当干流水较大时有回水顶托现象，故水位流量关系成绳套关系，测站断面较稳定，因此洪水期多采用断面计算流量。该站泥沙测验采用横式采样器采样，沙样处理为沉淀烘干法，烘干后用 1/1000 天平称重。由于单断沙关系较好，通常只测单位水样含沙量，断面含沙量采用历年综合单断沙关系推算。

该站顺直河段约 1500m，中水位河宽 115～135m。水位 26.1m 开始漫滩，最高水位两岸漫滩约 60m。下游约 700m 处有一小支流汇入，该支流发生较大洪水时有回水对本站顶托。下游 7.6km 处与万泉河汇合，万泉河发生较大水时也有回水对本站顶托，甚至产生负流。定安河加报节点天然月均流量及实测流量如图 1－6 所示。

1.1.4.3 加积水文站

加积（二）站位于万泉河流域的下游，为该流域的主要控制站。加积（一）站设于 1943 年 1 月，次年 1 月 1 日停测。1947 年 9 月由前珠江水利局恢复设立为水文站，1949 年 10 月 31 日停测。1951 年 1 月由珠江水利工程总局恢复设立为水文站，1955 年将基本水尺向下游迁移 184m，1959 年 6 月再向下游迁移 450m，位置在加积大桥下游 196m 处，

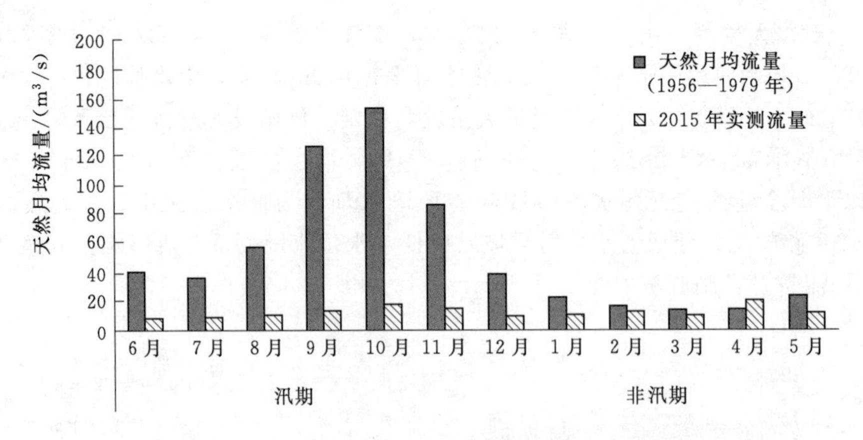

图1-6 定安河加报节点天然月均流量及实测流量

万泉河左岸，改称为加积（二）站。1966年前和1973年后观测水位采用人工观测，一般每日8：00、20：00观测2次，汛期一般按2：00、8：00、14：00、20：00观测4次，如遇水位变化急剧时则适当增加测次。1966—1972年间使用自记水位计观测，一般每天校测一次或两次，自记钟每日误差超过10min，水位误差超过2cm则进行订正。该站流量测验采用精度较好的流速仪测验方法，该站测验河段尚顺直，断面较稳定，洪水时多借用断面推流，1969年在上游550m处建一水轮泵站拦河坝，但对本站的水位流量关系没有影响。水位在4.0m以上用加积（坝上）水位推流，4.0m以下用加积（二）站水位推流。该站泥沙测验采用横式采样器采样，沙样处理为沉淀烘干法，烘干后用1/1000天平称重。该站经代表线验证单断沙关系较好，因此通常只在代表垂线上测单位水样含沙量，然后采用历年综合单断沙关系推算断面含沙量。万泉河加积节点天然月均流量及实测流量如图1-7所示。

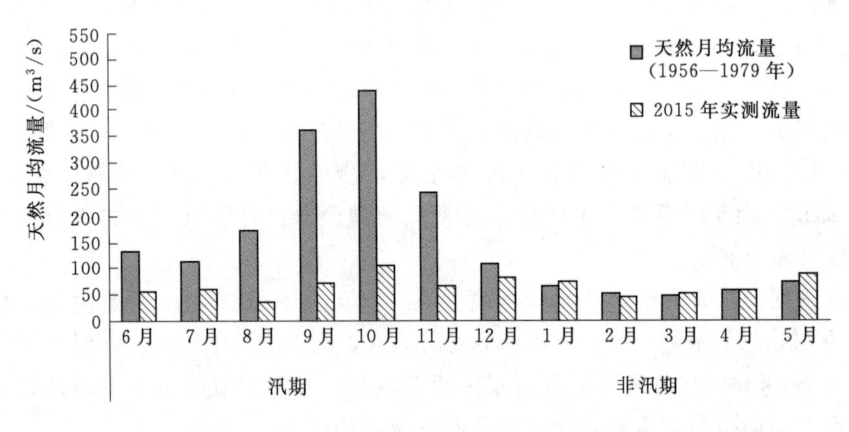

图1-7 万泉河加积节点天然月均流量及实测流量

评估采用的加报、加积（二）、乘坡水文站均属国家基本站，基本资料每年由水文部门根据规范要求整编成册，资料质量可靠，经对其测验方法、高程系统、水尺位置、水准基面的变动，年与年之间的水位衔接等检查未发现不合理现象，因此采用的资料符合质量和规范要求。万泉河水文站分布位置如图1-8所示。

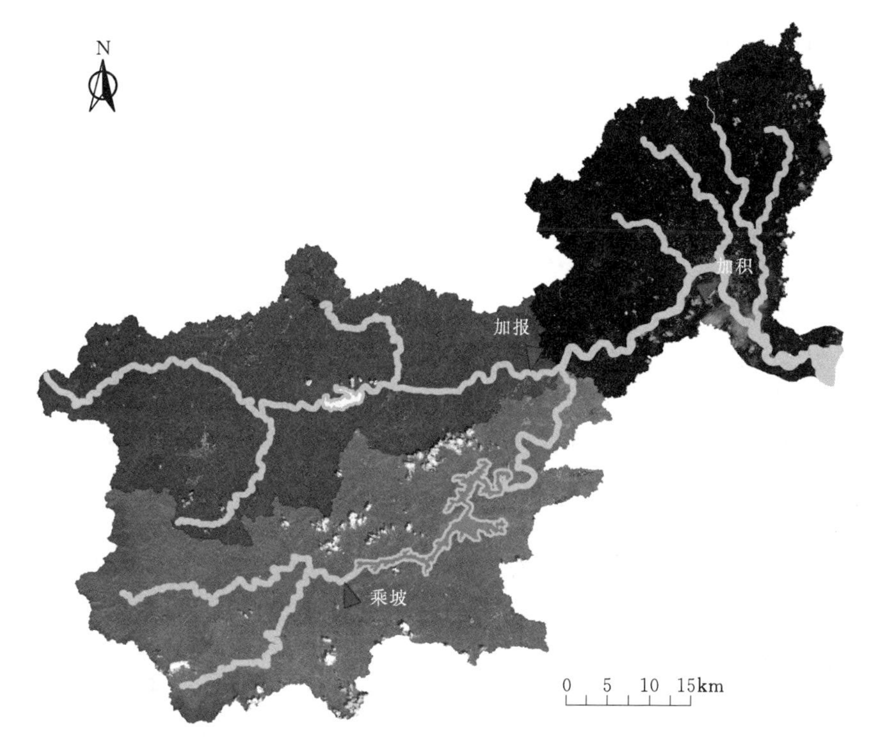

图 1-8 万泉河水文站分布位置示意图

目前已建的对万泉河水文情势有较显著影响的水利工程为牛路岭水库及红岭水利枢纽；牛路岭水库 1976 年开工建设，1 号和 2 号机组于 1979 年 12 月试机投产，3 号和 4 号机组分别于 1981 年 1 月和 1982 年 12 月相继发电，工程于 1986 年 6 月正式竣工验收；红岭水利枢纽 2011 年 2 月底开工建设，2015 年初开始下闸蓄水运行。因此，收集了万泉河流域乘坡（1961—1979 年）、加报（1957—1979 年）、加积（1956—1979 年）三个水文站的长序列水文资料，以此作为万泉河天然流量的计算时段；并收集这三个水文站的现状年（2015 年）实测水文资料，评价万泉河水文变异程度及生态基流满足程度。

1.1.5 自然资源

1.1.5.1 森林资源

万泉河流域植物资源丰富，植物种类繁多，其中琼中森林面积达到 300 多万亩[1]，森林覆盖率达 80%以上，远高于全国平均水平。宁市森林覆盖率 60.2%，琼海会山森林保护面积 8 万多亩。龙江农场有自然林、生态林 20 多万亩，拟开发森林旅游项目；位于金光分场的 9 万多亩生态林，山水相伴，风光秀丽，素有海南的“小桂林”之称，将开发建设森林旅游度假基地或森林旅游主题公园。万泉河流域主要森林资源状况详见表 1-6，数据结果表明，流域内经济林比重占到总面积的一半以上，为该区域的主要部分，保障了该区域居民的经济生活。

[1] 1 亩≈$6.667\times10^2 m^2$。

表 1-6　　万泉河流域森林资源状况表

森林类别	面积/亩	比重/%	森林类别	面积/亩	比重/%
防护林	74505.68	26.1	经济林	167640.80	58.6
特用林	12876.93	4.5	合计	285921.08	100.0
用材林	30897.67	10.8			

1.1.5.2 植被概况

1.1.5.2.1 上游植被概况

万泉河流域上游的森林覆盖率较高，其中琼中县植被覆盖率达到 81.67%；良好的植被覆盖和复杂多样的森林类型和完整的群落结构使得其涵养水源、调节径流的作用更加明显。错落多层的常绿树种，可以将地表径流更多的转化为地下径流；因此，在一定程度上，良好的植被覆盖率在雨季能削弱洪峰流量，推迟洪峰的高峰期，缓解旱季易发生的灾害，从而达到“消洪补枯”的作用，使流域上游保持一种四季常青、美好人居、自然和谐、生态优美的生态环境。

上游多属于天然次生林，植被的生长状态优。位于黎母山的源头分布有国家二级保护植物黑桫椤（*Alsophila podophylla*）、大叶黑桫椤（*A. gigantean*）、白桫椤（*A. brunoniana*）和山铜材（*Chunia bucklandioides*）等，其中在源头的上游还分布有黑桫椤群。在位于琼中县上安乡的源头，分布有青皮（*Vatica mangachapoi*）等国家保护植物。上游以常绿季雨林为主，上层乔木主要种类包括鸡毛松（*Dacrycarpus imbricatus* var. *patulus*）、陆均松（*Dacrydium pectinatum*）、五列木（*Pentaphylax euryoides*）、密脉蒲桃（*Syrygium chunianum*）、琼中柯（*Lithocarpus chiungchungensis*）、岭南山竹子（*Garcinia oblongifolia*）、海南木莲（*Manglietia fordiana* var. *hainanensis*）、鹅掌柴（*Schefflera octophylla*）、猴耳环（*Archidendron clypearia*）、盆架树（*Alstonia rostrata*）等，下层灌木有多花野牡丹（*Melastoma affine*）、枝毛野牡丹（*Melastoma dendrisetosum*）、毛稔（*Melastoma sanguineum*）、水团花（*Adina pilulifera*）、草本有石菖蒲（*Acorus tatarinowii*）、深绿卷柏（*S. doederleinii*）、粽叶芦（*Thysanolaena latifolia*）等。

1.1.5.2.2 中下游植被概况

万泉河流域中下游森林以橡胶林、槟榔林、马占相思林为主，植被覆盖率较低，且中下游地区由于过度频繁采沙，导致部分河道变深、改道，改道的河水直接冲刷原本安全的堤岸，河滩表面沙石裸露，植被防护功能脆弱，导致水土流失严重。公司、国有农场和个体种植户等在琼海境中下游河流两岸开荒，毁水源林造橡胶、槟榔等经济林。两岸的植被垂直分布特征：山坡中上部为人工橡胶林或次生林，陡峭的岩石壁上是天然的灌草林，中部或中下部坡度小于45°的坡地被人工开凿种植槟榔林、橡胶林、马占相思林，在近河床山体下部主要茂密的次生林。常绿灌丛，由水柳（*Homonoia riparia*）、水竹蒲桃（*Syzygium fluviatile*）等灌木构成。由于处在人类活动频繁区，林下多为外来物种的入侵，如飞机草（*Chromolaena odorata*）、假臭草（*Praxel isclematidea*），藿香蓟（*Ageratum conyzoide*）等。此外，中下游地区由于过度频繁采沙，导致部分河道变深、改道，改道的河水直接冲刷原本安全的堤岸，河滩部分都是沙石，没有种植防护林，只是在沙床上生长有外来杂草，导致水土流失严重。

1.1.5.2.3 下游至出海口植被概况

万泉河流域下游景色诱人，河面宽阔，水流平缓，河水清澈见底；两岸植被保护良好，岸边以椰树林和木麻黄等防护林为主。近年来流域下游琼海等市县提出“花草树木多，文明新风多，农民收入多”的要求，重点建好生态环境，发展生态经济，创建生态文化。将过去单纯的环境建设与生态经济有机地结合起来，发动群众在庭内院外、房前屋后及闲置地种植林木果木15000株，椰子树1600株，既美化环境，又增加农民收入，从而调动村民整治环境的积极性。这一措施对流域生态环境建设成效显著，而且对河流两岸植被的恢复与保护工程从群众思想上得到了有力支持。这将为流域下游琼海市、万宁市打造绿色天堂，生态优美的人居环境提供了良好的自然条件。下游至出海口地带河面开阔，漫江碧透，水清见底，沙礁可辨，卵石可数。两岸晨昏景色变幻神奇。清晨，晨曦喷洒，椰林村庄拨纱露面；黄昏来临，残阳撒金，河面倒影沉璧，薄雾织纱。岸边是成片的椰树（*Cocos hucifera*）林和木麻黄（*Casuarina equisetifolia*）防护林。

1.1.5.3 水资源量

1.1.5.3.1 降水量

海南省地处低纬地区，由于四面环海，水汽充足，属热带亚热带季风气候，季风发达，湿热多雨，长期受海洋调节及台风影响，降雨量充沛。降水量在空间上变化总的趋势是由中部山区向四周沿海递减，呈东南高西北低的趋势，等值线的变化范围为1000～2600mm。

降水量的年内分配很不均匀，随季节的变化，与上层空间水汽和风向、风力变化有密切关系。在省内明显地分为多雨期与少雨期。多雨期雨量占年总量的75%～91%。

在海南岛的水资源分区中，万泉河流域年降水深最大，达2280.2mm，年降水量为84.2亿m^3。

1.1.5.3.2 河流泥沙

河流泥沙是反映地表水资源质量的一个重要因素，对水资源开发利用和江河治理有较大的影响。本次选取悬移质泥沙实测资料，分析计算万泉河多年平均含沙量和输沙量。

据分析，海南省河流含沙量较小，多年平均含沙量一般为0.06～0.20kg/m^3，最大含沙量多出现于9—10月。其中，万泉河多年平均输沙量47.2万t，输沙模数为127.8t/km^2。

1.1.5.3.3 地表水资源量

海南省年径流深大，面上分布不均。从地理分布上看，大致自中部山区向四周沿海渐趋递减与降雨量趋势一致，形成中高周低，东大西小，且高低区差值大。其中，万泉河所处的海南岛东南部位于五指山东侧迎风坡，雨量充沛，径流量大，是海南省高值区，包括琼海、屯昌、白沙、琼中、万宁、保亭等县市。

万泉河为降水补给性河流，径流的年内分配基本上与降水的年内分配一致，年内分配很不均匀，汛期（5—10月）径流量占全年径流总量的百分比为68%。万泉河流域年降水量84.21亿m^3，多年平均径流量为53.85亿m^3，多年平均径流深为1458.2mm。其中，地下水不重复计算量为0.02亿m^3，水资源总量53.87亿m^3，产水系数64.0%，产水模数145.9万m^3/(a·km^2)。万泉河多年平均及不同频率的年径流量如图1-9所示，万泉河与海南省其他水系多年平均水量比较如图1-10所示。

万泉河入海水量为53.23亿m^3，占径流量的98.8%。

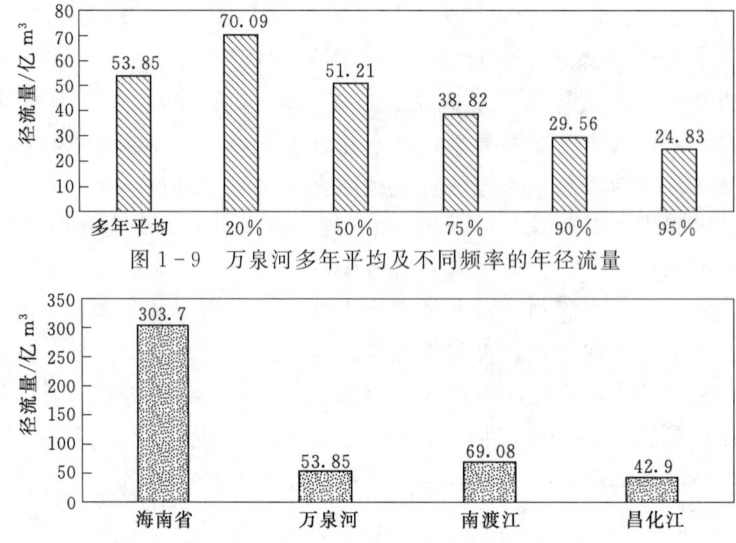

图1-9　万泉河多年平均及不同频率的年径流量

图1-10　万泉河与海南省其他水系多年平均水量比较

1.1.5.3.4　地表水资源可利用量

地表水资源可利用量，是指在可预见的时期内，统筹考虑生活、生产和生态环境用水，协调河道内与河道外用水的基础上，通过经济合理，技术可行的措施可供河道外一次性利用的最大水量（不包括回归水重复利用量）。结合海南省河流特点，地表水资源可利用量分别采用正算法和倒算法进行计算。

其中，万泉河多年平均径流量为53.853亿 m^3，正算法获得的水资源可利用量为9.827亿 m^3，倒算法获得的水资源可利用量为19.98亿 m^3，平均为14.90亿 m^3，地表水资源可利用率为27.7%。

1.1.5.4　生态流量

根据《海南省水资源综合规划》（2005年）的研究成果，海南省各河流的河道内生态环境需水主要考虑河流生态需水与河口生态需水。根据其成果，万泉河以加积为控制断面，最小生态基流为 $18.8m^3/s$，在鱼类产卵盛期（3—7月）适宜生态基流为 $43.4m^3/s$，非鱼类产卵盛期（8月至次年2月）为 $34.7m^3/s$，针对国家级保护动物花鳗鲡的最小生态基流为 $26m^3/s$。万泉河河道内生态需水成果如图1-11所示。

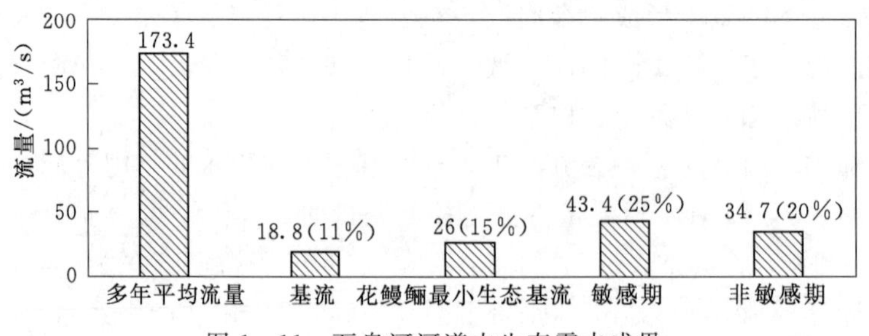

图1-11　万泉河河道内生态需水成果

以1956—2000年河道实测流量进行计算，万泉河最小生态基流年保证率为87.0%，月保证率为98.9%。

1.2 社 会 环 境

1.2.1 行政区划

万泉河流域 3639km²，涉及万宁、琼中、琼海、屯昌、定安、文昌等6个行政辖区。万泉河流域所处行政辖区信息见表1-7，万泉河流域行政区划如图1-12所示。

表1-7 万泉河流域所处行政辖区信息

行 政 区	面积/km²	平原区面积/km²	山丘区面积/km²
万宁	328		328
琼中	1784		1784
琼海	1197	246	951
屯昌	153		153
定安	211		211
文昌	20		20
合计	3693	246	3447

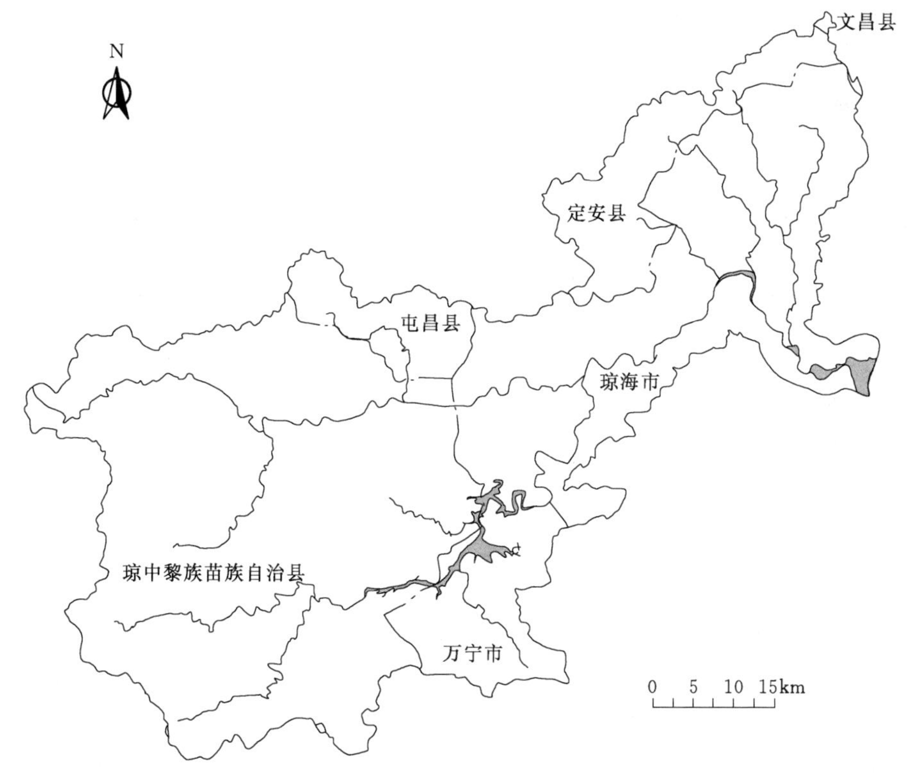

图1-12 万泉河流域行政区划图

1.2.2 人口状况

万泉河流域自上而下流经琼中黎族苗族自治县（简称琼中县）、定安县、屯昌县、琼海市、文昌市和万宁市，汇集了汉族、黎族、苗族、回族等15个少数民族，大多数都分布于琼中县。据2015年数据统计显示，琼中县户籍人口为226062人；定安县户籍人口为

339726人；屯昌县全县总人口为308691人；下游琼海市户籍人口为509413人；万宁市户籍人口为637973人；文昌市户籍人口为593925人。按各市县在万泉河流域中的占地比例统计流域人口状况见表1-8。

表1-8 万泉河流域人口状况表

流域段	市县	人口数/人	比重/%
中上游段	琼中县	149147	20.7
中游	定安县	59934	8.3
	屯昌县	38335	5.3
中下游	琼海市	356589	49.5
	文昌市	4780	0.7
	万宁市	111069	15.4
合计		719857	100.0

1.2.3 经济状况

据2015年政府工作报告中数据统计，琼中县2015年全县生产总值完成39.10亿元，按可比价格计算，比上年同期增长9.7%；定安县2015年全县生产总值完成75.10亿元，按可比价格计算，比上年同期增长8.7%；屯昌县2015年全县生产总值完成58.15亿元，按可比价格计算，比上年同期增长8.2%；下游琼海市2015年全县全年完成国内生产总值200.50亿元，比上年增长8.1%；万宁市2015年全县全年完成国内生产总值165.82亿元，比上年增长7.8%。该统计数据表明，流域内各县经济社会发展势头较好，经济发展迅速，其中旅游业的发展也占了较大的比重。万泉河流域经济基本状况表见表1-9。

表1-9 万泉河流域经济基本状况表

流域段	市县	年生产总值/亿元	比上年同期增长/%
中上游段	琼中县	39.10	9.7
中游	定安县	75.10	8.7
	屯昌县	58.15	8.2
中下游	琼海市	200.50	8.1
	万宁市	165.82	7.8
合计		538.67	7.9

1.2.4 旅游资源

万泉河是海南省唯一以河流为主体的旅游区，旅游资源较为丰富。

万泉河发源地五指山上游，两岸有黎母山、鹦哥岭、吊罗山、罗眉岭等莽莽苍苍的热带天然森林保护区，有琼侨何麟书先生1906年在原乐会县崇文乡合湾创办的“琼安橡胶园”和琼崖龙江革命旧址、石虎山摩崖石刻等自然历史人文景观。上游牛路岭水库形成的湖区，青山碧水，空气清新，人称天然氧吧。

万泉河出海口风光更为迷人。那里集三河（万泉河、龙滚河、九曲江）、三岛（东屿岛、沙坡岛、鸳鸯岛）、两港（博鳌港、潭门港）、一石（砥柱中流的圣公石）等风景精华于一地，是世界河流出海口自然景观保存最完整的地区之一。烟园至会山镇间的漂流，体验惊险刺激的同时还能观赏两岸旖旎的风光。玉带滩最宽处不足100m，最窄处涨潮时不足 10m，状如一条长长的玉带把万泉河和南海分开。1999 年玉带滩被国际吉尼斯总部在中国的唯一代理机构——上海大世界吉尼斯总部以“分隔海、河最狭窄的沙滩半岛”而列入“大世界吉尼斯之最”。圣公石与玉带滩并蒂相连，方圆 20 余 m，由多块黑色巨石垒成，相传是女娲补天时落下的七彩石，后人诗称其“独立涛头一千载，冷看人间几风烟”。博鳌水城城区融江河湖海山麓岛屿于一体，集椰林、沙滩、奇石、田园风光于一身，举世瞩目的博鳌亚洲论坛在此召开。

1.2.5 水功能区划

万泉河干流及其北源支流共划分了 5 个一级水功能区（表 1-10、图 1-13）。

表 1-10　　万泉河水功能区划信息表

序号	一级区	二级区	功能区类型	长度/km	水质目标
1	万泉河源头水保护区		保护区	100.6	Ⅱ
2	万泉河琼海开发利用区	万泉河加积饮用景观娱乐用水区	饮用水水源区	31.0	Ⅱ
		万泉河下游博鳌景观娱乐农业用水区	景观娱乐用水区	25.0	Ⅱ
3	定安河源头水保护区		保护区	28.0	Ⅰ
4	定安河琼中开发利用区	定安河琼中工业农业用水区	工业用水区	34.0	Ⅱ
5	定安河下游琼中-琼海保留区		保留区	26.0	Ⅱ

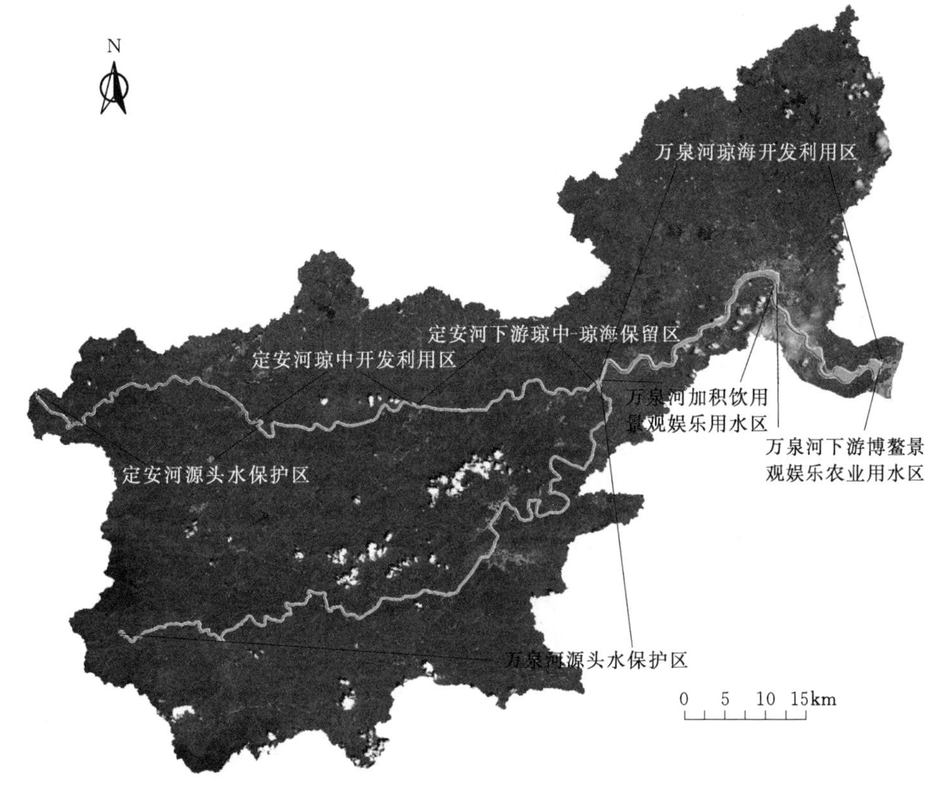

图 1-13　万泉河水功能区划分

1.2.6 防洪堤防工程

根据20世纪90年代完成的《万泉河流域防洪规划》，规划在定安水上建大边河水库和红岭水库，用以蓄洪灌溉，保留洪泛区；加积镇按20年一遇至50年一遇设防。万泉河流域主要建成的防洪堤防工程包括琼海市博鳌地区防洪（潮）整治工程、琼海市加浪河中下游防洪整治工程、琼海市万泉河段综合治理工程等。万泉河流域各县市防洪堤防工程规划情况见表1-11。

1.2.7 生态功能区划

根据《全国生态功能区划（修编版）》（环境保护部、中国科学院，2015年11月），万泉河流域上游源头地区涉及“Ⅰ-02-18 海南中部生物多样性保护与水源涵养功能区”，中下游涉及“Ⅱ-01-27 海南环岛平原台地农产品提供功能区”。其中，海南中部生物多样性保护与水源涵养功能区属重要生态功能区。

海南中部生物多样性保护与水源涵养功能区位于海南省中部，包含1个功能区：海南中部生物多样性保护与水源涵养功能区，行政区主要涉及海南省白沙、昌江、东方、乐东、三亚、保亭、陵水、万宁、五指山、琼中、琼海和儋州，面积为11206km²。该区植被类型主要有热带雨林、季雨林和山地常绿阔叶林，区内生物多样性极其丰富，其中特有植物多达630种，国家一、二类保护动物102种，是我国生物多样性保护重要区域。此外，该区是海南三大河流（南渡江、昌化江、万泉河）的发源地和重要水源地，具有重要水源涵养和土壤保持功能。万泉河流域生态功能区划如图1-14所示。

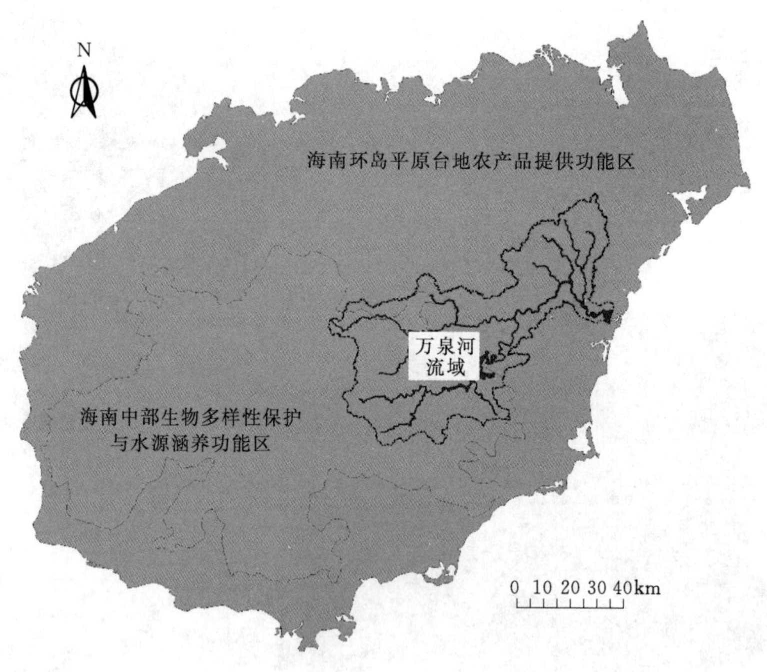

图1-14 万泉河流域生态功能区划

主要生态问题：天然森林遭受严重破坏，野生动植物栖息地减少，水源涵养能力降低，局部地区水土流失加剧。

生态保护主要措施：加强自然保护区建设和监管力度，扩大保护区范围；禁止开发天

表 1-11　万泉河流域各县市防洪堤防工程规划情况

评价单元	堤防名称	所在地市	所在河流	河流岸别	堤防型式	堤防级别	规划重现期/年	堤防长度/m	达到规划防洪标准的长度/m
中下游	万泉河博鳌镇千舟湾住宿区河段堤防	琼海市博鳌镇	万泉河	左岸	土石混合堤	5级	10	800	800
	万泉河博鳌镇南强村河段堤防	琼海市博鳌镇	万泉河	左岸	土石混合堤，钢筋混凝土防洪墙	5级	10	250	85
	万泉河博鳌镇古调河段堤防	琼海市博鳌镇	万泉河	左岸	砌石堤	5级	10	200	196
	万泉河博鳌镇滨海码头河段堤防	琼海市博鳌镇	万泉河	左岸	土石混合堤	5级	10	400	95
	万泉河博鳌镇蓝色海岸河段堤防	琼海市博鳌镇	万泉河	左岸	土石混合堤	5级	10	700	230
	加浪河加积镇万泉豪庭堤防河段	琼海市加积镇	加浪河	左岸	砌石堤	5级	10	1000	600
	加浪河加积镇碧海苑至海瑞水城河段堤防	琼海市加积镇	加浪河	左岸	砌石堤	5级	10	800	800
	加浪河加积镇美都半岛河段堤防	琼海市加积镇	加浪河	右岸	砌石堤	5级	10	1000	143
	文曲河防洪堤	琼海市万泉镇	文曲河	右岸	砌石堤	5级	10	319	319
北源	营根河右岸防洪堤	琼中黎族苗族自治县营根镇	什候河	右岸	砌石堤	4级	20	2500	2500
	营根河左岸防洪堤	琼中黎族苗族自治县营根镇	什候河	左岸	砌石堤	4级	20	2500	2500

然林；坚持自然恢复，实施退耕还林，防止水土流失，保护生物多样性和增强生态系统服务功能。

1.2.8 生态保护红线

根据《海南省人民政府关于划定海南省生态保护红线的通告》（琼府〔2016〕90号），海南省依据生态资源特征和生态环境保护需求，划定陆域生态保护红线总面积11535km²，占陆域面积的33.5%，划定近岸海域生态保护红线总面积8316.6km²，占海南岛近岸海域总面积的35.1%。在空间上基于山形水系框架，以中部山区的霸王岭、五指山、鹦哥岭、黎母山、吊罗山、尖峰岭等主要山体为核心，以松涛、大广坝、牛路岭等重要湖库为空间节点，以自然保护区廊道、主要河流和海岸带为生态廊道，形成“一心多廊、山海相连、河湖相串”的基本生态红线保护格局。

根据万泉河流域范围及生态红线保护区叠图，万泉河流域内生态红线保护区主要分布在上游，尤其以南源集水范围纳入红线保护区比例较高（图1-15）。

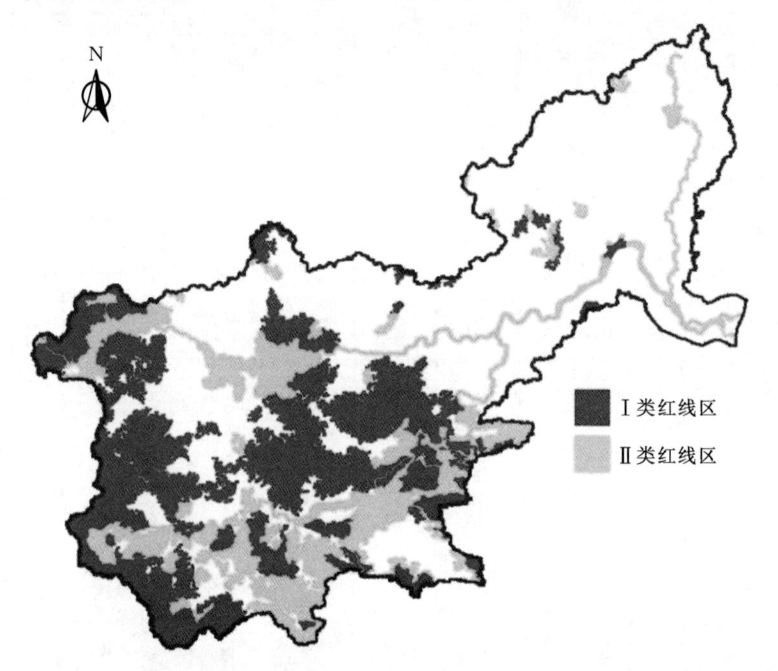

图1-15 万泉河流域生态保护红线范围示意图

根据《海南省生态保护红线管理规定》，对两类生态保护红线区管控原则如下：

（1）Ⅰ类生态保护红线区。除下列情形外，Ⅰ类生态保护红线区内禁止各类开发建设活动。

1）经依法批准的国家和省重大基础设施、重大民生项目、生态保护与修复类项目建设。

2）农村居民生活点、农（林）场场部（队）及其居民在不扩大现有用地规模前提下进行生产生活设施改造。

（2）Ⅱ类生态保护红线区。Ⅱ类生态保护红线区内禁止工业、矿产资源开发、商品房建设、规模化养殖及其他破坏生态和污染环境的建设项目。

确需在Ⅱ类生态保护红线区内进行下列开发建设活动的，应当符合省和市县总体规划。

1）经依法批准的国家和省重大基础设施、重大民生项目、生态保护与修复类项目建设。

2）湿地公园、地质公园、森林公园等经依法批准、不破坏生态环境和景观的配套旅游服务设施建设。

3）经依法批准的休闲农业、生态旅游项目及其配套设施建设。

4）经依法批准的河砂、海砂开采活动。

5）军事等特殊用途设施建设。

6）其他经依法批准，与生态环境保护要求不相抵触，资源消耗低、环境影响小的项目建设。

1.3 水力资源开发现状

万泉河流域已建水电站63座，装机容量149.16MW，占全省已建水电站总装机容量的17.53%；已开发量占其技术可开发量的比重达到66%。

万泉河水能蕴藏量在10MW以上的支流仅有定安河和太平溪两条，水能资源主要集中在干流和定安河。根据历次规划成果，干流和除定安河外其余支流的主要开发任务为发电，定安河在实施大边河、红岭梯级调水任务的前提下兼顾发电。万泉河干流自上而下共分乘坡、牛路岭、烟园、狗灶、石虎、加积六级开发。其中乘坡、牛路岭、烟园和加积三级已建成。定安河规划为大边河、红岭、合口、加兴岭、船埠五级开发，其中红岭、合口、加兴岭、船埠等已开发完成。万泉河干流梯级开发情况见表1-12，定安河干流梯级开发情况见表1-13，万泉河干流及定安河干流闸坝分布情况如图1-16所示。

表1-12 万泉河干流梯级开发情况

梯级名称	乘坡	牛路岭	烟园	狗灶	石虎	加积
距河口距离/km	114.0	84.5	78.0	68.5	40.0	21.3
开发任务	发电	发电	发电	发电	发电	发电
流域面积/km^2	722	1236	1248	1306	2745	3236
多年平均来水量/亿m^3	1274.00	20.53	22.11	23.12	4230.00	49.90
正常蓄水位/m	158.0	105.0	34.8	27.5	14.0	7.4
坝顶高程/m	1625.0	115.5	34.8	215.0	14.0	7.4
最大坝高/m	60.5	905.0	5.8	19.0	8.0	4.8
装机容量/MW	54.0	80.0	7.5	10.8	525.0	3.0
年平均发电量/(kW·h)	1.19	2.81	0.24	0.38	0.20	0.15
建成时间	可研	1982年	1991年	初设	规划	1986年（待扩）

注 加积水电站已建部分装机容量2.02MW，年发电量0.11亿kW·h，待扩容装机1.0MW，年发电量0.0429亿kW·h。

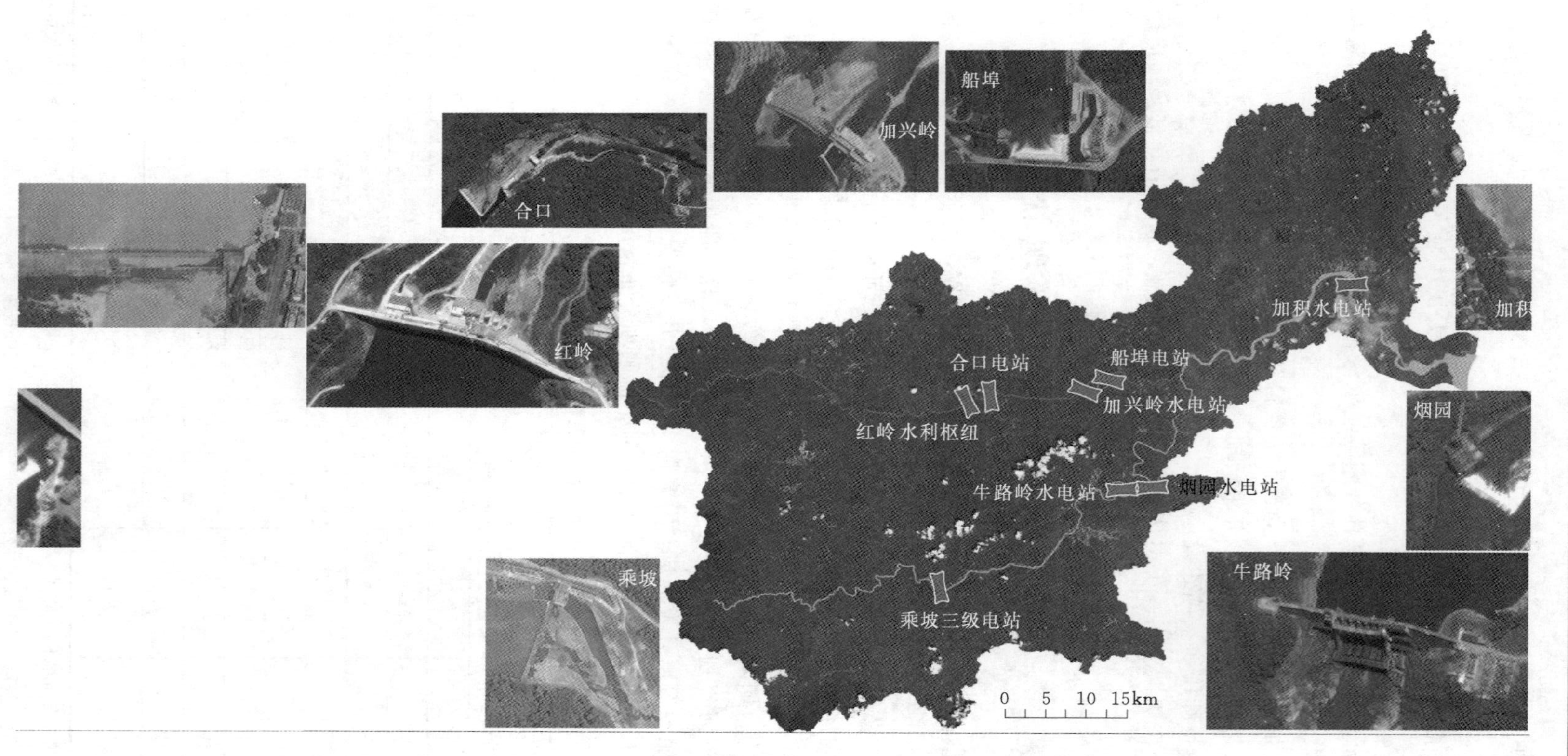

图1-16 万泉河干流及定安河干流闸坝分布情况

表 1-13　　定安河干流梯级开发情况　　%

项　目	梯级电站				
	大边河	红岭	合口	加兴岭	船埠
距河口距离/km	60.0	33.2	28.0	12.5	8.8
开发任务	灌溉/发电	灌溉/发电	发电	发电	发电
流域面积/km²	306	745	784	1097	1145
多年平均来量/亿 m³	4.29	10.63	12.24	16.27	16.62
正常蓄水位/m	209.0	160.0	64.0	50.0	21.5
最大坝高/m	67.4	87.5	7.0	30.7	
装机容量/MW	12.0	11.3	1.5	6.0	4.0
年平均发电量/(亿 kW·h)	0.44	0.5124	0.09	0.232	0.105
建成时间	规划/未建	已建	1980 年	已建	已建

1.3.1 牛路岭水库

1.3.1.1 水库概况

牛路岭水库又名万泉湖，是一座兼具发电和防洪综合效益的大型水库。水库集水面积为 1236km²，坝址以上流域年降雨量为 1398～3919mm，多年平均年降雨量为 2600mm，属于海南暴雨中心区。年均来水量为 22.44 亿 m³，年均流量为 71.1m³/s，设计洪水位 107.94m，相应库容 6.25 亿 m³；校核水位 112.04m，相应库容 7.78 亿 m³；正常蓄水位 105.0m，相应库容 5.30 亿 m³；死水位为 80.0m，相应库容 1.13 亿 m³。

大坝建成前，洪水随时威胁着下游人民生命财产的安全，给下游人民造成了严重的洪涝灾害。大坝建成投入运行后，经过对长期水文资料的研究分析，基本掌握了洪水规律，能够做到有效调节洪峰，安全泄洪，从而确保下游人民生命财产的安全。

1.3.1.2 牛路岭电站概况

牛路岭电站单机容量为 2 万 kW，总装机容量为 8 万 kW，设计多年平均发电量为 2.81 亿 kW·h。电站建成投产 28 年来，总发电量达 55.12 亿 kW·h。

电站机电设备各主要参数：①水轮机 4 台，额定容量为 2.07 万 kW，额定转速 300r/min，最大水头为 71.5m，平均水头为 62.3m，设计水头为 61.0m，最小水头为 43.1m，引用流量为 39.0m³/s；②发电机 4 台，额定容量为 2 万 kW，额定电压为 1.05 万 kV；③主变压器 2 台，额定容量为 5 万 kV·A。其他参数见表 1-14。

表 1-14　　牛路岭电站机电设备基本参数

	水轮机	发电机		主变压器
型　号	HLA773a-LJ-200 HLA296-LJ-200	US425/120-20		SF95000/110TH
台数	4 台	4 台		2 台
额定容量	2.07 万 kW	2.00 万 kW		5.00 万 kV·A
额定转速	300r/min	额定电压	1.05 万 kV	
飞逸转数	635r/min	功率因数	0.865	
引用流量	39m³/s	周波	50	
设计水头	61.0m	励磁方式	微机控制	

1.3.1.3 来水、发电用水统计分析

统计牛路岭水库电站1991年1月至2011年12月入库流量、发电用水流量、弃水流量、发电量，可得出牛路岭水库多年平均的相关信息，如图1-17～图1-21所示。牛路岭水库多年平均发电量及相关水量及其参数统计见表1-15。

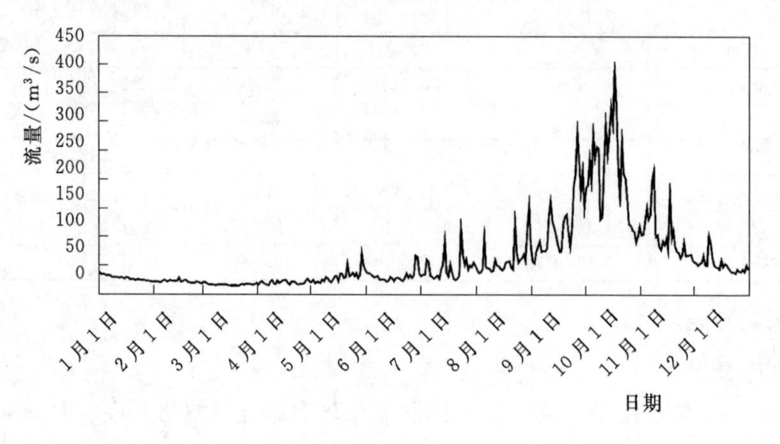

图1-17 牛路岭水库日平均来水流量

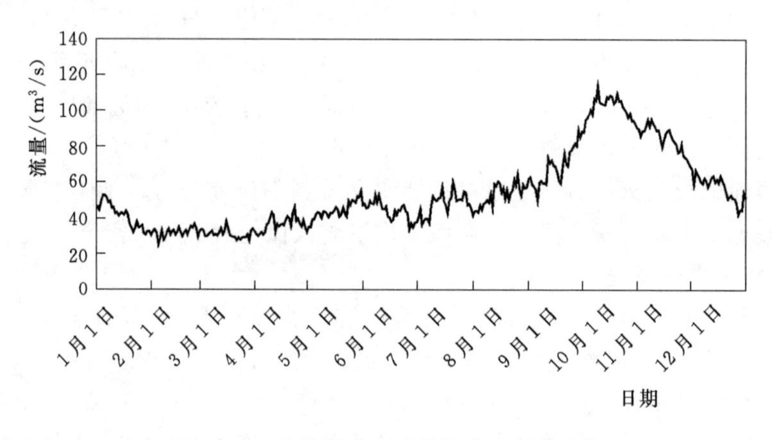

图1-18 牛路岭水库日平均发电用水流量

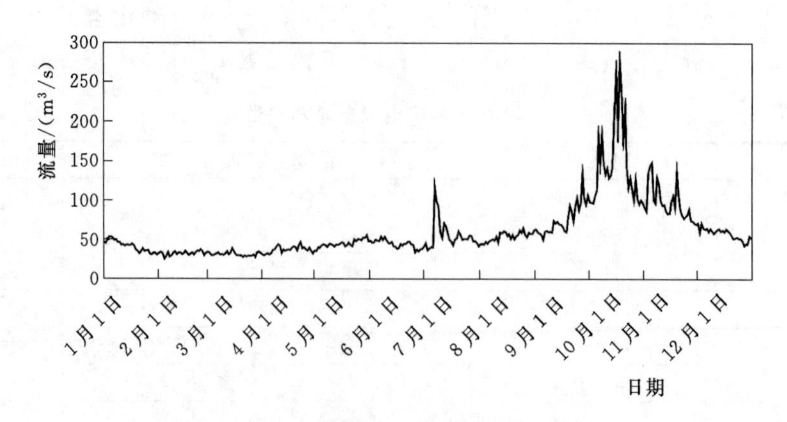

图1-19 牛路岭水库日平均下泄流量

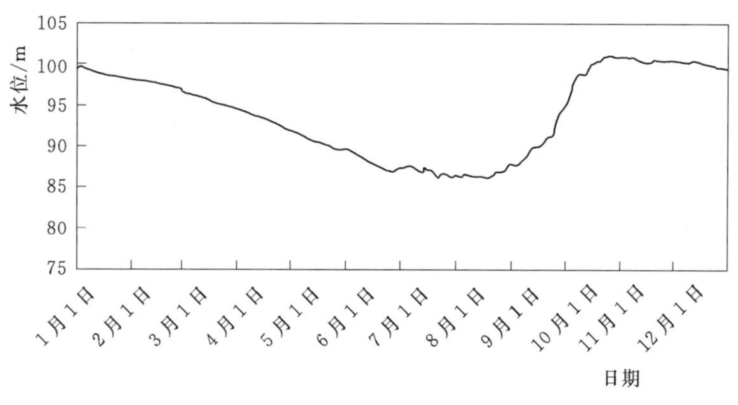

图 1-20 牛路岭水库日平均库水位

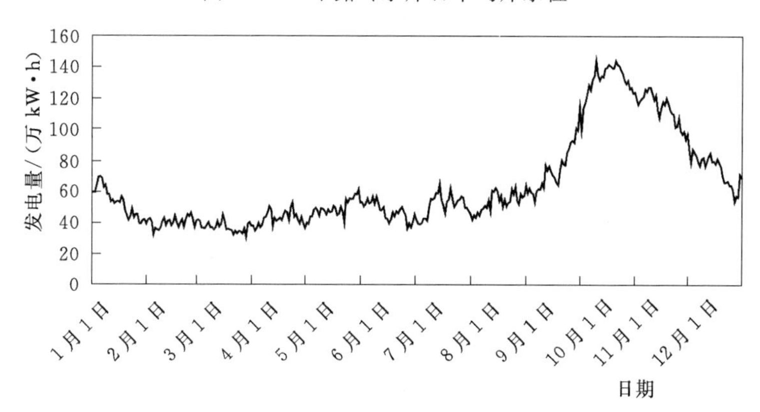

图 1-21 牛路岭水库日平均发电量

表 1-15 牛路岭水库多年平均发电量及相关水量及其参数统计表

月 份	来水量 /万 m³	C_v	发电用水量 /万 m³	弃水量 /万 m³	发电量 /(万 kW·h)
1	7282.48	0.31	10996.91	0	1632.35
2	5321.69	0.45	7788.27	0	1124.16
3	4656.60	0.36	8389.96	0	1150.73
4	5464.67	0.84	9559.21	0	1281.94
5	8506.21	0.78	11925.19	0	1531.21
6	8423.65	0.70	11474.87	0	1428.53
7	12012.62	0.61	12902.03	1893.63	1588.69
8	16586.20	0.54	14422.84	0	1673.06
9	32411.66	0.61	17945.37	1766.19	2254.38
10	55377.96	0.80	27294.62	11949.72	4094.71
11	26369.11	0.81	21976.27	3250.37	3403.92
12	13992.54	0.61	15375.48	112.32	2311.63
合计	196405.39	0.32	170051	18972.23	23616.94

从图1-18、图1-19及表1-15可以看出，就多年平均而言，1—6月，来水流量较小，7月开始来水流量逐渐增大，10月达到最大，大洪水也多发生在10月，12月开始来水流量又开始下降。发电用水流量和来水流量有相似的变化规律，只是经过水库调节，发电用水流量更平缓一些。下泄流量的变化趋势也与来水流量相似，弃水主要发生在7月、9月、10月、11月4个月。库水位的变化趋势为：7月、8月库水处于最低水位，9月之后随着主汛期的到来，来水量加大，库水位迅速回升，10月、11月、12月水库保持高水位运行，1月开始随着来水量的减少，发电用水的增加，库水位开始下降，到6月、7月、8月，降至最低。以上水库的流量与水位变化过程决定了水库的发电量变化趋势，该趋势与电站的调度运行原则也比较吻合：高水头多发电，低水头少发电。非汛期时，水库来水流量较小，库水位也相对较低，水头较小，发电主要以满足调峰需求为主，发电时间较少，发电量较小；进入主汛期后，来水流量较大，库水位迅速回升，发电水头较大，为充分利用水资源，增大发电时间，故发电量较大。

由表1-15可知，牛路岭水库多年平均的年来水量为19.64亿m^3，离差系数C_v为0.32，说明年来水量年际变化较均匀；各月来水量的年际变化差别较大，1月、2月、3月的年际变化较小，C_v值在0.45以下，历年来水比较均匀；7月、9月、12月的年际变化略大，C_v值为0.61；其余月份来水量的年际变化较大，C_v值都在0.7以上，来水量的不均匀程度较大。

1.3.2 红岭水利枢纽

红岭水利枢纽工程位于海南万泉河流域合口咀上游约33km的大边河上，由红岭水库和红岭灌区两大部分组成，是一宗灌溉、供水为主，兼顾防洪和发电等综合利用的大型水利枢纽工程，水库正常蓄水位168.0m，死水位135.0m，汛期限制水位167.0m；水库总库容6.62亿m^3，防洪库容0.92亿m^3，调节库容4.68亿m^3，为多年调节水库；渠首电站装机容量12.6MW，坝后电站装机容量49.80MW；控制流域面积745km^2，多年平均流量33.4m^3/s，多年平均径流量10.5亿m^3，为多年调节水库，是《海南省万泉河流域综合治理开发规划报告》确定的近期重点工程。工程总投资为25.09亿元，枢纽由碾压混凝土主坝、土石副坝、溢洪道、坝后电站和渠首电站、左岸引水建筑物等构成，为多年调节水库，拦河主坝坝型为碾压混凝土重力坝，坝顶高程172.9m，最大坝高94.9m，坝顶长528m；土石副坝坝顶高程172.9m，最大坝高51m，长820m。多年平均供水量4.99亿m^3，电站总装机6.24万kW。

红岭灌区水系将覆盖整个琼东北地区，从根本上解决该地区工程性缺水的难题，构建起新的海南水网体系。项目建成后，海南岛将构建成西北有松涛、南有大隆、西有大广坝、东北有红岭的水网体系，可解决海南省文昌、定安、屯昌、琼海、海口等5市县137.2万亩农田的灌溉问题，新增灌溉面积74.76万亩；年可增加城镇供水和人畜饮水9367万m^3，解决区内31.97万人饮水安全问题，并可提供1.05亿kW·h/a的清洁能源。红岭水库建成后，考虑与干流已建成的牛路岭水库联合防洪运用，可使加积镇、博鳌镇的防洪能力从20年一遇提高到50年一遇。

万泉河流域水资源总量53.87亿m^3，水资源可利用量14.92亿m^3。2020年流域内多年平均总用水量2.57亿m^3，流域外多年平均总调出水量5.35亿m^3（含调出后的回用水量），则 2020 年流域水资源总利用量 7.93 亿 m^3，为流域内水资源可利用量的 53.15%；水资源开发利用率为 14.72%，小于水资源开发利用上限指标 40%。红岭水利枢纽环境影响评价结论是“工程建设经济社会效益显著，对水生生态存在一定程度的影响，在采取相应的环境保护措施的前提下，可以将影响的程度降低到可以控制的程度”，其确定了水生生态的保护措施为施工期及蓄水期保证生态基流（3.34m^3/s，10%的多年平均流量），建立鱼类增殖放流站。

1.4 河流水质质量现状

根据《海南省水资源公报》（2009—2015 年），万泉河近年来基本保持Ⅱ类水，但 2014 年、2015 年连续两年水质有所下降，224km 的评价河长中分别有 13.9%、11.4%的河段水质下降为Ⅲ类（图 1－22）。

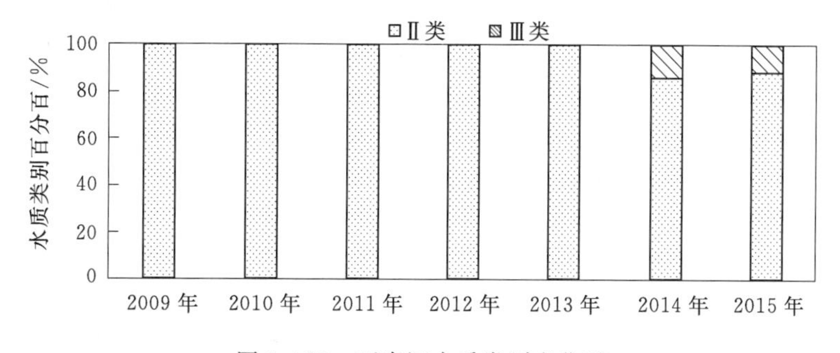

图 1－22　万泉河水质类别变化图

第2章 水生生境现状

水生生境是水生生物的个体、种群或群落赖以生存的物质环境总和，其中包括必需的生存条件和其他对生物起作用的生态因素。受人类活动影响而被改造的生境变化是对水生生物群落变化的重要干扰之一，通过对万泉河流域水生生境的踏勘调查，了解河流生境现状及人类活动的干扰程度，特别是对河岸带生境现状进行调查，并通过卫星影像调查河流采砂等人类活动。万泉河流域生境调查点位置分布如图2-1所示。

图2-1 万泉河流域生境调查点位置分布图

2.1 岸带状况调查方法

万泉河河流形态调查采用《中国湖泊健康评价指标、标准与方法》(2011年)和《河流健康评估指标、标准与方法》(1.0版)中的方法，结合实际情况，水生态健康试点评估河岸带调查表见表2-1。具体说明如下：

表 2-1　　水生态健康试点评估河岸带调查表

评估水体		评估水功能区				调查时间				填表人			
二级指标	岸坡特征	稳定(90)	基本稳定(75)	次不稳定(25)	不稳定(0)	调查点1		调查点2		调查点3		调查点4	
						经度(E)	纬度(N)	经度(E)	纬度(N)	经度(E)	纬度(N)	经度(E)	纬度(N)
						左岸	右岸	左岸	右岸	左岸	右岸	左岸	右岸
河岸稳定性(BKS)	斜坡倾角/(°)(<)	15	30	45	60								
	植被覆盖度/%(>)	75%	50%	25%	0								
	岸坡高度/m(<)	1	2	3	5								
	河岸基质(类别)	基岩	岩土河岸	黏土河岸	非黏土河岸								
	坡脚冲刷强度	无冲刷迹象	轻度冲刷	中度冲刷	重度冲刷								
河岸植被覆盖度(RVS)	植被特征	植被稀疏	中度覆盖	重度覆盖	极重度覆盖	左岸	右岸	左岸	右岸	左岸	右岸	左岸	右岸
	乔木(TCr)	0~10%	10%~40%	40%~75%	>75%								
	灌木(SCr)	0~10%	10%~40%	40%~75%	>75%								
	草本(HCr)	0~10%	10%~40%	40%~75%	>75%								
河岸带人工干扰程度(RD)	人类活动类型	赋分				左岸	右岸	左岸	右岸	左岸	右岸	左岸	右岸
	河岸硬性砌护	-5											
	采砂	-40											
	沿岸建筑物(房屋)	-10											
	公路(或铁路)	-10											
	垃圾填埋场或垃圾堆放	-60											
	河滨公园	-5											
	管道	-5											
	农业耕种	-15											
	畜牧养殖	-10											

（1）灰底色单元格为不可修改部分，填写表格时仅针对白底色单元格填写。

（2）“评估水体”一栏根据所调查的试点水体，选择“万泉河”。

（3）“评估水功能区”一栏根据附表1中一级水功能区名称填写。

（4）“调查时间”为“年．月．日”型，如2014.05.26。

（5）“填表人”填写个人姓名。

（6）考虑到万泉河调查点左右岸情况可能差别较大，故实际调查中按左右岸分别调查填写。

（7）调查范围横向为河岸线向陆域一侧30m以内，纵向为调查点上下游视野范围。

（8）定性化调查指标（如湖岸基质）直接填写所属类别，赋予相应分值；定量化指标（如植被覆盖度）则根据实际调查结果，通过差值计算相应分数。

（9）为尽量减少调查人员主观判断因素造成的误差，每个调查点位表均应至少由两人填写，若两人定性化指标调查选项相同，或定量化指标调查结果相对误差小于10%，则属有效调查，其估算结果取定性化指标的相同选项或定量化指标调查结果的平均值；否则视为无效调查，应予以重新调查，邀请第三人共同判定。

2.2 河岸生境

2.2.1 干流上游

干流上游为乘坡河、右岸较大的支流包括太平溪。

干流上游河流呈明显的溪流特点，河床以卵石为底质；河流规模较小，平时水量较少，水深较浅；底栖动物以蜉蝣目等昆虫为主要优势。

河流两岸集水范围内植被覆盖程度较高。在上游海拔较高的范围内仍多为原生植被，下游坡度较缓的两岸坡地逐渐出现开垦种植活动，以种植槟榔、香蕉、橡胶等经济作物为主。乘坡河与太平溪汇合后进入河谷，两岸岸坡约30°，同样也大范围开垦种植经济作物。

上游分布有多个水电站，其中部分水电站为引水式电站，电站坝下水量显著减少，从卫星遥感图片能看到形成明显的减脱水河段。河流向东流入牛路岭水库，之前建有乘坡三级电站，该电站为年调节电站，不发电时下泄水量较小，坝下水体清澈，但流动较缓。除电站外，为满足灌溉的水位需求，多处河道可见拦河堰壅高水位，但普遍坝高较低。万泉河上游生境状况如图2-2所示。

2.2.2 牛路岭水库

牛路岭水库于1982年建成运行，是多年调节的大型水库。

从现场调查情况来看，水库水质较好，透明度较高。水库库周森林覆盖率较高，基本无明显污染源存在。由于水库运行水位变幅较大，库岸形成了较大范围的消落带；消落带上无植被覆盖，底栖动物数量很少，仅在部分库汊静水区域有虾类生长，其他库岸鲜有发现底栖动物，呈现明显的生态脆弱性。

牛路岭水库下游有烟园水电站，电站其中一个运行目的是抬高河流水位满足河道漂流活动的需求。电站设有6m高的滚水坝，阻隔了河流的纵向连通性。牛路岭水库生境状况如图2-3所示。

(a) 乘坡河、太平溪汇合口位置

(b) 乘坡河

(c) 拦水堰

(d) 边坡开垦种植

(e) 太平溪

(f) 河岸种植槟榔

(g) 上游河谷

(h) 岸坡开垦种植

图 2-2（一） 万泉河上游生境状况

(i) 乘坡三级电站库区

(j) 乘坡三级电站坝下

图 2-2（二） 万泉河上游生境状况

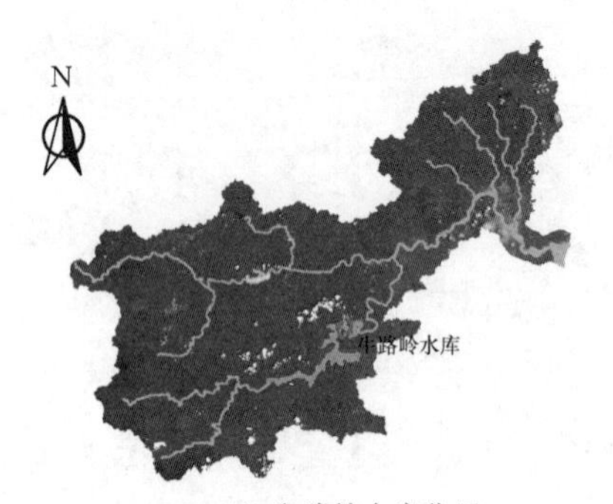

(a) 牛路岭水库位置

(b) 牛路岭水电站大坝

(c) 库周森林覆盖率高

(d) 水库形成的消落带

(e) 库尾

(f) 烟园水电站

图 2-3 牛路岭水库生境状况

2.2.3 定安河上游

定安河上游大平水文站河段受下游拦水堰影响，水位有所提高，水流较缓，积聚了大量水浮莲。水体较浑浊，河床底质为基岩。从无人机拍摄的影像来看，河岸海拔较低的阶地均被开垦。

营盘溪为定安河右岸支流，流经长征镇河段的部分河岸有垃圾堆放，河道中也漂浮着一些垃圾，桥下还有家禽散养的活动；城镇段河岸两旁也已被开垦。定安河上游生境状况如图 2-4 所示。

(a) 太平水文站、营盘溪位置

(b) 定安河两岸

(c) 积聚大量水葫芦

(d) 营盘溪河道垃圾

(e) 河岸散养家禽

(f) 营盘溪：城镇段河岸开垦

图 2-4　定安河上游生境状况

2.2.4　红岭水利枢纽

红岭水利枢纽于 2015 年初下闸蓄水运行，为年调节水库。红岭水利枢纽生境状况如图 2-5 所示。

红岭水库运行形成明显的库岸消落带，脆弱的消落带不适合底栖动物的生长，仅发现虾类和寡毛类。

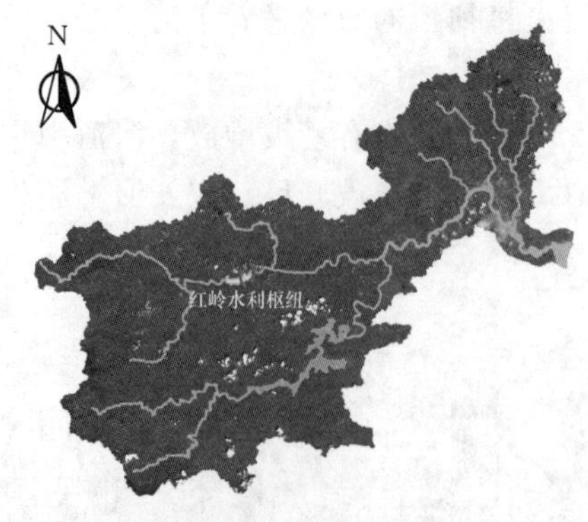

(a) 红岭水利枢纽位置

(b) 红岭枢纽大坝

(c) 库岸的消落带

(d) 淹没区的植物

图2-5 红岭水利枢纽生境状况

2.2.5 定安河中游

定安河中游有支流青梯溪汇入。青梯溪两岸坡度较缓，部分河岸被开垦种植；河床底质为砂质。同样为了满足两岸灌溉需要，河道上设置有拦水堰壅高水位。

定安河中游建有合口水电站、船埠水电站等，均为滚水坝的形式，坝高大于5m，已基本阻隔了河流纵向连通性。该段河床底质为卵石，河水清澈，底栖动物以软体动物的螺类为优势。在加报农场一段的河岸看到，居民生活垃圾堆放在河岸，在雨后将成为河流的污染来源。定安河中游生境状况如图2-6所示。

2.2.6 干流中游

干流中游石壁镇河段河道宽阔，分布有多处沙滩，沿岸走访时也能发现有多个采砂场。这一河段水体规模较大，部分河段分布有河心滩，水草丰盈，是鱼类索饵育肥的重要场所。采砂活动对河床有强烈的干扰，从底栖调查来看，种类数量均较少，耐污性的光滑狭口螺是其中的优势种类。万泉河中游石壁段生境状况如图2-7所示。

2.2.7 干流下游

万泉镇、加积镇干流河段靠近下游出海口，河道宽阔，底质为砂质。两岸以景观植被为主，风景较优美。

加积水电站是万泉河中下游唯一的一个拦河闸坝，大坝为滚水坝的形式，最大坝高为5m。在8月的台风中看到，即使较大流量下大坝上下游水位也无法恢复连通性。由此可

(a) 加报、青梯溪位置

(b) 青梯溪两岸开垦种植

(c) 青梯溪上的拦水堰

(d) 船舶水电站坝下

(e) 加报农场的生活垃圾

(f) 定安河生境

图 2-6　定安河中游生境状况

见，加积水电站可能已完全阻隔了万泉河中海河洄游或半洄游性鱼类的迁移通道。万泉河下游加积段生境状况如图 2-8 所示。

2.2.8　下游支流

三条支流中，文曲河、加浪河规模较小，河宽为 10～20m；塔洋河规模较大。三条支流两岸植被茂盛，其中种植有连片的槟榔树等经济作物。下游三条支流的生境状况如图 2-9 所示。

2.2.9　河口

万泉河与龙滚河、九曲河在河口汇合后流入南海。

万泉河河口汀州大桥段水面宽阔，河床为砂质，两岸分布有沙滩，其中的底栖动物与上游淡水河段完全不同，以咸淡水的种类为优势。万泉河河口生境状况如图 2-10 所示。

(a) 石壁镇位置

(b) 石壁镇河段的采砂场

(c) 宽阔的河床

(d) 河滩

图 2-7　万泉河中游石壁段生境状况

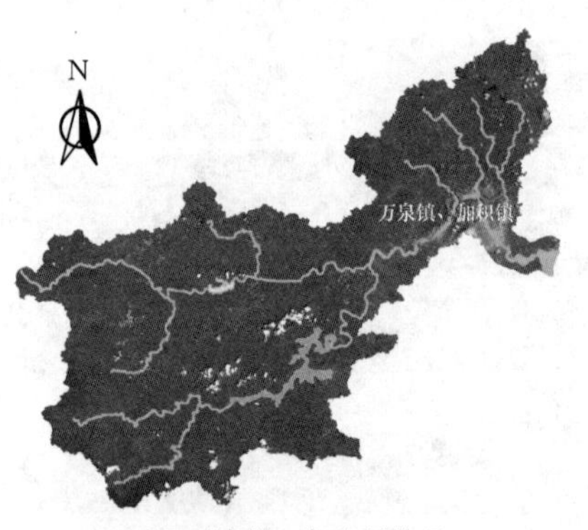

(a) 万泉镇、加积镇位置

(b) 加积水电站

(c) 大流量中的加积拦河坝

(d) 万泉镇河段

图 2-8　万泉河下游加积段生境状况

(a) 文曲河、加浪河、塔洋河位置

(b) 文曲河

(c) 加浪河

(d) 塔洋河

图 2-9　下游三条支流的生境状况

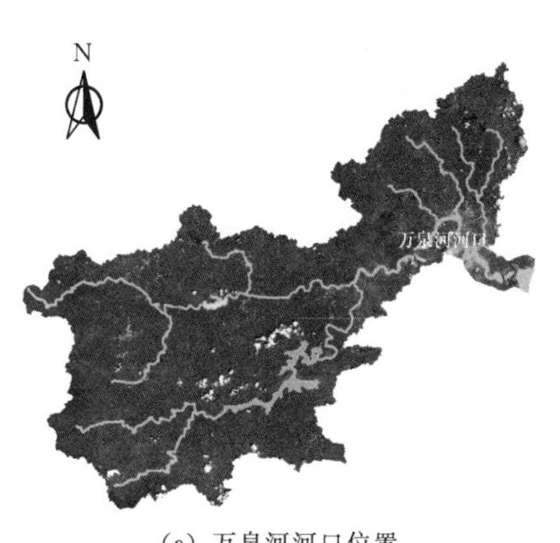

(a) 万泉河河口位置

(b) 河口生境

图 2-10　万泉河河口生境状况

2.3　河(库)　岸带状况

依据河岸带调查方法，对各站点的河岸带现状进行调查。从调查结果来看，万泉河调查站点的河岸带大多数坡度较缓，基本均小于 45°。万泉河沿岸森林覆盖率均较高，部分河段河岸有开垦种植；河岸大多没有固化渠化，水陆两相交换畅通，河岸植被较能发挥缓冲带的作用；其中定安河上游段、干流石壁镇段发现有采砂作业，部分村镇河段沿岸有垃圾堆放的现象。万泉河各站点河（库）岸带状况调查表见表 2-2。

表 2-2 万泉河各站点河（库）岸带状况调查表

评估水体		万泉河				南源								
调查日期	2016年8月24日					乘坡		会山		太平溪		牛路岭坝前	牛路岭库中1	牛路岭库中2
河岸稳定性（BKS）	岸坡特征	稳定（100）	基本稳定（75）	次不稳定（25）	不稳定（0）	左岸	右岸	左岸	右岸	左岸	右岸	库岸	库岸	库岸
	岸坡倾角/(°)(<)	15	30	45	60	30	30	15	15	15	30	45	45	45
	岸坡高度/m(<)	1	2	3	5	2	2	1	1	1	2	5	5	5
	河岸基质（类别）	基岩	岩土河岸	黏土河岸	非黏土河岸	岩土河岸	岩土河岸	岩土河岸	岩土河岸	岩土河岸	岩土河岸	黏土河岸	黏土河岸	黏土河岸
	坡脚冲刷强度	无冲刷迹象	轻度冲刷	中度冲刷	重度冲刷	轻度冲刷	轻度冲刷	轻度冲刷	轻度冲刷	轻度冲刷	无冲刷迹象	中度冲刷	中度冲刷	中度冲刷
河岸植被覆盖度（RVS）	植被特征	重度覆盖（100）	中度覆盖（75）	轻度覆盖（50）	植被稀疏（25）	左岸	右岸	左岸	右岸	左岸	右岸	库岸	库岸	库岸
	乔木	>75%	40%～75%	10%～40%	0～10%	0	10%～40%	0	40%～75%	0～10%	10%～40%	0～10%	0～10%	0～10%
	灌木	>75%	40%～75%	10%～40%	0～10%	10%～40%	0～10%	40%～75%	10%～40%	0～10%	40%～75%	0	0	0
	草本	>75%	40%～75%	10%～40%	0～10%	>75%	40%～75%	40%～75%	10%～40%	10%～40%	>75%	0	40%～75%	>75%
河岸带人工干扰程度（RD）	人类活动类型	赋分				左岸	右岸	左岸	右岸	左岸	右岸	库岸	库岸	库岸
	河岸硬性砌护	−5												
	采砂	−40												
	沿岸建筑物（房屋）	−10								−10				
	公路（或铁路）	−10												
	垃圾填埋场或垃圾堆放	−30							−30					
	河滨公园	−5												
	管道	−5												
	农业耕种	−15						−15						
	畜牧养殖	−10												

续表

评估水体		万泉河				北源												
调查日期	2016年8月24日					大平水文站		白马岭		加报		营盘溪		青梯溪		红岭坝前	红岭库中	红岭库尾
河岸稳定性（BKS）	岸坡特征	稳定（100）	基本稳定（75）	次不稳定（25）	不稳定（0）	左岸	右岸	左岸	右岸	左岸	右岸	左岸	右岸	左岸	右岸	库岸	库岸	库岸
	岸坡倾角/(°)(<)	15	30	45	60	15	30	30	30	45	15	15	15	30	15	45	45	45
	岸坡高度/m(<)	1	2	3	5	1	3	2	3	3	1	1	1	2	1	5	5	5
	河岸基质（类别）	基岩	岩土河岸	黏土河岸	非黏土河岸	基岩	基岩	黏土河岸	黏土河岸	黏土河岸	黏土河岸	黏土河岸	黏土河岸	黏土河岸	黏土河岸	黏土河岸	黏土河岸	黏土河岸
	坡脚冲刷强度	无冲刷迹象	轻度冲刷	中度冲刷	重度冲刷	无冲刷迹象	无冲刷迹象	无冲刷迹象	中度冲刷	轻度冲刷	轻度冲刷	轻度冲刷	轻度冲刷	无冲刷迹象	无冲刷迹象	中度冲刷	中度冲刷	中度冲刷
河岸植被覆盖度（RVS）	植被特征	重度覆盖（100）	中度覆盖（75）	轻度覆盖（50）	植被稀疏（25）	左岸	右岸	左岸	右岸	左岸	右岸	左岸	右岸	左岸	右岸	库岸	库岸	库岸
	乔木	>75%	40%～75%	10%～40%	0～10%	10%～40%	40%～75%	>75%	>75%	0	0	10%～40%	40%～75%	>75%	>75%	0～10%	0～10%	0～10%
	灌木	>75%	40%～75%	10%～40%	0～10%	0～10%	40%～75%	>75%	>75%	0	0～10%	0～10%	0～10%	>75%	>75%	0～10%	0%	0～10%
	草本	>75%	40%～75%	10%～40%	0～10%	40%～75%	>75%	>75%	>75%	>75%	40%～75%	10%～40%	10%～40%	>75%	>75%	>75%	0%	>75%
河岸带人工干扰程度（RD）	人类活动类型	赋分				左岸	右岸	左岸	右岸	左岸	右岸	左岸	右岸	左岸	右岸	库岸	库岸	库岸
	河岸硬性砌护	−5																
	采砂	−40				−40												
	沿岸建筑物（房屋）	−10											−10					
	公路（或铁路）	−10																
	垃圾填埋场或垃圾堆放	−30									−30							
	河滨公园	−5																
	管道	−5																
	农业耕种	−15				−15	−15	−15	−15			−15	−15					
	畜牧养殖	−10													−10			

续表

评估水体		万泉河				中下游											
调查日期	2016年8月24日					石壁		加积		汀州		文曲河		加浪河		塔洋河	
河岸稳定性(BKS)	岸坡特征	稳定(100)	基本稳定(75)	次不稳定(25)	不稳定(0)	左岸	右岸	左岸	右岸	左岸	右岸	左岸	右岸	左岸	右岸	左岸	右岸
	岸坡倾角/(°)(<)	15	30	45	60	30	15	30	30	15	15	15	15	15	15	15	15
	岸坡高度/m(<)	1	2	3	5	2	1	3	3	1	1	1	1	1	1	1	1
	河岸基质(类别)	基岩	岩土河岸	黏土河岸	非黏土河岸	基岩	岩土河岸	黏土河岸	基岩	黏土河岸	黏土河岸	黏土河岸	黏土河岸	黏土河岸	黏土河岸	黏土河岸	黏土河岸
	坡脚冲刷强度	无冲刷迹象	轻度冲刷	中度冲刷	重度冲刷	无冲刷迹象	轻度冲刷	无冲刷迹象	无冲刷迹象	轻度冲刷	轻度冲刷	轻度冲刷	轻度冲刷	轻度冲刷	轻度冲刷	轻度冲刷	轻度冲刷
河岸植被覆盖度(RVS)	植被特征	重度覆盖(100)	中度覆盖(75)	轻度覆盖(50)	植被稀疏(25)	左岸	右岸	左岸	右岸	左岸	右岸	左岸	右岸	左岸	右岸	左岸	右岸
	乔木	>75%	40%~75%	10%~40%	0~10%	0~10%	40%~75%	0~10%	40%~75%	10%~40%	10%~40%	>75%	>75%	>75%	>75%	>75%	>75%
	灌木	>75%	40%~75%	10%~40%	0~10%	0~10%	0~10%	40%~75%	40%~75%	0~10%	0~10%	0	0~10%	0~10%	0~10%	0	0~10%
	草本	>75%	40%~75%	10%~40%	0~10%	>75%	40%~75%	40%~75%	40%~75%	0~10%	0~10%	0~10%	0~10%	0~10%	0~10%	0~10%	0~10%
河岸带人工干扰程度(RD)	人类活动类型	赋分				左岸	右岸	左岸	右岸	左岸	右岸	左岸	右岸	左岸	右岸	左岸	右岸
	河岸硬性砌护	−5							−5								
	采砂	−40				−40											
	沿岸建筑物(房屋)	−10															
	公路(或铁路)	−10															
	垃圾填埋场或垃圾堆放	−30							−30							−30	
	河滨公园	−5							−5								
	管道	−5															
	农业耕种	−15								−15		−15	−15	−15	−15	−15	−15
	畜牧养殖	−10															

2.4 河道采砂现状

2012年，媒体曝光万泉河琼海段出现的非法采砂点成倍于审批发证的采砂场，这些非法采砂场置周边生态环境及沿岸村庄、建筑安全于不顾，导致河畔满目疮痍，岸上植被破坏殆尽。而当地国土、水务部门受执法人员数量、执法装备不足的限制，《海南省万泉河流域生态环境保护规定》中关于规范采砂的相关规定，在落实上仍有许多不足。根据最新发布的海南省生态保护红线，万泉河河道均为Ⅱ类保护区，其中一项保护规定是不允许未经批准的河道采砂活动。

琼海市水务局在2008年出台了《万泉河琼海段河道采砂规划》，按照河砂的分布现状和河道采砂规划原则，规划了自石壁镇长上村至入海口段总长约50km范围内，规划可采区18个，可采砂总量约1151万m^3。同时，规划保留河段两段，在规划年限内除规划可采区和保留区外，其他河段均属禁采区，禁止采砂。至2008年，琼海市境内经水务、国土部门审批合格的持证采砂场共计14处，分布在万泉河干流自石壁镇赤坡村至博鳌镇大乐大桥上游的科解村之间40多km的河道内，年开采量达96万m^3。但从媒体的曝光资料中，从合口咀至博鳌入海口，万泉河上共有大大小小采沙场22个，包含了54处采砂点。此外，沿途共有42处砂场采砂殆尽后留下的岸边坑地。从这一情况来看，万泉河琼海段的非法采砂数量、规模已数倍于经审批的采砂场。时至2015年，万泉河下游非法采砂及对其严厉打击的新闻时有见报。

据报道，受限于历史原因，琼海市万泉河从2014年至2015年7月均没有一个合法采砂点。周边地区大规模建设产生巨大的河砂需求，由此催生了万泉河非法采砂的乱象。此后水务部门计划规划少量合法采砂点以满足河砂需求。

本书采用Google卫星遥感图片分析的方式，识别2015—2016年万泉河仍存在的采砂点及废弃采砂场的分布。

2.4.1 合口咀以下河段

通过遥感影像（影像日期2016年5—6月）对万泉河下游合口咀至琼海汀州大桥段的河道采砂情况进行排查。结果发现，该段河道仍然分布有多个河砂采集点，同时也有很多废弃的采砂场。而在2012年媒体报道中的采砂点，尚有采砂活动进行。万泉河下游（合口咀至汀州大桥）河道采砂遥感影像如图2-11所示。

2.4.2 合口咀以上河段

对合口咀以上（干流至牛路岭水库、定安河至红岭水库）河段的遥感影像分析也发现6处正在运行中的采砂点及多处废弃砂场，其中多数正在运行的采砂点分布在牛路岭以下的干流。合口咀以上（至牛路岭水库、红岭水利枢纽）河道采砂遥感影像如图2-12所示。

从以上遥感影像分析来看，万泉河仍分布有多个河道采砂点，其中部分可能为非法采砂点。从2016年9月之前琼海市水务局的处罚公告（琼海市政府门户网站，http://www.qionghai.gov.cn/read.jsp?id=74536）来看，非法采砂点主要分布在加积棉寨河段、加积洋水东山、加积洋水龙阁、中原蓬莱河段、中原京坡河段、博鳌古调7队、博鳌

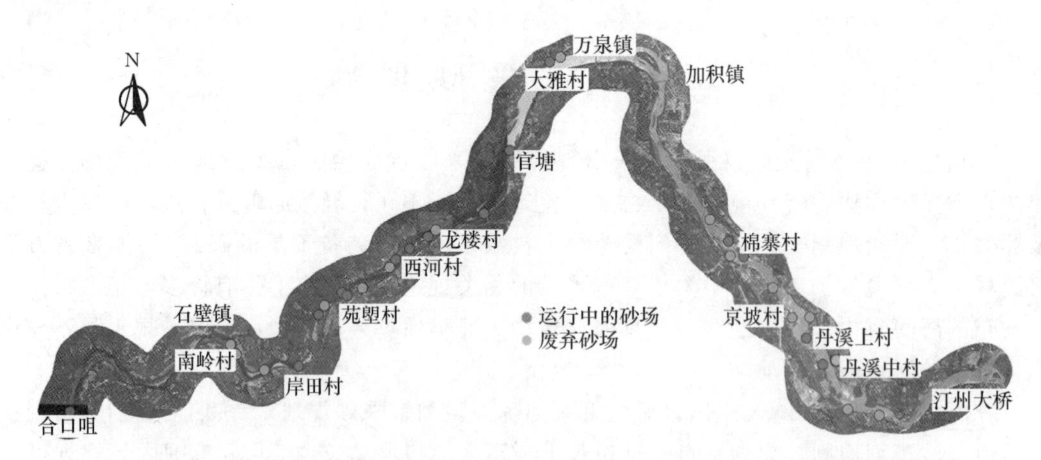

(a) 万泉河下游（合口咀至汀州大桥）河道采砂分布位置

(b) 南岭村（2016年6月13日）

(c) 岸田村（2016年6月13日）

图2-11（一） 万泉河下游（合口咀至汀州大桥）河道采砂遥感影像图

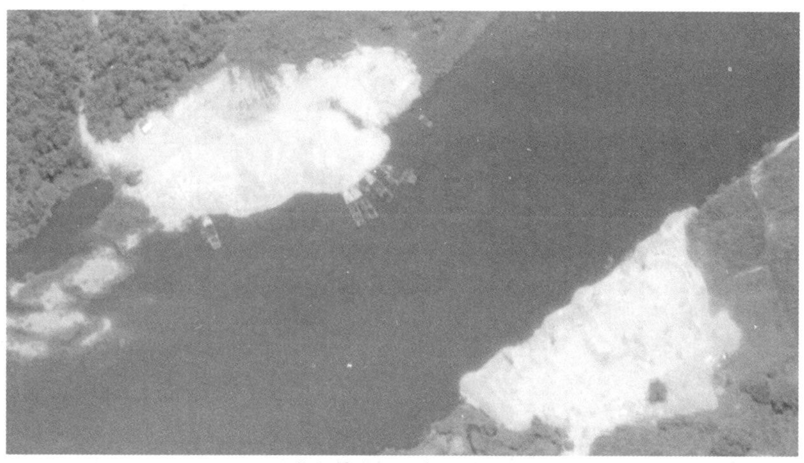

(d) 菀塱村（2016 年 6 月 13 日）

(e) 西河村（2016 年 6 月 13 日）

(f) 龙楼村（2015 年 4 月 2 日）

图 2-11（二） 万泉河下游（合口咀至汀州大桥）河道采砂遥感影像图

(g) 官塘（2015 年 4 月 2 日）

(h) 大雅村（2016 年 5 月 3 日）

(i) 棉寨村（2016 年 5 月 3 日）

图 2-11（三） 万泉河下游（合口咀至汀州大桥）河道采砂遥感影像图

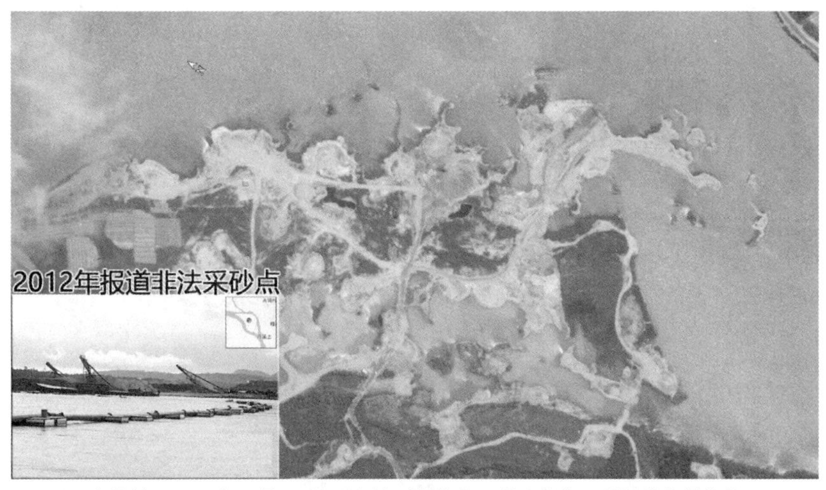

(j) 京坡村（2016年5月3日）（占地面积较大，现已废弃，现河岸状况较差）

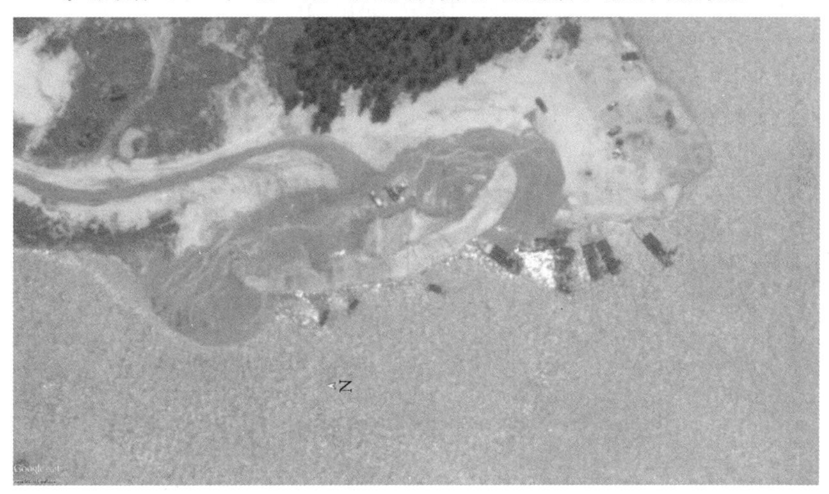

(k) 丹溪上村（2016年5月3日）

图2-11（四） 万泉河下游（合口咀至汀州大桥）河道采砂遥感影像图

古调10队、东红农场等河段，与遥感影像识别出来的采砂点基本符合。从遥感影像来看，由于抽砂机器对河床底质的扰动，采砂点下游水域大多比较混浊；而采用岸边架设抽砂机器的河段，河岸植被多被破坏，且原有河岸变得坑坑洼洼，破坏景观的同时也不利于行洪。而大部分废弃的河岸采砂场没有采取复绿等修复措施，河岸沙滩仍然完全裸露，布满采砂造成的沙坑，影响了河岸景观。

一方面，河砂作为一种特殊而且重要的矿产，它的开发利用不仅关系到建设、资源、环境，而且还关系到河道行洪、河势稳定。建立科学、合理的河道采砂规划，对保护两岸城市及村镇安全，保障河势健康、稳定，实现资源利用、水土保持、环境保护和谐发展的目标就显得尤为重要。另一方面，河岸、河床底质是底栖动物、鱼类等水生生物的栖息空间，采砂活动对河床的破坏侵占了这些生物赖以生存的场所；而采砂引起的局部河段水体混浊也不利于水生生物的栖息，最终导致采砂活动所在河段的生物多样性有所下降。

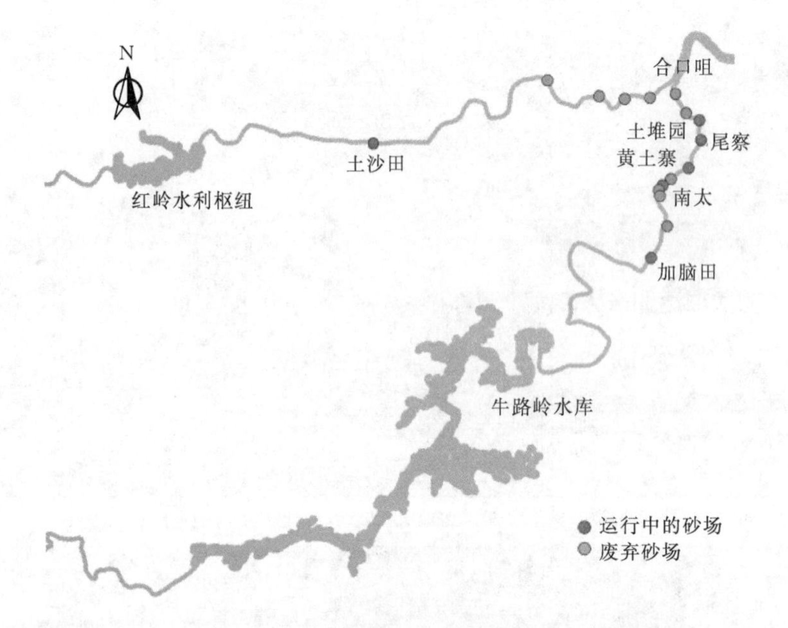

(a) 合口咀以上（至牛路岭水库、红岭水利枢纽）河道采砂分布位置

(b) 土堆园（2016 年 6 月 13 日）

(c) 尾寮（2016 年 6 月 13 日）

图 2-12（一） 合口咀以上（至牛路岭水库、红岭水利枢纽）河道采砂遥感影像图

(d) 黄土寨(2016 年 6 月 13 日)

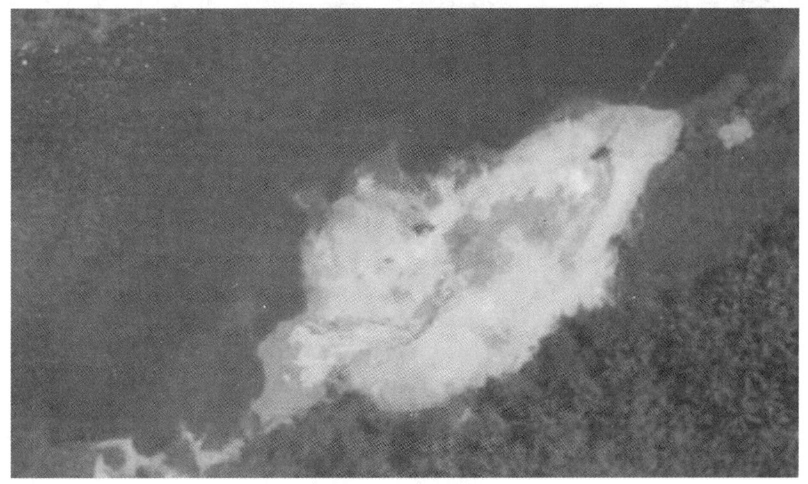

(e) 南太(2015 年 8 月 24 日)

(f) 加脑田(2016 年 6 月 13 日)

图 2-12(二) 合口咀以上(至牛路岭水库、红岭水利枢纽)河道采砂遥感影像图

(g) 土沙田 (2016年6月13日)

图2-12(三) 合口咀以上(至牛路岭水库、红岭水利枢纽)河道采砂遥感影像图

第3章

水 质 状 况

水质是水生生态系统健康的一个关键属性。河流水质的物理和化学特征是自然过程和人类干扰的综合反应。水质还可以充当水生生物的压力源，水生生物对于短暂的最佳适应范围之外的水质是可忍受的，长期不良水质将会造成生态健康下降。

万泉河流域长期以来水质保持良好，但近年来水体质量有所下降，2015 年常规水质监测结果显示，支流定安河水质达标率较低，未达标项目多为总磷、溶解氧、高锰酸盐指数、氨氮等。

3.1 调 查 方 法

3.1.1 水质监测点

为保证与水质常规监测资料的一致性，监测点位参考琼海市开展的万泉河常规水质监测并在相隔较远的区间适当增加监测点位，万泉河干流及定安河干流共设置 8 个监测点位；同时为更全面地反映万泉河流域的实际情况，增加牛路岭水库、红岭水利枢纽及上游支流太平溪、盘溪、青梯溪及下游支流文曲河、加浪河、塔洋河共 8 个监测点（表 3－1）。万泉河水质及生物群落监测点示意图如图 3－1 所示。

表 3－1　　水质及浮游生物、着生硅藻、底栖动物监测点位

序　号		站点名称	地理位置		地　址
干流	W1	乘坡	E110.010°	N18.900°	琼中县和平镇
	W2－1	牛路岭水库—库首	E110.187°	N19.014°	牛路岭水库坝前
	W2－2	牛路岭水库—库中 1	E110.157°	N19.008°	牛路岭水库库中
	W2－3	牛路岭水库—库中 2	E110.147°	N18.957°	牛路岭水库库尾
	W3	会山	E110.260°	N19.070°	琼海市会山镇东太大桥
	W4	石壁	E110.308°	N19.162°	琼海市石壁镇
	W5	加积	E110.450°	N19.240°	琼海市加积镇
	W6	汀州	E110.550°	N19.150°	琼海市博鳌镇大乐村大乐桥（汀州村对岸）

续表

序号		站点名称	地理位置		地址
定安河	W7	大平水文站	E109.870°	N19.120°	琼中县湾岭镇大平水位站
	W8-1	红岭水利枢纽—库首	E110.025°	N19.102°	红岭水利枢纽坝前
	W8-2	红岭水利枢纽—库中	E110.013°	N19.095°	红岭水利枢纽库中
	W8-3	红岭水利枢纽—库尾	E109.997°	N19.092°	红岭水利枢纽库尾
	W9	白马岭	E110.060°	N19.110°	琼中县中平镇南方农场合口队水面桥
	W10	加报	E110.200°	N19.130°	琼海市加报镇东泰农场
其他支流	W11	太平溪	E109.917°	N18.798°	琼中县太平农场
	W12	营盘溪	E109.873°	N18.963°	琼中县长征镇
	W13	青梯溪	E110.062°	N19.177°	琼中县乌坡镇
	W14	文曲河	E110.380°	N19.270°	琼海市万泉镇石康镇
	W15	加浪河	E110.414°	N19.343°	琼海市万泉镇南洋头村
	W16	塔洋河	E110.517°	N19.356°	琼海市塔洋镇上岭村

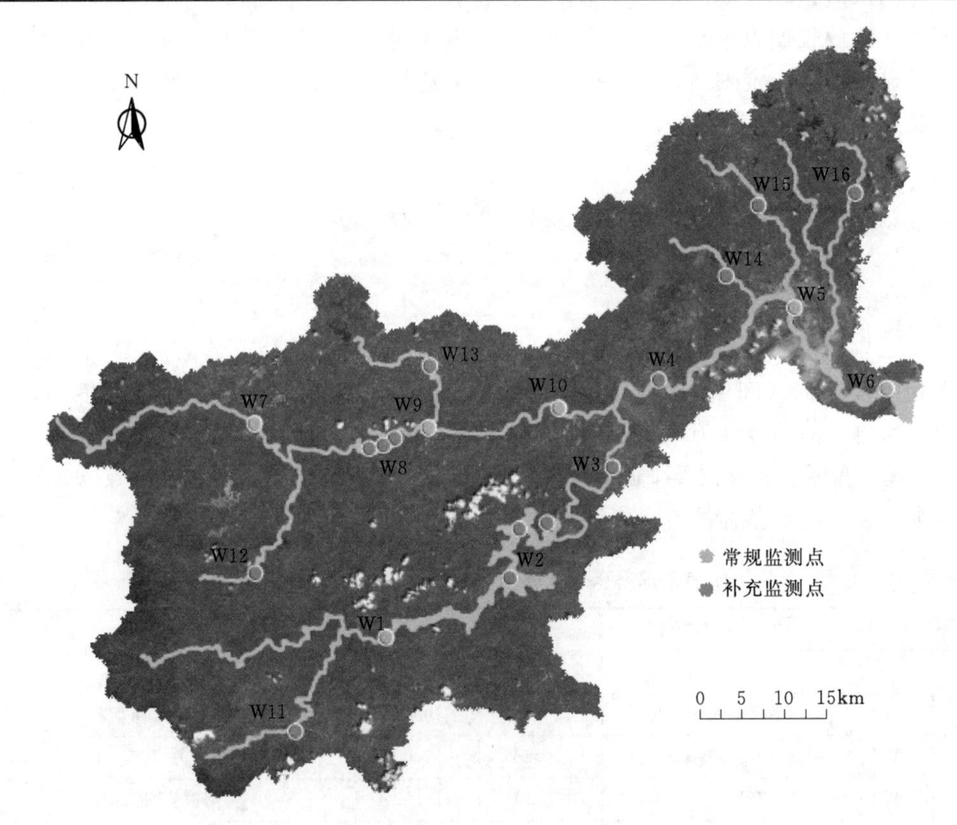

图3-1 万泉河水质及生物群落监测点示意图

其中，河流采样点水质指标包括溶解氧、高锰酸盐指数、化学需氧量、五日生化需氧量、氨氮、总氮、总磷、砷、汞、镉、铬（六价）、铅；水库采样点水质指标包括溶解氧、高锰酸盐指数、化学需氧量、五日生化需氧量、氨氮、总氮、总磷、透明度、叶绿素。

3.1.2 水质检测方法

水质采样及分析方法均按照相应的标准规范进行（表 3 - 2），GB 3838—2002《地表水环境质量标准》中的部分指标见表 3 - 3。

表 3 - 2 水质指标分析方法

序号	检测项目	依据的标准	检测仪器设备
1	溶解氧	HJ 506—2009	溶解氧快速测定仪
2	高锰酸盐指数	GB 11892—1989	数显滴定管
3	化学需氧量	GB 11914—1989	数显滴定管
4	五日生化需氧量	HJ 505—2009	溶解氧快速测定仪
5	氨氮	HJ 535—2009	紫外分光光度计
6	总氮	HJ 667—2013	流动注射分析仪
7	总磷	HJ 670—2013	流动注射分析仪
9	汞	SL 327.2—2005	原子荧光光度计
8	砷	SL 394.2—2007	电感耦合等离子体质谱
10	镉	SL 394.2—2007	电感耦合等离子体质谱
11	铬（六价）	GB 7467—87	紫外分光光度计
12	铅	SL 394.2—2007	电感耦合等离子体质谱

表 3 - 3 GB 3838—2002《地表水环境质量标准》（部分指标） 单位：mg/L

指 标	Ⅰ类	Ⅱ类	Ⅲ类	Ⅳ类	Ⅴ类
溶解氧（≥）	7.5	6	5	3	2
高锰酸盐指数（≤）	2	4	6	10	15
化学需氧量（≤）	15	15	20	30	40
五日生化需氧量（≤）	3	3	4	6	10
氨氮（≤）	0.15	0.5	1	1.5	2
总氮（湖库，以 N 计）（≤）	0.2	0.5	1	1.5	2
总磷（以 P 计）（≤）	0.02（湖库 0.01）	0.1（湖库 0.025）	0.2（湖库 0.05）	0.3（湖库 0.1）	0.4（湖库 0.02）
汞（≤）	0.00005	0.00005	0.0001	0.001	0.001
铬（六价）（≤）	0.01	0.05	0.05	0.05	0.1
砷（≤）	0.05	0.05	0.05	0.1	0.1
镉（≤）	0.001	0.005	0.005	0.005	0.01
铅（≤）	0.01	0.01	0.05	0.05	0.1

3.2 水 质 类 别

3.2.1 2015 年常规监测

水质状况常规监测结果采用海南省水文水资源勘测局 2015 年监测成果，其中除大平水文站水质目标为Ⅰ类外，其他站点水质目标均为Ⅱ类。

从 2015 年水质监测成果来看，以全因子计算，除支流定安河的 3 个站点外，万泉河干流各站点均全年达标；大平水文站全年均不达标，未达标项目为总磷、溶解氧、高锰酸盐指数、氨氮；白马岭达标次数是9个月，未达标指标为氨氮；加报达标次数是7个月，未达标指标为总磷、铅（图3－2）。

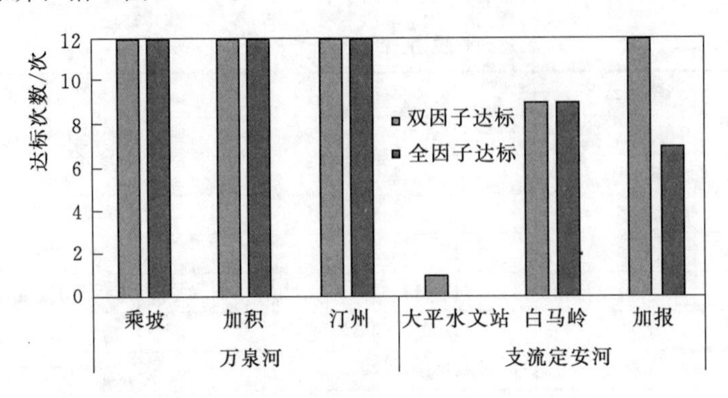

图3－2 各监测站点水质达标情况

3.2.2 补充监测

补充监测万泉河干流及定安河各站点水质类别为Ⅱ～Ⅲ类，未达到Ⅱ类水质的站点包括石壁、加积及大平水文站，超标项目为溶解氧（石壁）、高锰酸盐指数（加积、大平水文站）。

上游支流中，太平溪水质为Ⅰ类；营盘溪和青梯溪水质为Ⅲ类，未达Ⅱ类水质标准要求的项目为高锰酸盐指数、总磷和溶解氧（青梯溪）。下游支流水质为Ⅲ～Ⅳ类，未达Ⅱ类水质标准要求的项目为溶解氧（塔洋河）、高锰酸盐指数、总磷（塔洋河）化学需氧量（塔洋河）和五日生化需氧量（塔洋河）。

牛路岭水库及红岭水利枢纽水质均为Ⅱ类。

万泉河各站点补充监测成果见表3－4。牛路岭水库和红岭水利枢纽补充监测成果见表3－5。

表3－4　　万泉河各站点补充监测成果表

监测站点	干流					定安河			上游支流			下游支流		
	乘坡	会山	石壁	加积	汀州大桥	大平水文站	白马岭	加报	太平溪	营盘溪	青梯溪	文曲河	加浪河	塔洋河
溶解氧	Ⅱ类	Ⅱ类	Ⅲ类	Ⅱ类	Ⅱ类	Ⅱ类	Ⅱ类	Ⅱ类	Ⅰ类	Ⅱ类	Ⅲ类	Ⅱ类	Ⅱ类	Ⅲ类
高锰酸盐指数	Ⅱ类	Ⅱ类	Ⅱ类	Ⅲ类	Ⅱ类	Ⅲ类	Ⅱ类	Ⅱ类	Ⅰ类	Ⅲ类	Ⅲ类	Ⅲ类	Ⅲ类	Ⅳ类
化学需氧量	Ⅰ类	Ⅰ类	Ⅰ类	Ⅰ类	Ⅰ类	Ⅰ类	Ⅰ类	Ⅰ类	Ⅰ类	Ⅰ类	Ⅰ类	Ⅰ类	Ⅰ类	Ⅲ类
五日生化需氧量	Ⅰ类	Ⅰ类	Ⅰ类	Ⅰ类	Ⅰ类	Ⅰ类	Ⅰ类	Ⅰ类	Ⅰ类	Ⅰ类	Ⅰ类	Ⅰ类	Ⅰ类	Ⅲ类
氨氮	Ⅰ类	Ⅰ类	Ⅱ类	Ⅰ类	Ⅰ类	Ⅱ类	Ⅱ类	Ⅱ类	Ⅰ类	Ⅱ类	Ⅱ类	Ⅱ类	Ⅰ类	Ⅱ类
总磷	Ⅱ类	Ⅱ类	Ⅱ类	Ⅱ类	Ⅱ类	Ⅱ类	Ⅱ类	Ⅱ类	Ⅱ类	Ⅲ类	Ⅲ类	Ⅱ类	Ⅱ类	Ⅲ类
汞	Ⅰ类	Ⅰ类	Ⅰ类	Ⅰ类	Ⅰ类	Ⅰ类	Ⅰ类	Ⅰ类	Ⅰ类	Ⅰ类	Ⅰ类	Ⅰ类	Ⅰ类	Ⅰ类
铬	Ⅱ类	Ⅱ类	Ⅱ类	Ⅰ类	Ⅰ类	Ⅱ类	Ⅱ类	Ⅱ类	Ⅰ类	Ⅱ类	Ⅱ类	Ⅰ类	Ⅰ类	Ⅰ类
砷	Ⅰ类	Ⅰ类	Ⅰ类	Ⅰ类	Ⅰ类	Ⅰ类	Ⅰ类	Ⅰ类	Ⅰ类	Ⅰ类	Ⅰ类	Ⅰ类	Ⅰ类	Ⅰ类
镉	Ⅰ类	Ⅰ类	Ⅰ类	Ⅰ类	Ⅰ类	Ⅰ类	Ⅰ类	Ⅰ类	Ⅰ类	Ⅰ类	Ⅰ类	Ⅰ类	Ⅰ类	Ⅰ类
铅	Ⅰ类	Ⅰ类	Ⅰ类	Ⅰ类	Ⅰ类	Ⅰ类	Ⅰ类	Ⅰ类	Ⅰ类	Ⅰ类	Ⅰ类	Ⅰ类	Ⅰ类	Ⅰ类

表 3-5 牛路岭水库和红岭水利枢纽补充监测成果表

监测站点	牛路岭水库			红岭水利枢纽		
指标	库首	库中1	库中2	库首	库中	库尾
溶解氧	Ⅱ类	Ⅰ类	Ⅰ类	Ⅱ类	Ⅱ类	Ⅱ类
高锰酸盐指数	Ⅱ类	Ⅱ类	Ⅱ类	Ⅰ类	Ⅰ类	Ⅰ类
化学需氧量	Ⅰ类	Ⅰ类	Ⅰ类	Ⅰ类	Ⅰ类	Ⅰ类
五日生化需氧量	Ⅰ类	Ⅰ类	Ⅰ类	Ⅰ类	Ⅰ类	Ⅰ类
氨氮	Ⅰ类	Ⅰ类	Ⅰ类	Ⅰ类	Ⅰ类	Ⅰ类
总氮	Ⅱ类	Ⅱ类	Ⅱ类	Ⅲ类	Ⅱ类	Ⅱ类
总磷	Ⅰ类	Ⅰ类	Ⅰ类	Ⅰ类	Ⅰ类	Ⅰ类

3.3 溶解氧及耗氧污染物

3.3.1 常规监测结果

万泉河6个站点的溶解氧及耗氧污染物均优于Ⅱ类水标准（图3-3），其中化学需氧量均低于检出限（<15mg/L）。

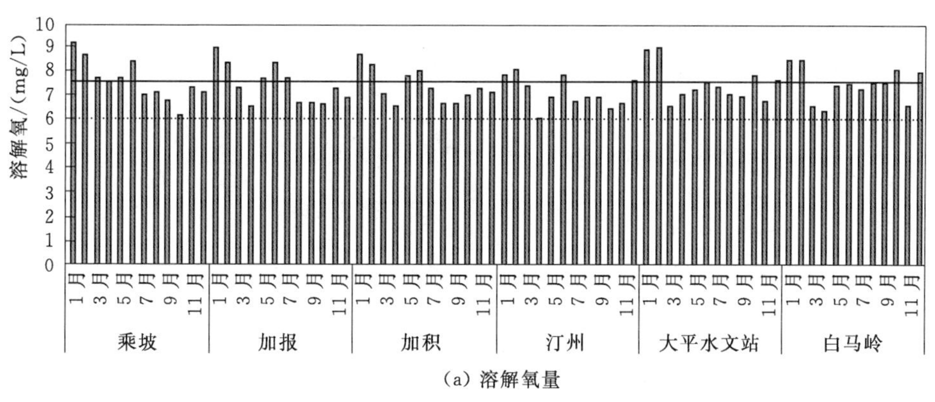

(a) 溶解氧量

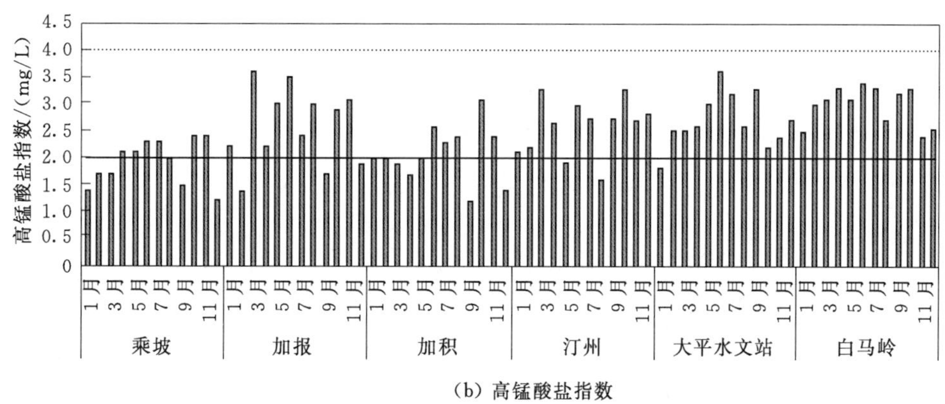

(b) 高锰酸盐指数

图3-3（一） 万泉河各监测站点溶解氧及耗氧污染物浓度（2015年）

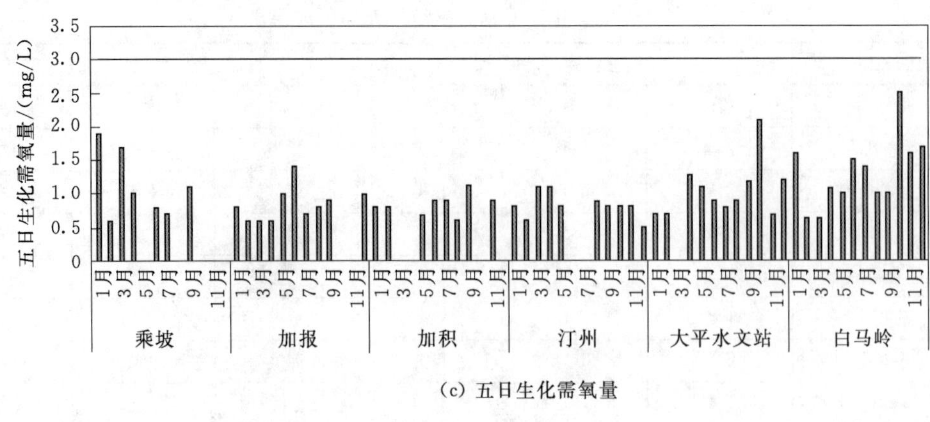

(c) 五日生化需氧量

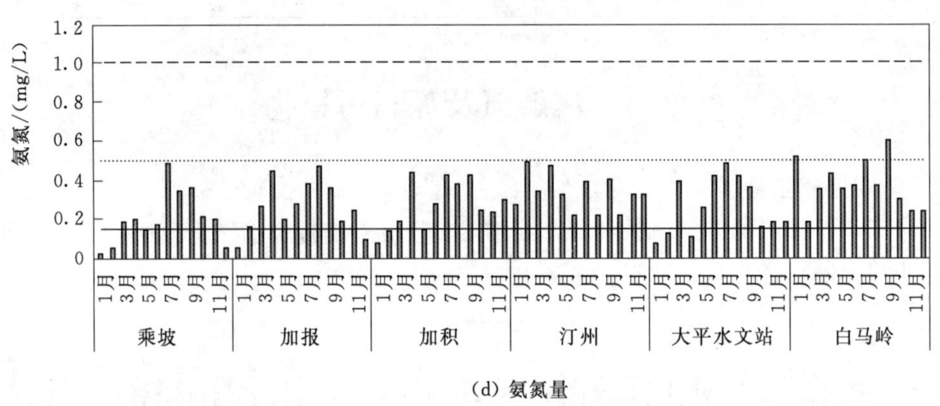

(d) 氨氮量

图例 检测值 Ⅰ类 Ⅱ类 Ⅲ类

图 3-3（二） 万泉河各监测站点溶解氧及耗氧污染物浓度（2015 年）

溶解氧：除乘坡和汀州的溶解氧存在差异（$p=0.028<0.05$）外，其他站点溶解氧无差异。

高锰酸盐指数：乘坡、加积显著低于汀州、大平水文站、白马岭、加报；白马岭和汀州、大平水文站之间均存在显著差异（$p\leqslant 0.05$）。

五日生化需氧量：白马岭与各站点之间存在差异（$p\leqslant 0.05$）。

氨氮：乘坡与加报、加积、汀州、白马岭均存在差异（$p\leqslant 0.05$），白马岭与加报、加积、大平水文站之间也存在差异（$p\leqslant 0.05$）。

3.3.2 补充监测结果

3.3.2.1 河流

溶解氧：万泉河各站点溶解氧含量处于Ⅰ～Ⅲ类，其中仅上游太平溪的溶解氧含量优于Ⅰ类，其他站点均处于Ⅱ～Ⅲ类。

高锰酸盐指数：万泉河干流及定安河均为Ⅱ～Ⅲ类；上游支流太平溪为Ⅰ类，其他两条支流为Ⅲ类；下游支流为Ⅲ～Ⅳ类。

化学需氧量、五日生化需氧量：除下游支流塔洋河为Ⅱ类外，其余站点均优于Ⅰ类标准。

氨氮：各点为Ⅰ～Ⅱ类，其中干流个点基本优于Ⅰ类，定安河各点为Ⅱ类；上游支流太平溪优于Ⅰ类，其他两条Ⅱ类；下游支流基本为Ⅱ类。

万泉河溶解氧及耗氧污染物补充监测结果如图 3-4 和表 3-6 所示。

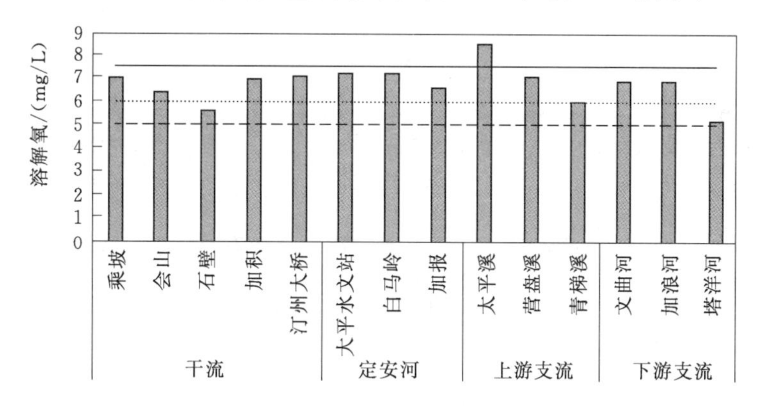

(a) 溶解氧量

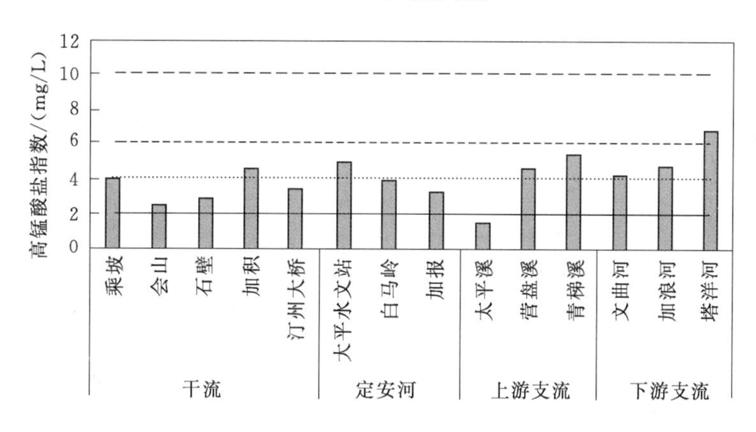

(b) 高锰酸盐指数

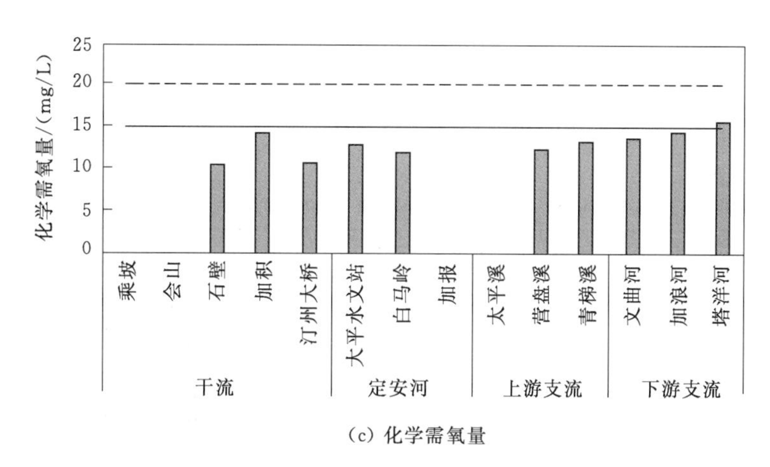

(c) 化学需氧量

图 3-4（一） 万泉河溶解氧及耗氧污染物补充监测结果（河流点）

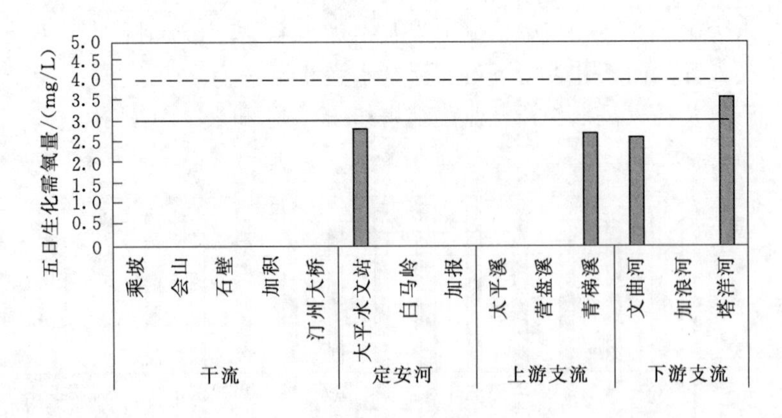

(d) 五日生化需氧量

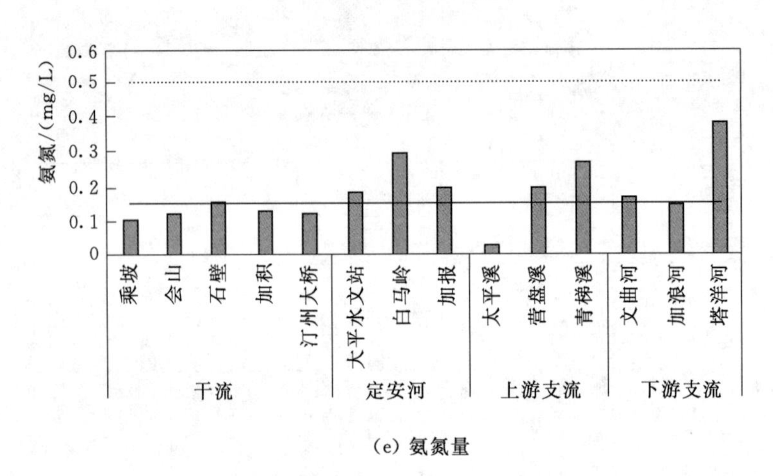

(e) 氨氮量

图例 检测值 —— Ⅰ类 ······ Ⅱ类 ----- Ⅲ类 --- Ⅳ类

图3-4（二） 万泉河溶解氧及耗氧污染物补充监测结果（河流点）

表3-6 万泉河溶解氧及耗氧污染物补充监测评价结果

点位	干流					定安河			上游支流			下游支流		
	乘坡	会山	石壁	加积	汀州大桥	大平水文站	白马岭	加报	太平溪	营盘溪	青梯溪	文曲河	加浪河	塔洋河
溶解氧	Ⅱ类	Ⅱ类	Ⅲ类	Ⅱ类	Ⅱ类	Ⅱ类	Ⅱ类	Ⅱ类	Ⅰ类	Ⅱ类	Ⅲ类	Ⅱ类	Ⅱ类	Ⅲ类
高锰酸盐指数	Ⅱ类	Ⅱ类	Ⅱ类	Ⅲ类	Ⅱ类	Ⅲ类	Ⅱ类	Ⅱ类	Ⅰ类	Ⅲ类	Ⅲ类	Ⅲ类	Ⅲ类	Ⅳ类
化学需氧量	Ⅰ类	Ⅰ类	Ⅰ类	Ⅰ类	Ⅰ类	Ⅰ类	Ⅰ类	Ⅰ类	Ⅰ类	Ⅰ类	Ⅰ类	Ⅰ类	Ⅰ类	Ⅲ类
五日生化需氧量	Ⅰ类	Ⅰ类	Ⅰ类	Ⅰ类	Ⅰ类	Ⅰ类	Ⅰ类	Ⅰ类	Ⅰ类	Ⅰ类	Ⅰ类	Ⅰ类	Ⅰ类	Ⅲ类
氨氮	Ⅰ类	Ⅰ类	Ⅱ类	Ⅰ类	Ⅰ类	Ⅱ类	Ⅱ类	Ⅱ类	Ⅰ类	Ⅱ类	Ⅱ类	Ⅱ类	Ⅰ类	Ⅱ类

3.3.2.2 水库

红岭水利枢纽及牛路岭水库的溶解氧及耗氧污染物为Ⅰ～Ⅱ类（图3-5、表3-7）。万泉河流域溶解氧及耗氧污染物分布特征如图3-6、图3-7所示。

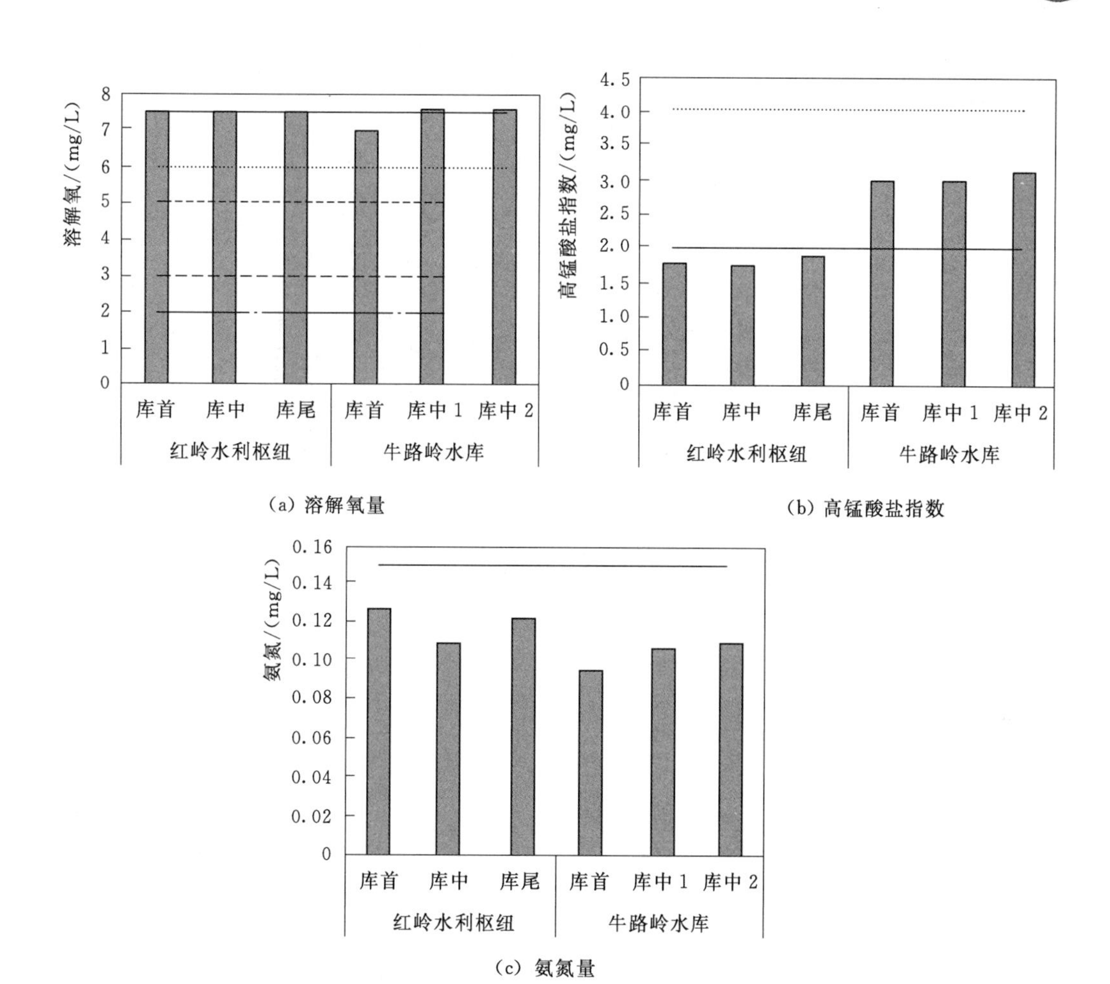

图例 检测值 ——Ⅰ类 ········Ⅱ类 -----Ⅲ类 --- Ⅳ类 —·—Ⅴ类

图 3-5 红岭水利枢纽和牛路岭水库溶解氧及耗氧污染物补充监测结果

* 化学需氧量及五日生化需氧量均低于检出限（<10mg/L、<2.0mg/L）

表 3-7 红岭水利枢纽和牛路岭水库溶解氧及耗氧污染物评价结果

点位	红岭水利枢纽			牛路岭水库		
	库首	库中	库尾	库首	库中 1	库中 2
溶解氧	Ⅱ类	Ⅱ类	Ⅱ类	Ⅱ类	Ⅰ类	Ⅰ类
高锰酸盐指数	Ⅰ类	Ⅰ类	Ⅰ类	Ⅱ类	Ⅱ类	Ⅱ类
化学需氧量	Ⅰ类	Ⅰ类	Ⅰ类	Ⅰ类	Ⅰ类	Ⅰ类
五日生化需氧量	Ⅰ类	Ⅰ类	Ⅰ类	Ⅰ类	Ⅰ类	Ⅰ类
氨氮	Ⅰ类	Ⅰ类	Ⅰ类	Ⅰ类	Ⅰ类	Ⅰ类

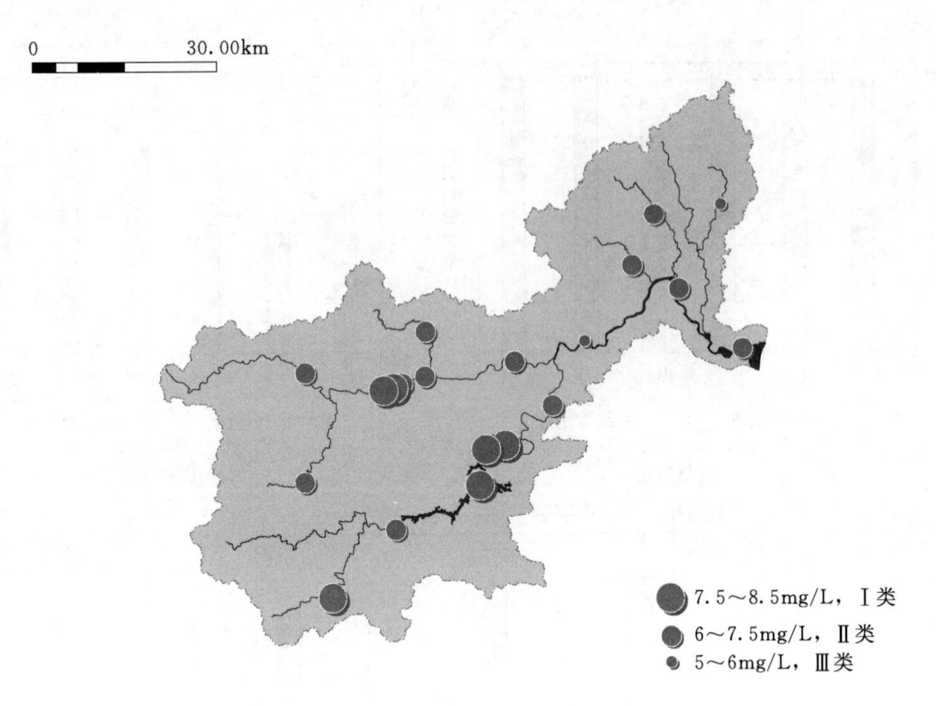

图3-6 万泉河流域溶解氧分布特征

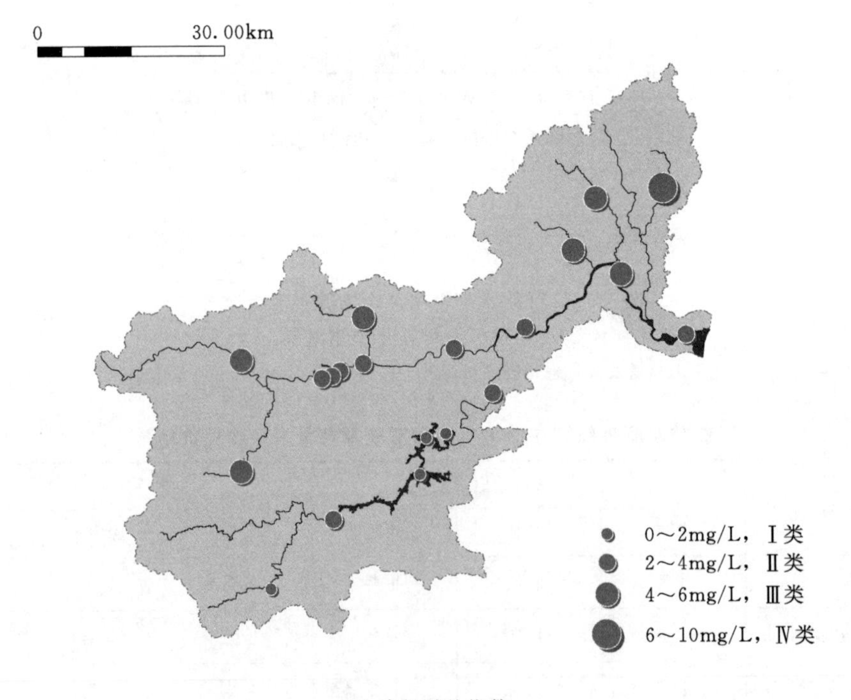

(a) 高锰酸盐指数

图3-7（一） 万泉河流域耗氧污染物分布特征

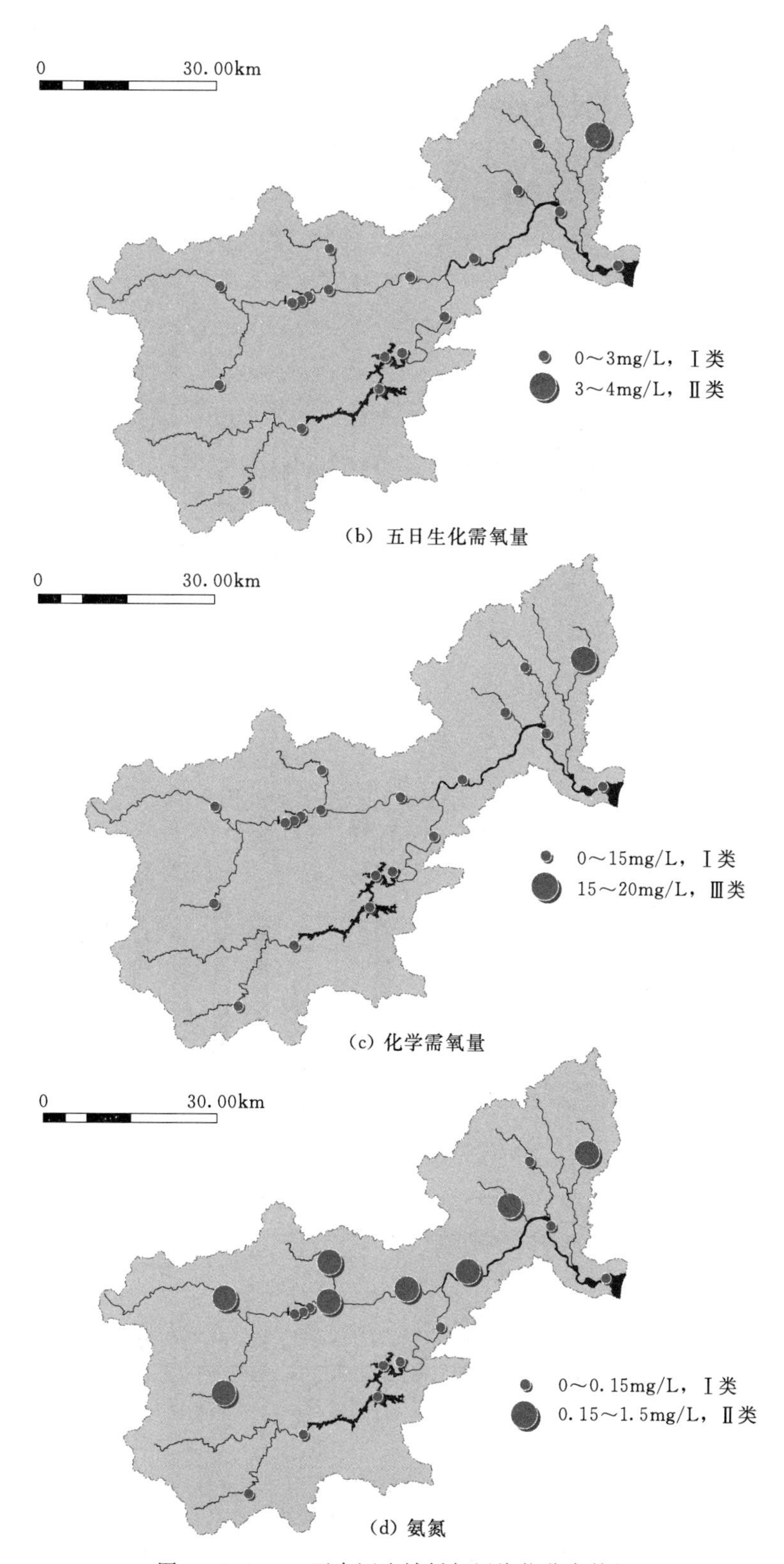

（b）五日生化需氧量

（c）化学需氧量

（d）氨氮

图 3-7（二） 万泉河流域耗氧污染物分布特征

3.4 营 养 盐

3.4.1 常规监测结果

总磷：大平水文站与乘坡、加积、汀州、白马岭之间存在差异（$p<0.05$），其他站点之间无差异（图3-8）。

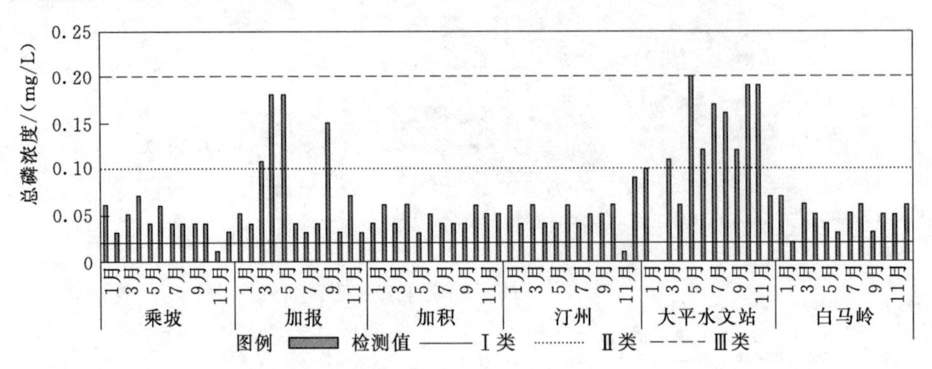

图3-8 万泉河各监测站点总磷浓度（2015年）

3.4.2 补充监测结果

3.4.2.1 河流

总氮：万泉河各点中，干流总氮浓度向下游呈递增的趋势。

总磷：除营盘溪、青梯溪、塔洋河为Ⅲ类外，其他站点均为Ⅱ类（图3-9、表3-8）。

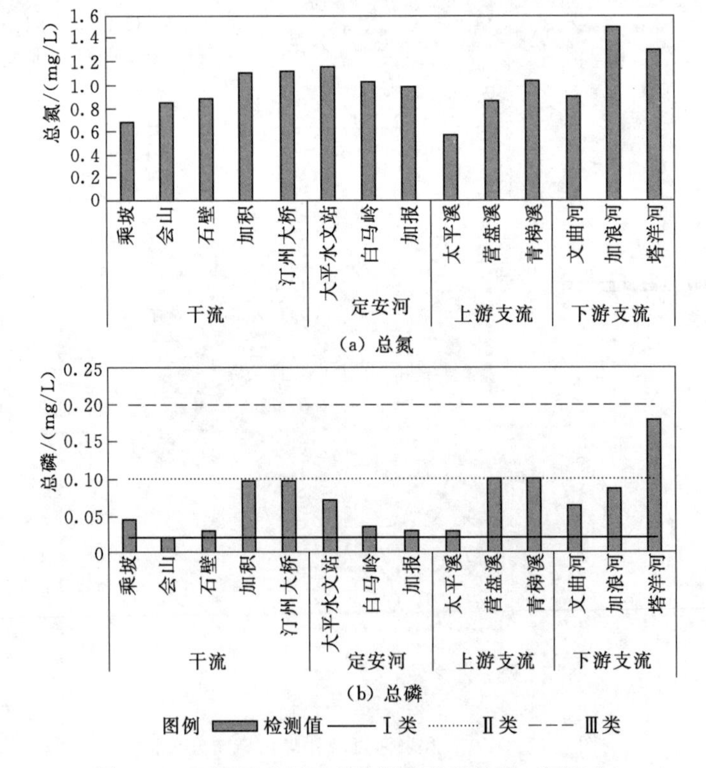

图3-9 万泉河总氮及总磷补充监测结果（河流点）

表 3-8　　万泉河总磷补充监测评价结果

点　位	干　流					定安河			上游支流			下游支流		
	乘坡	会山	石壁	加积	汀州大桥	大平水文站	白马岭	加报	太平溪	营盘溪	青梯溪	文曲河	加浪河	塔洋河
总磷	Ⅱ类	Ⅱ类	Ⅱ类	Ⅱ类	Ⅱ类	Ⅱ类	Ⅱ类	Ⅱ类	Ⅱ类	Ⅲ类	Ⅲ类	Ⅱ类	Ⅱ类	Ⅲ类

3.4.2.2　水库

总氮：除红岭水利枢纽库首总氮为Ⅲ类外，其他站点均为Ⅱ类。

总磷：两库的总磷浓度均优于Ⅰ类（图3-10、表3-9）。

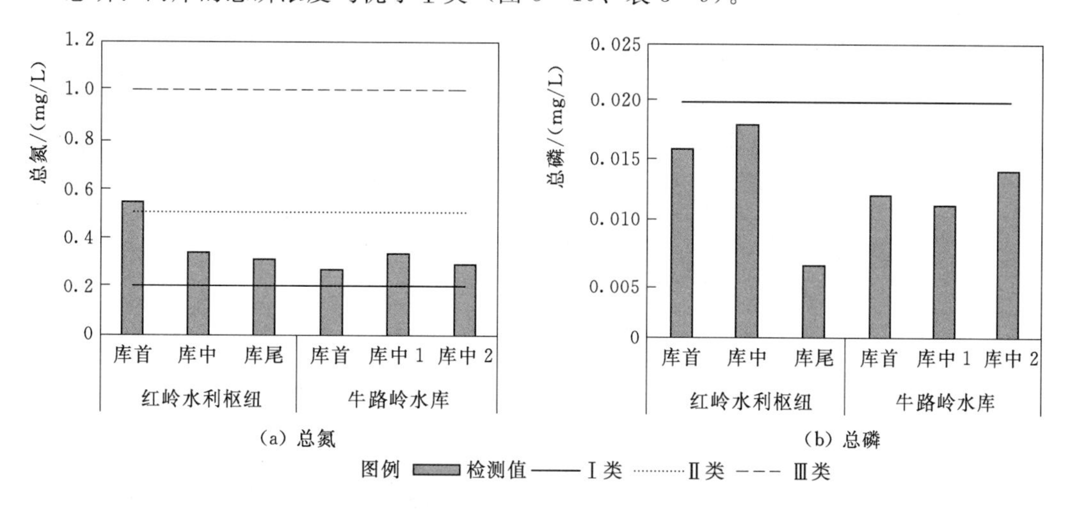

图3-10　红岭水利枢纽和牛路岭水库营养盐补充监测结果

表3-9　　红岭水利枢纽和牛路岭水库营养盐监测评价结果

点　位	红岭水利枢纽			牛路岭水库		
	库首	库中	库尾	库首	库中1	库中2
总氮	Ⅲ类	Ⅱ类	Ⅱ类	Ⅱ类	Ⅱ类	Ⅱ类
总磷	Ⅰ类	Ⅰ类	Ⅰ类	Ⅰ类	Ⅰ类	Ⅰ类

计算两水库的营养状态指数得出，红岭水利枢纽和牛路岭水库均处于中营养状态（图3-11）。

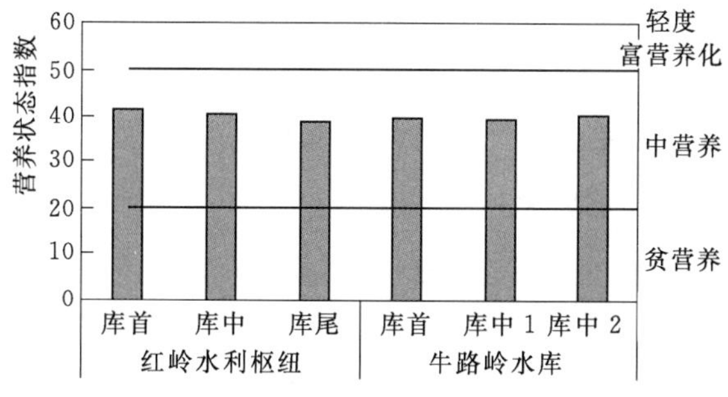

图3-11　红岭水利枢纽和牛路岭水库营养状态指数

万泉河流域营养盐分布特征如图 3.12 所示。

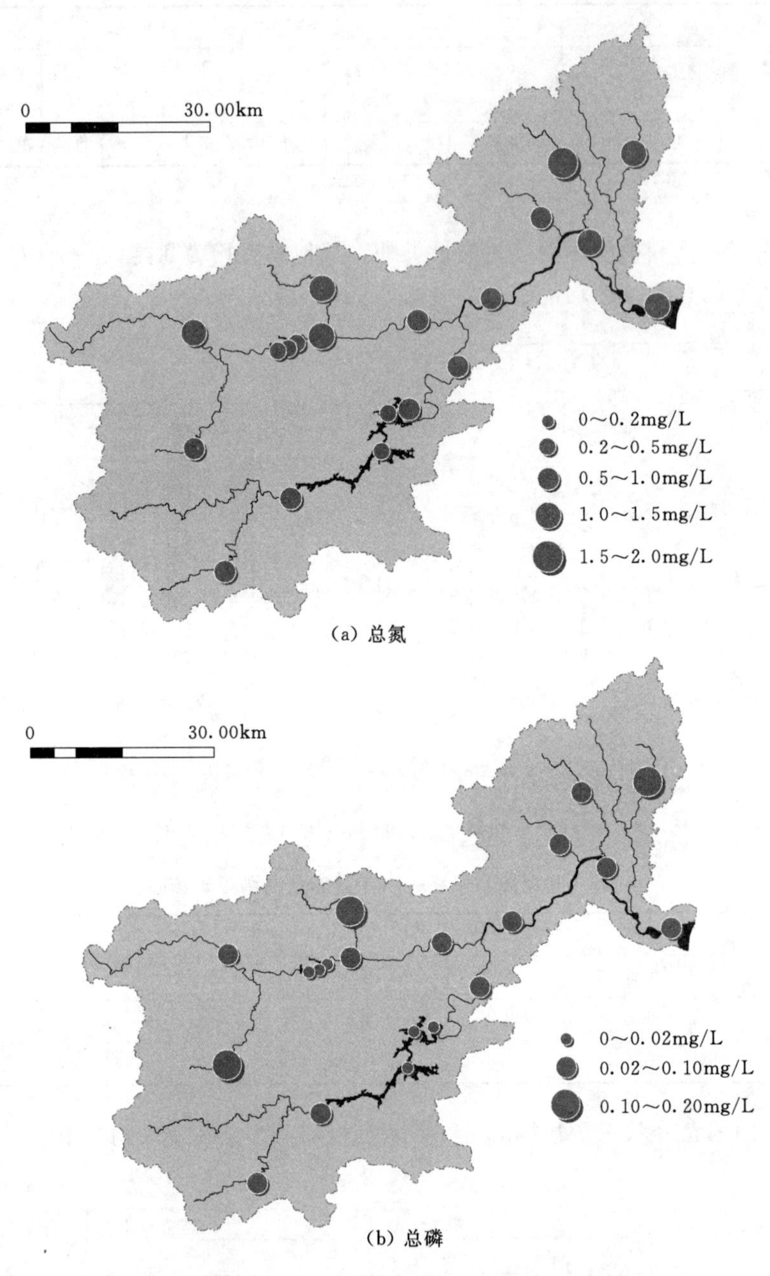

(a) 总氮

(b) 总磷

图 3-12 万泉河流域营养盐分布特征

3.5 重 金 属

3.5.1 常规监测结果

常规监测中，除加报1月、2月的锌为Ⅱ类、1月铅为Ⅲ类，加积1月、12月的锌为

Ⅱ类，汀州部分月份的铜为Ⅱ类外，其他站点的重金属含量均满足Ⅰ类水质标准（图 3-13）。

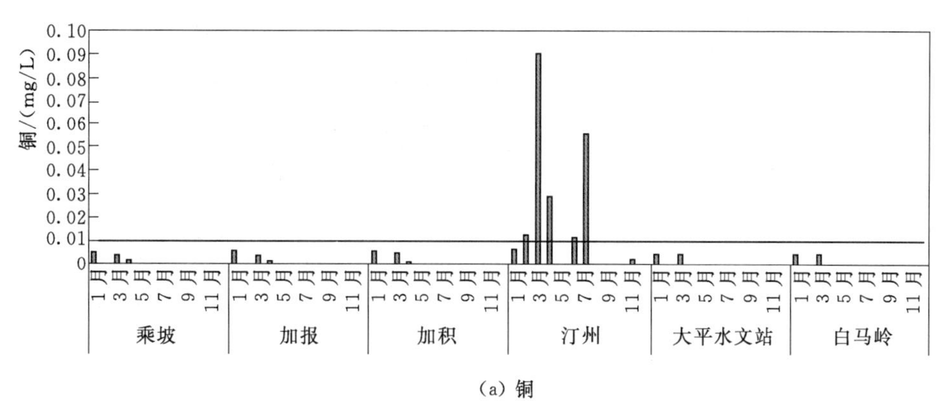

(a) 铜

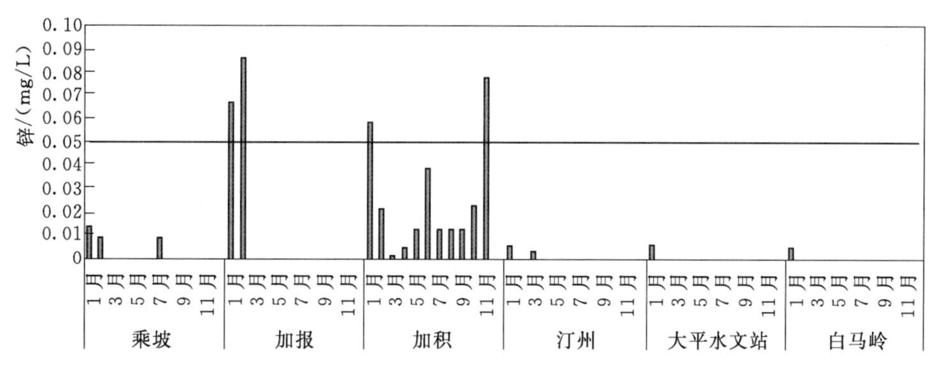

(b) 锌

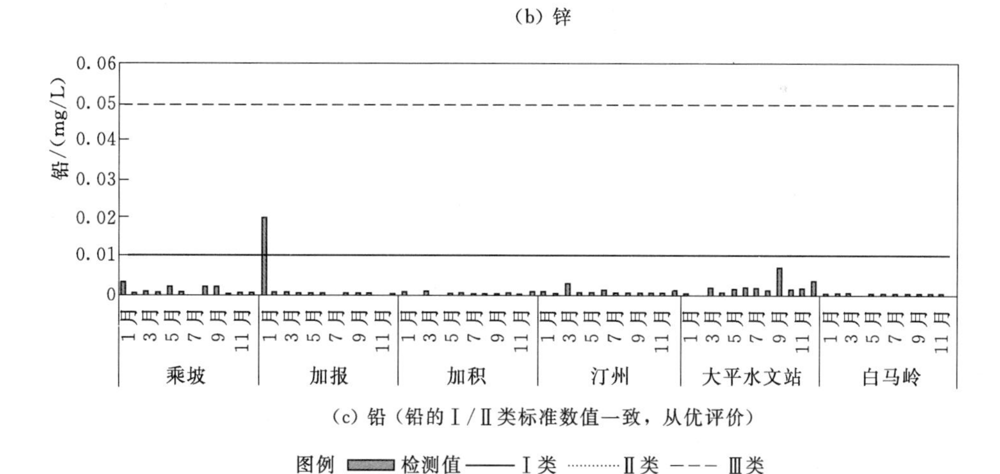

(c) 铅（铅的Ⅰ/Ⅱ类标准数值一致，从优评价）

图例 检测值 —— Ⅰ类 ········ Ⅱ类 - - - Ⅲ类

图 3-13 万泉河各监测站点重金属浓度（2015 年）

3.5.2 补充监测结果

补充监测中，各站点的汞、镉指标均未检出，各站点的砷、铅为Ⅰ类，部分站点的六价铬为Ⅱ类（图 3-14、表 3-10）。

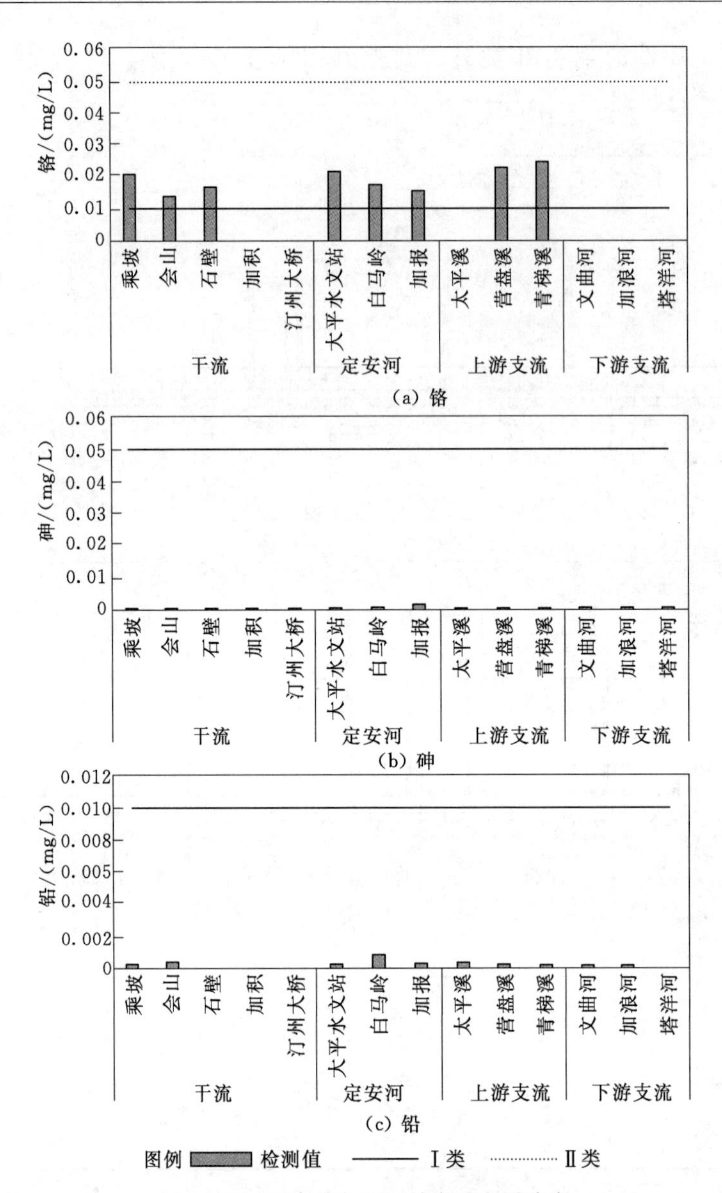

图 3-14 万泉河各监测站点重金属浓度

汞、镉均低于检出限(汞<0.00004mg/L、镉<0.00006mg/L)

表 3-10　　万泉河各监测站点重金属评价结果

点位	干流					定安河			上游支流			下游支流		
	乘坡	会山	石壁	加积	汀州大桥	大平水文站	白马岭	加报	太平溪	营盘溪	青梯溪	文曲河	加浪河	塔洋河
汞	Ⅰ类	Ⅰ类	Ⅰ类	Ⅰ类	Ⅰ类	Ⅰ类	Ⅰ类	Ⅰ类	Ⅰ类	Ⅰ类	Ⅰ类	Ⅰ类	Ⅰ类	Ⅰ类
铬	Ⅱ类	Ⅱ类	Ⅱ类	Ⅰ类	Ⅰ类	Ⅱ类	Ⅱ类	Ⅱ类	Ⅰ类	Ⅱ类	Ⅱ类	Ⅰ类	Ⅰ类	Ⅰ类
砷	Ⅰ类	Ⅰ类	Ⅰ类	Ⅰ类	Ⅰ类	Ⅰ类	Ⅰ类	Ⅰ类	Ⅰ类	Ⅰ类	Ⅰ类	Ⅰ类	Ⅰ类	Ⅰ类
镉	Ⅰ类	Ⅰ类	Ⅰ类	Ⅰ类	Ⅰ类	Ⅰ类	Ⅰ类	Ⅰ类	Ⅰ类	Ⅰ类	Ⅰ类	Ⅰ类	Ⅰ类	Ⅰ类
铅	Ⅰ类	Ⅰ类	Ⅰ类	Ⅰ类	Ⅰ类	Ⅰ类	Ⅰ类	Ⅰ类	Ⅰ类	Ⅰ类	Ⅰ类	Ⅰ类	Ⅰ类	Ⅰ类

第4章

浮 游 植 物

浮游植物是指水中营浮游生活的微型植物，其具有叶绿素，能利用光能进行光合作用制造有机物质同时放出氧气，是水中的初级生产者，其群落结构变化是湖库等半封闭水体营养状态的重要表现。常见门类有蓝藻门、绿藻门、硅藻门、隐藻门、裸藻门等。一般认为，贫营养状态下，浮游藻类群落以甲藻、金藻、硅藻种类为优势；中营养以蓝藻、绿藻、硅藻种类为优势；富营养以蓝藻、绿藻、裸藻为优势。

2016年，汛期和非汛期对万泉河流域浮游植物开展两次调查。调查结果表明，蓝藻门、绿藻门和硅藻门浮游植物是万泉河流域内各调查点的优势类群，流域不同区位的浮游植物种类、密度、生物量、优势种等群落结构特征存在时空差异。

4.1 调 查 方 法

4.1.1 调查点位

万泉河流域共布设了16个采样点（图4-1）。

4.1.2 样品采集

浮游植物的采集包括定性采集和定量采集。定性采集采用25号筛绢制成的浮游生物网在水中拖曳采集。定量采集则采用5000mL采水器取上、中、下层水样，经充分混合后，取1000mL水样（根据江水泥沙含量、浮游植物数量等实际情况决定取样量，并采用泥沙分离的方法)，加入鲁哥氏液固定，经过48h静置沉淀，浓缩至约100mL，保存待检。以下为定量采集的详细介绍：

（1）采样层次。视水体深浅而定，如水深在3m以内、水团混合良好的水体，可只采表层（0.5m）水样；水深3～10m的水体，应至少分别取表层（0.5m）和底层（离底0.5m）两个水样；水深大于10m，则应增加层次，可隔2～5m或更大距离采样1个。为了减少工作量，也可采取分层采样，各层等量混合成1个水样的方法。

（2）水样固定。计数用水样应立即用10mL鲁哥氏液加以固定（固定剂量为水样的1%)。需长期保存样品，再在水样中加入5mL左右福尔马林液。在定量采集后，同时用25号筛绢制成的浮游生物网进行定性采集，专门供观察鉴定种类用。采样时间应尽量在

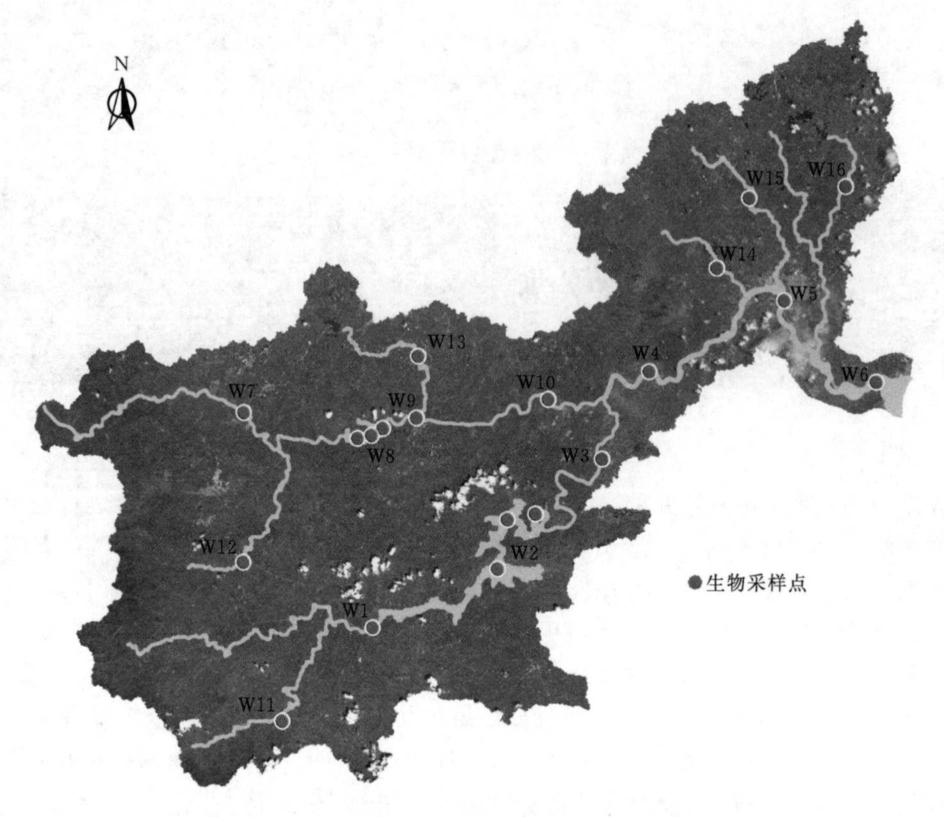

图 4-1 万泉河水生生物采样点位置分布图

一天的相近时间，例如在上午的 8：00—10：00。

（3）沉淀和浓缩。沉淀和浓缩需要在筒形分液漏斗中进行，但在野外一般采用分级沉淀方法。根据理论推算最微小的浮游植物的下沉速度约为 0.3cm/h，故如分液漏斗中水柱高度为 20cm，则需沉淀约 60h。但一般浮游藻类小于 50μm，再经过碘液固定后，下沉较快，所以静置沉淀时间一般可为 48h。有时在野外条件下，为节省时间，也可采取分级沉淀方法，即先在直径较大的容器（如 1L 水样瓶）中经 24h 的静置沉淀，然后用细小玻管（直径小于 2mm）借虹吸方法缓慢地吸去 1/5～2/5 的上层清液，注意不能搅动或吸出浮在表面和沉淀的藻类（虹吸管在水中的一端可用 25 号筛绢封盖）、静置沉淀 24h，再吸去部分上清液。如此重复，使水样浓缩到 100mL 左右。然后仔细保存，以便带回室内做进一步处理。并在样品瓶上写明采样日期、采样点、采水量等。

4.1.3 样品观察及数据处理

室内先将样品浓缩、定量至约 100mL，摇匀后吸取 10mL 样品置于沉降杯内，浮游植物在显微镜下按视野法计数，每个样品计数两次，取其平均值，每次计数结果与平均值之差应在 15%以内，否则增加计数次数。

每升水样中浮游植物数量的计算公式如下：

$$N=\frac{C_s}{F_s F_n}\frac{V}{v}P_n$$

式中 N——1L 水中浮游植物的密度，cells/L；

C_s——沉降杯的面积，mm^2；

F_s——视野面积，mm^2；

F_n——每片计数过的视野数；

V——1L 水样经浓缩后的体积，mL；

v——沉降杯的容积，mL；

P_n——计数所得细胞数，cell。

浮游植物种类鉴定参考《中国淡水藻类——系统、分类及生态》等。

4.2 种类组成

在对万泉河流域的两次水生态调查中，共检出浮游植物 204 种（属），其中以绿藻门居多，检出 107 种（属），占检出种类的 52.5%，其次为硅藻门和蓝藻门，分别检出 47 种（属）和 28 种（属）；其余甲藻门 3 种（属）、裸藻门 12 种（属）、金藻门 2 种（属）、隐藻门 3 种（属）、黄藻门 2 种（属），占全部检出种类的 10.8%。

万泉河流域浮游植物种类组成如图 4-2 所示。

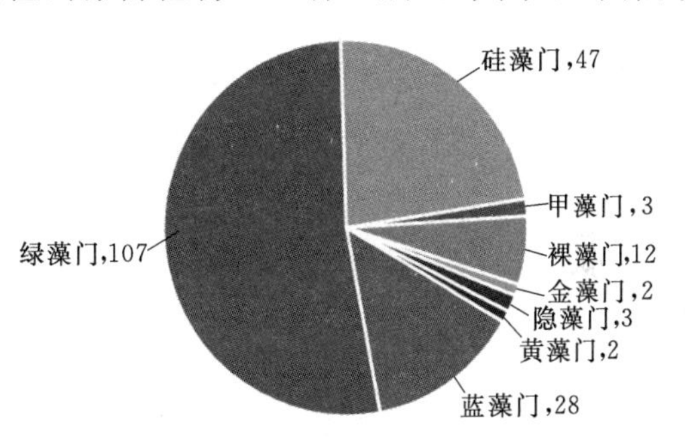

图 4-2 万泉河流域浮游植物门类组成

相比非汛期，汛期检出浮游植物种类数较多，共检出 136 种（属），而非汛期检出 115 种（属）；汛期检出的绿藻种类数多于非汛期，检出 77 种（属），非汛期检出 52 种（属）；非汛期检出硅藻较多，共 34 种（属），汛期检出 24 种（属）；其余蓝藻、甲藻、裸藻、隐藻两期检出种类数较为接近（图 4-3）。

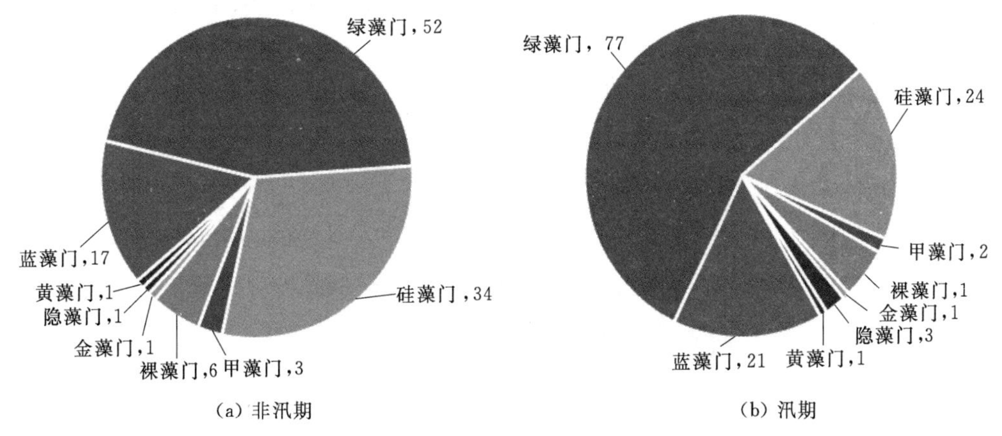

图 4-3 非汛期与汛期浮游植物各门种类数

万泉河各干、支流及水利枢纽检出的浮游植物种类数差异较小，汛期整体高于非汛期，其中汛期的下游支流、水利枢纽的浮游植物种类数高于其他干、支流，也高于非汛期各断面。干流和定安河在非汛期和汛期两期监测检出的浮游植物种类数变化较小，汛期略有增加。汛期下游支流检出浮游植物种类数较高，为31～53种（属），但均值和中位数均较高，分别为45种（属）和51种(属)，表明下游支流大多数断面浮游植物种类数均较高(图4-4、图4-5)。

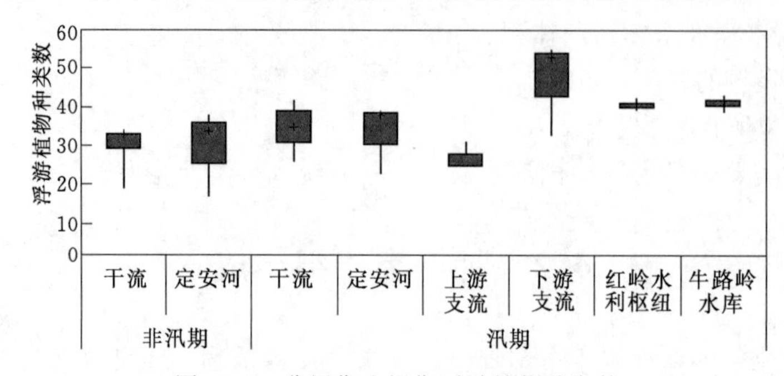

图4-4 非汛期和汛期浮游植物种类数

如图4-6所示，非汛期干流和定安河各断面检出浮游植物种类数为15～36种（属），干流的乘坡断面和定安河的加报断面检出种类数相对较少，其余断面检出种类数较为接近，各断面检出种类均以绿藻和硅藻为主，蓝藻、甲藻、裸藻、金藻、隐藻和黄藻检出种类数较少。汛期检出浮游植物种类数整体比非汛期多，为21～53种（属）（图4-7），红岭水利枢纽和牛路岭水库检出种类数较高，下游支流高于上游支流；各断面检出浮游植物均以绿藻和硅藻为主，其他门类浮游植物检出种类数较少。万泉河流域浮游植物种类组成分布特征如图4-8所示。

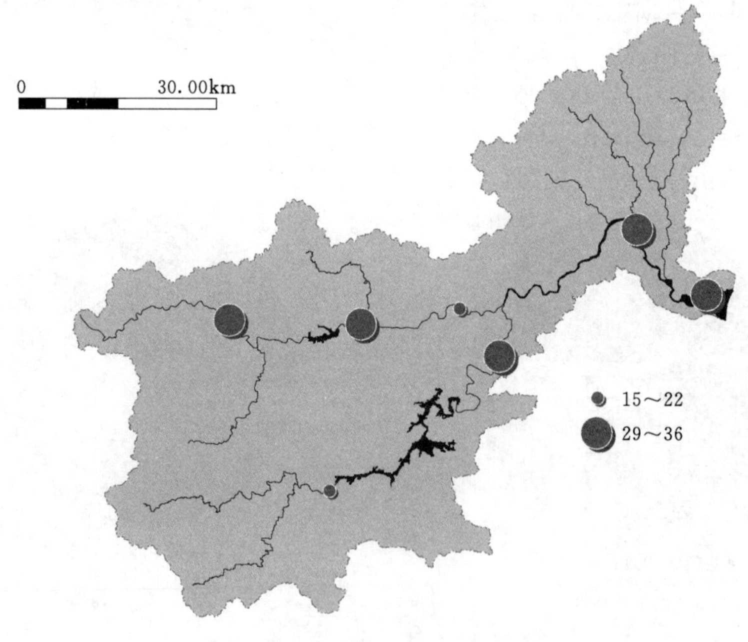

(a) 非汛期浮游植物种类数

图4-5（一） 万泉河流域浮游植物种类数分布特征

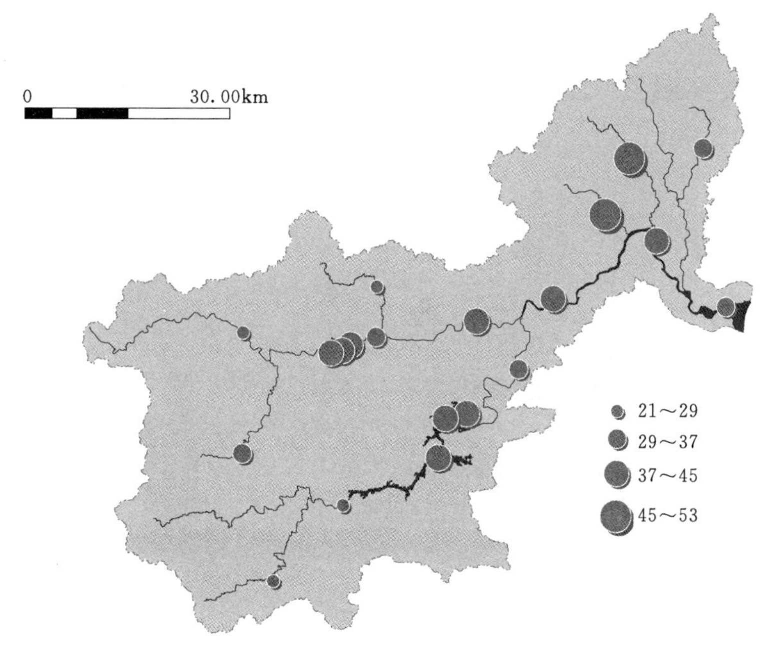

(b) 汛期浮游植物种类数

图 4-5（二） 万泉河流域浮游植物种类数分布特征

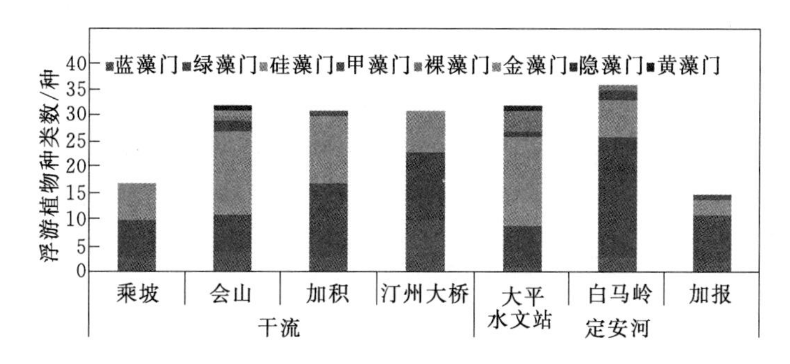

图 4-6 非汛期检出浮游植物种类组成

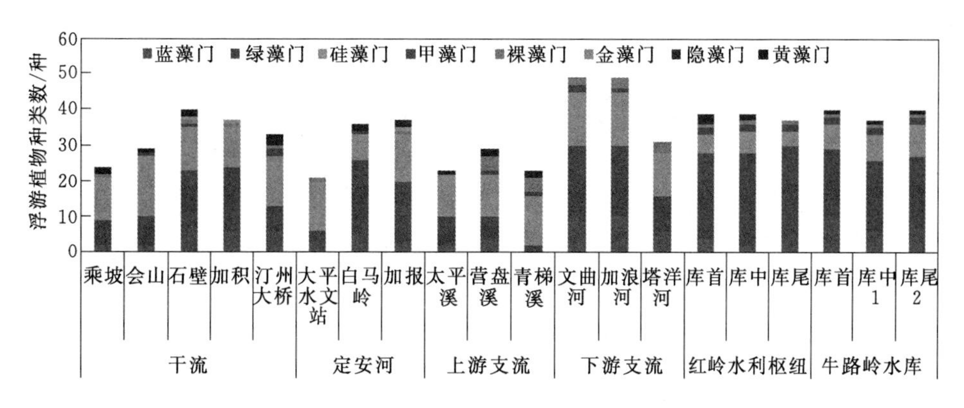

图 4-7 汛期检出浮游植物种类组成

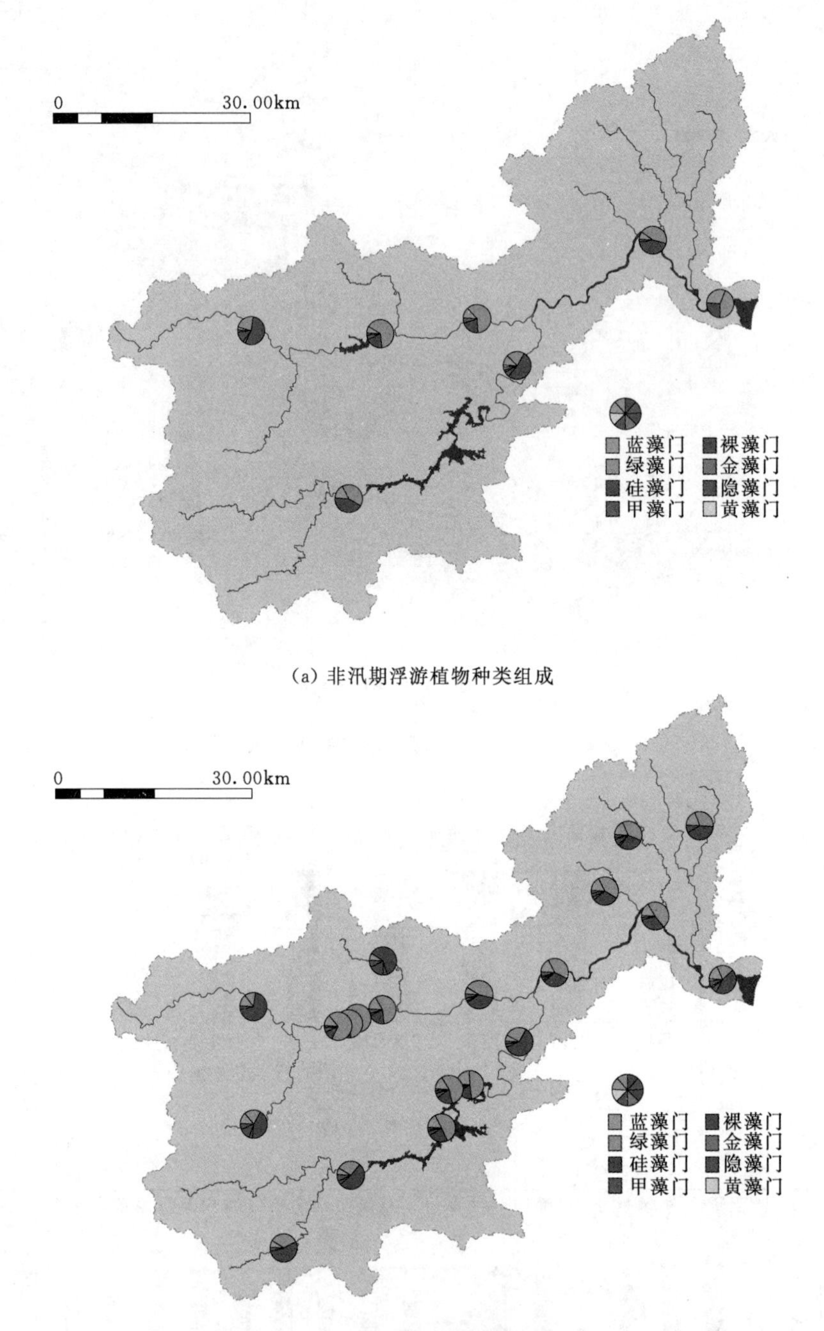

(a) 非汛期浮游植物种类组成

(b) 汛期浮游植物种类组成

图 4-8 万泉河流域浮游植物种类组成分布特征

4.3 密 度 状 况

万泉河各监测断面汛期的浮游植物密度高于非汛期，干流高于定安河，下游支流高于上游支流，红岭水利枢纽和牛路岭水库最高。其中非汛期的干流各断面浮游植物密度差异较大，但中位数（4.31）和平均值（44.98）较低，表明干流大多数断面浮游植物密度均较低，而有一个断面（汀州大桥）密度远高于其他断面（图4-9），故未在图中标出。万泉河浮游植物密度分布特征如图4-10所示。

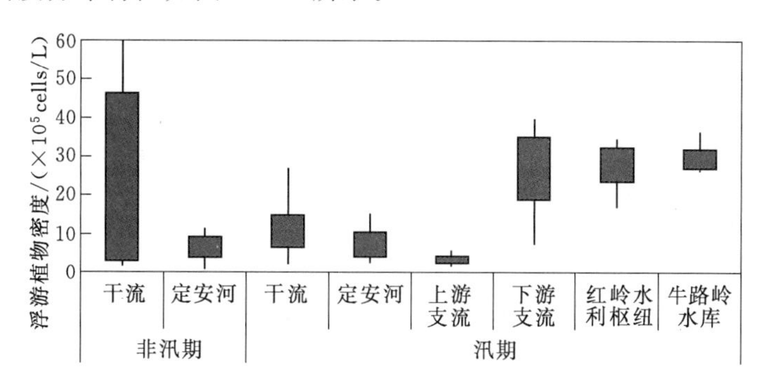

图4-9　万泉河非汛期和汛期浮游植物密度

如图4-11所示，非汛期各断面浮游植物密度除汀州大桥断面外，在6.57×10^4～1.15×10^6cells/L，汀州大桥浮游植物密度极高，为1.69×10^7cells/L。干流的乘坡、会山和汀州大桥断面浮游植物密度组成均以蓝藻为主，其中会山断面浮游植物群落结构为蓝藻—硅藻型；加积断面的浮游植物群落结构为绿藻—硅藻型。定安河的大平水文站浮游植物密度组成以蓝藻为主，白马岭和加报断面浮游植物密度组成均以绿藻为主。

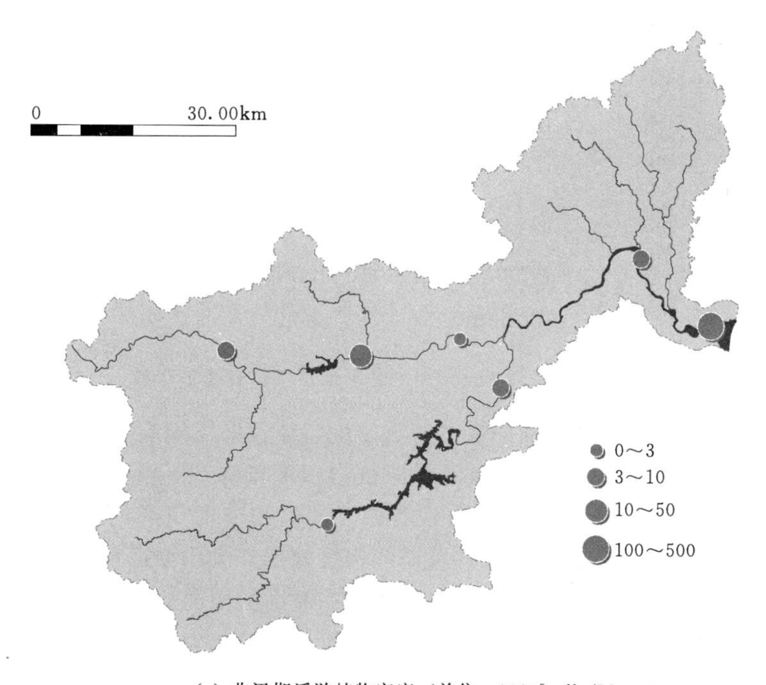

(a) 非汛期浮游植物密度（单位：$\times10^5$cells/L）

图4-10（一）　万泉河浮游植物密度分布特征

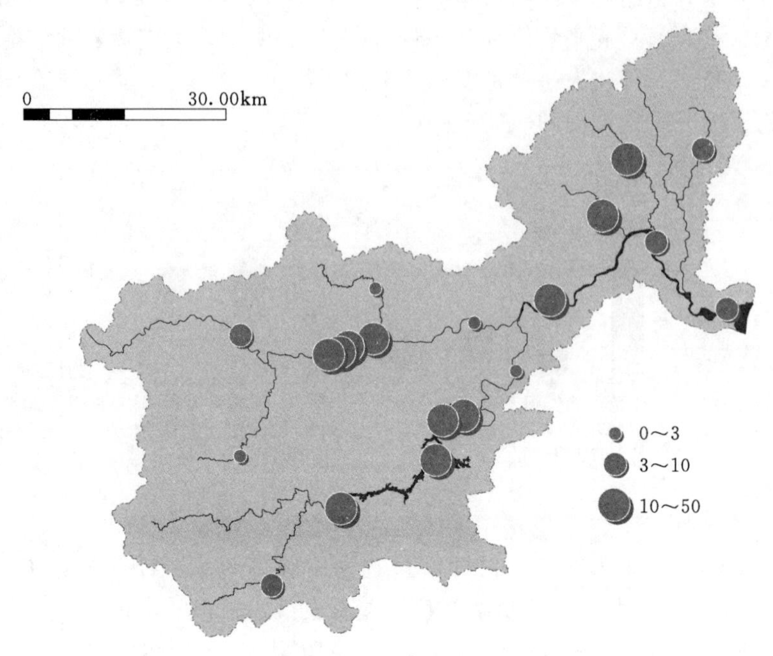

(b) 汛期浮游植物密度（单位：$\times 10^5$cells/L)

图 4-10（二） 万泉河浮游植物密度分布特征

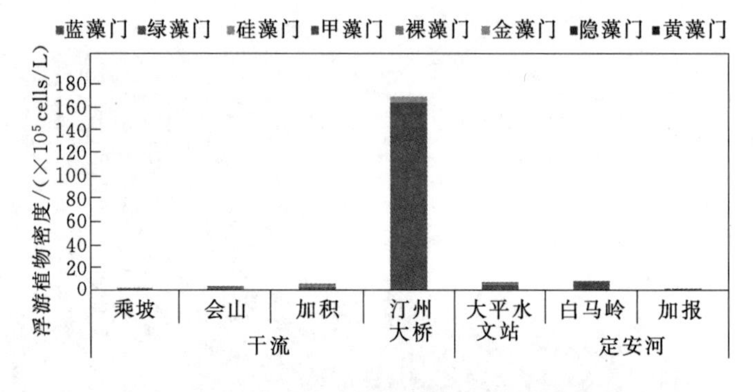

图 4-11 万泉河非汛期各断面浮游植物密度组成

如图 4-12 所示，汛期各断面的浮游植物密度整体比非汛期高，为 1.79×10^5～3.99×10^6cells/L，红岭水利枢纽和牛路岭水库浮游植物密度较高，下游支流高于上游支流，干流高于支流。干流除会山断面外，其余各断面浮游植物密度组成均以蓝藻为主，硅藻次之，绿藻及甲藻、裸藻、隐藻、金藻、黄藻等密度较低，会山断面浮游植物密度较低，组成以硅藻为主；定安河的白马岭断面和大平水文站断面的浮游植物群落结构为蓝藻—硅藻型，密度较高，加报断面则以硅藻为主，密度较低。上游支流各断面浮游植物密度组成均以硅藻为主；下游支流各断面浮游植物密度组成均以蓝藻为主，浮游植物密度显著高于上游支流。红岭水利枢纽的浮游植物群落结构为硅藻—绿藻型，而牛路岭水库则以蓝藻为主。万泉河浮游植物群落结构分布特征如图 4-13 所示。

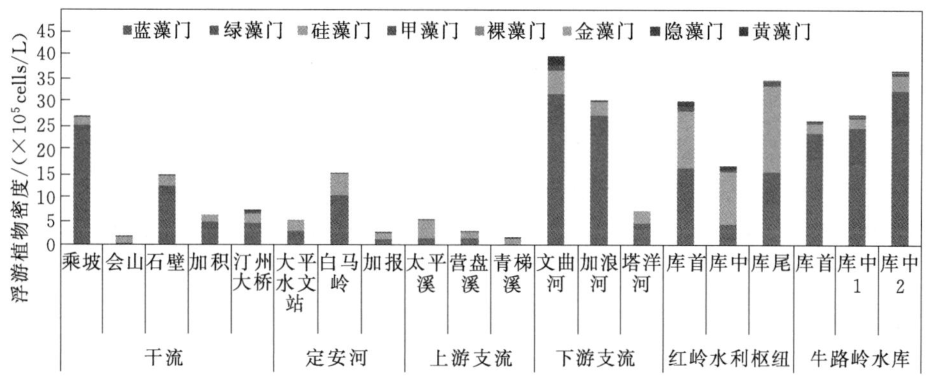

图 4-12　万泉河汛期各断面浮游植物密度组成

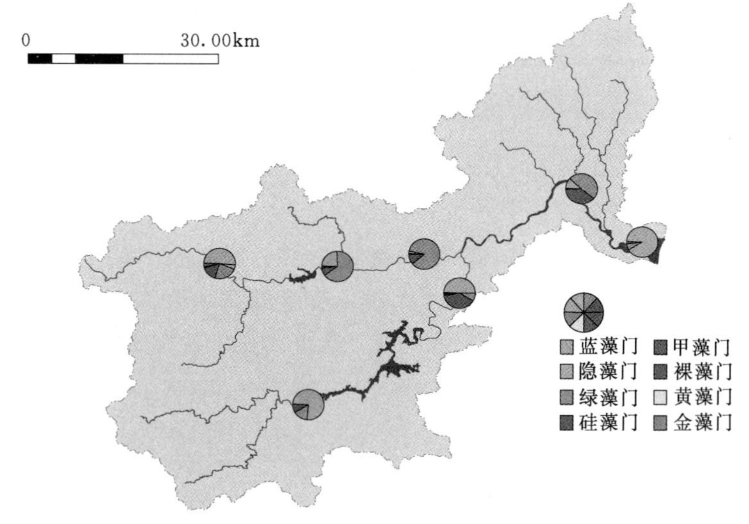

(a) 非汛期浮游植物群落结构

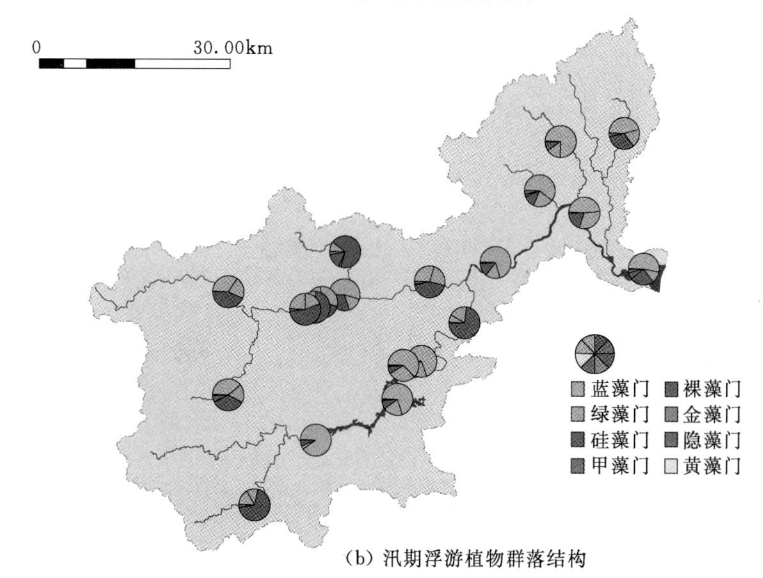

(b) 汛期浮游植物群落结构

图 4-13　万泉河浮游植物群落结构分布特征

4.4 生物量状况

万泉河各监测断面浮游植物生物量与密度在一定程度上呈现一致性，汛期的红岭水利枢纽、牛路岭水库和下游支流的浮游植物生物量高于其他断面（图 4-14）。万泉河流域浮游植物生物量分布特征如图 4-15 所示。

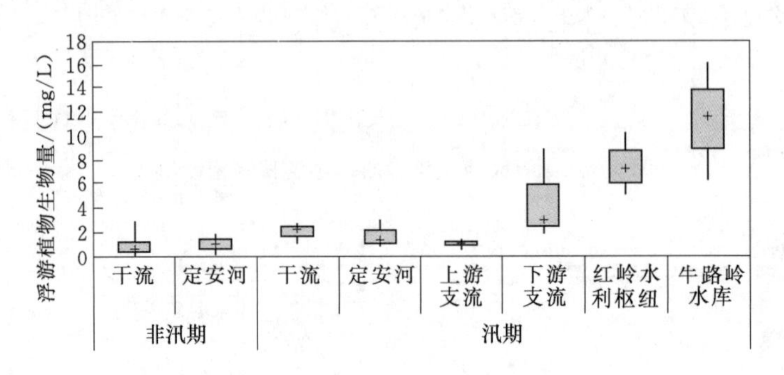

图 4-14 非汛期和汛期浮游植物生物量

非汛期万泉河各监测断面浮游植物生物量为 0.09～2.95mg/L，乘坡和加报两个浮游植物密度较低的断面生物量也较低，汀州大桥生物量最高（图 4-16）。乘坡、会山、加积和汀州大桥的浮游植物生物量均以硅藻为主，大平水文站的浮游植物生物量中，裸藻和隐藻比重较大，白马岭则以裸藻和绿藻为主。

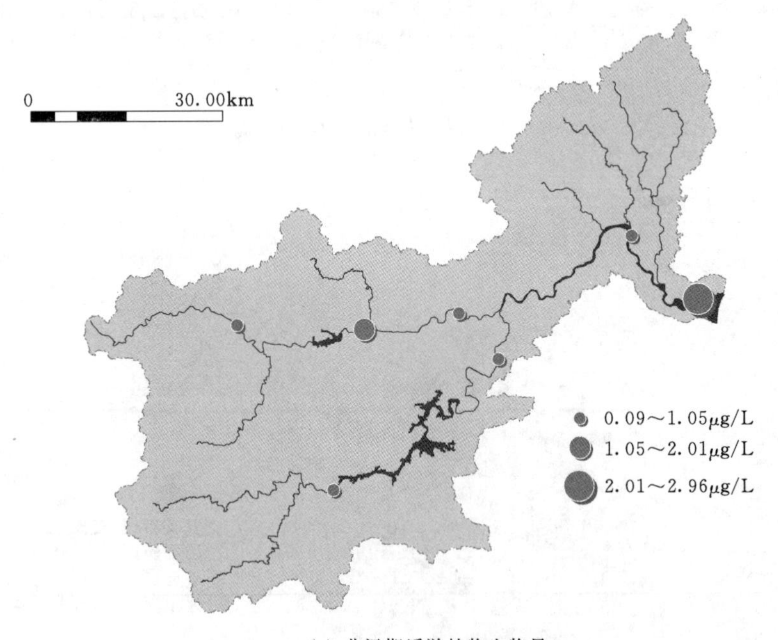

(a) 非汛期浮游植物生物量

图 4-15（一） 万泉河流域浮游植物生物量分布特征

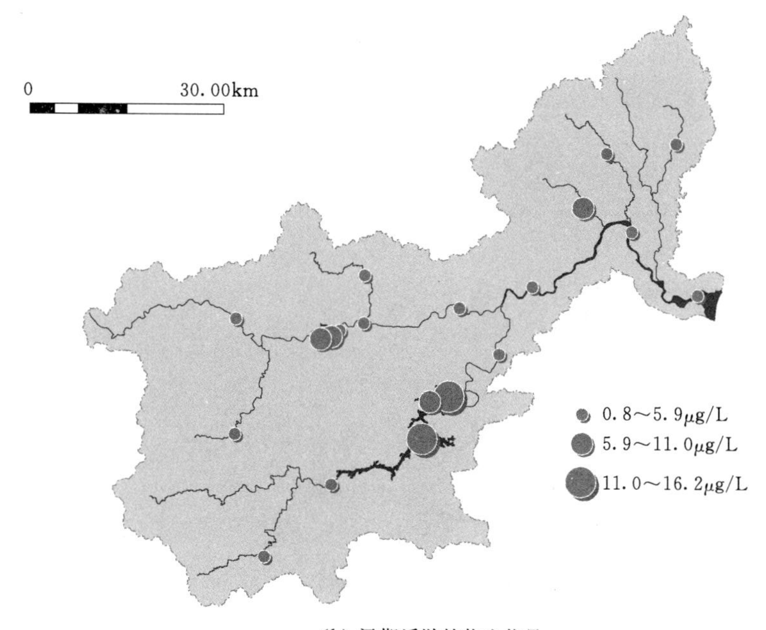

(b) 汛期浮游植物生物量

图 4-15（二） 万泉河流域浮游植物生物量分布特征

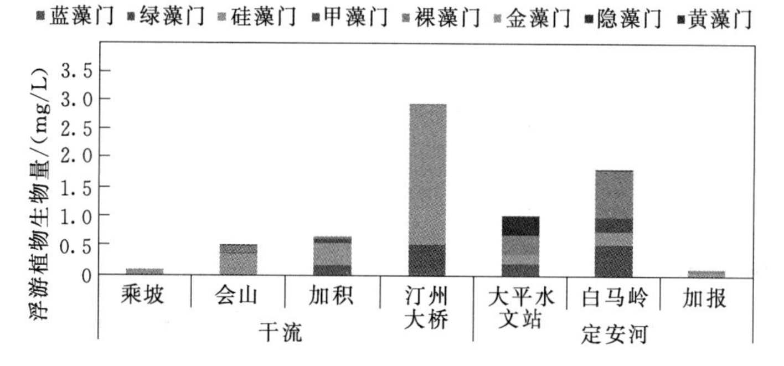

图 4-16 非汛期各断面浮游植物生物量组成

如图 4-17 所示，汛期万泉河各断面的生物量较高，为 0.85～16.10mg/L，红岭水

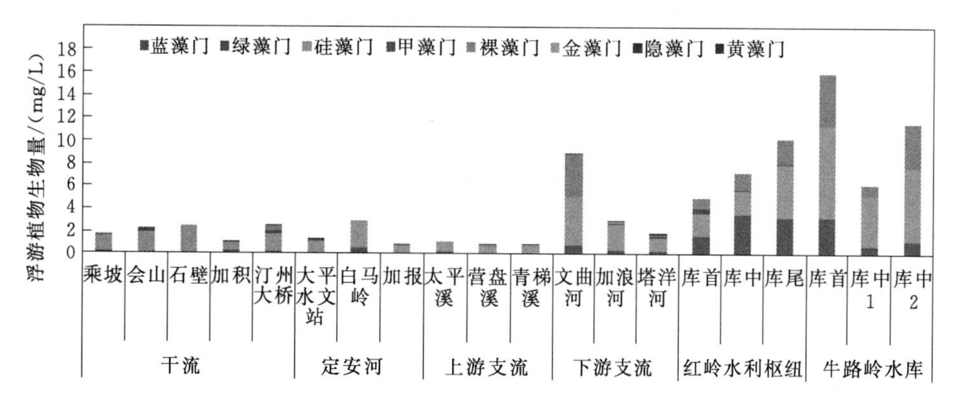

图 4-17 汛期各断面浮游植物生物量组成

利枢纽、牛路岭水库和下游支流的生物量相对较高。干流，定安河，上、下游支流的浮游植物生物量组成均以硅藻为主，其中下游支流文曲河断面裸藻生物量也较大，红岭水利枢纽和牛路岭水库则以硅藻、绿藻和裸藻为主。万泉河流域浮游植物生物量组成分布特征如图4-18所示。

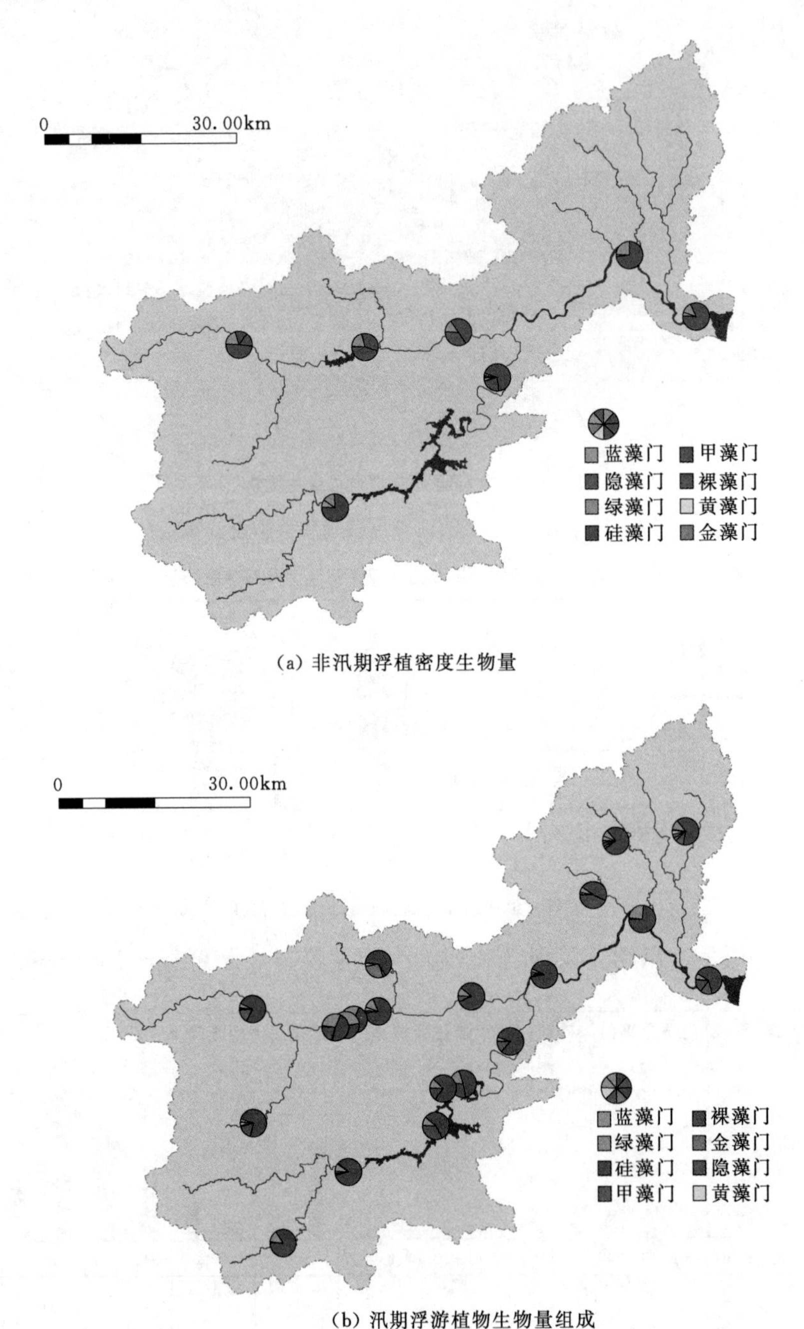

(a) 非汛期浮植密度生物量

(b) 汛期浮游植物生物量组成

图4-18 万泉河流域浮游植物生物量组成分布特征

4.5 优　势　种

如表 4-1 所示，非汛期的 7 个断面优势种以丝状蓝藻、群体蓝藻和群体绿藻为主，无以硅藻、甲藻、裸藻、金藻、隐藻或黄藻为主要优势种的断面。

表 4-1　各监测断面浮游植物优势种

序号	干/支流	监测断面	优　势　种	优势度
非　汛　期				
1	干流	乘坡	胶鞘藻 sp.，弱细颤藻	74.4%
2		会山	卷曲鱼腥藻	30.5%
3		加积	—	—
4		汀州大桥	细小平裂藻	48.3%
5	定安河	大平水文站	细小平裂藻	51.9%
6		白马岭	束丝藻 sp.	23.0%
7		加报	双对栅藻	48.5%
汛　期				
8	干流	乘坡	泽丝藻 sp.	37.3%
9		会山	泽丝藻 sp.	17.8%
10		石壁	泽丝藻 sp.，脆杆藻 sp.	39.0%
11		加积	颤藻 sp.	18.9%
12		汀州大桥	假鱼腥藻 sp.，螺旋藻 sp.	30.4%
13	定安河	大平水文站	颗粒直链藻极狭变种	15.6%
14		白马岭	脆杆藻 sp.，螺旋藻 sp.，拟柱胞藻 sp.	60.6%
15		加报	脆杆藻 sp.，泽丝藻 sp.	45.8%
16	上游支流	太平溪	脆杆藻 sp.	59.3%
17		营盘溪	脆杆藻 sp.	50.0%
18		青梯溪	拟柱胞藻 sp.，泽丝藻 sp.	42.7%
19	下游支流	文曲河	拟柱胞藻 sp.	46.7%
20		加浪河	拟柱胞藻 sp.	52.5%
21		塔洋河	隐球藻 sp.	15.2%
22	牛路岭水库	库首	拟柱胞藻 sp.	37.6%
23		库中 1	舟形藻 sp.	26.8%
24		库中 2	泽丝藻 sp.，细小平裂藻	38.0%
25	红岭水利枢纽	库首	拟柱胞藻 sp.	89.1%
26		库中	拟柱胞藻 sp.，束球藻 sp.	34.3%
27		库尾	舟形藻 sp.	27.1%

干流的汀州大桥和定安河的大平水文站的优势种均为富营养型指示种群体蓝藻细小平裂藻，优势度较低，分别为 48.3%和 51.9%。干流的乘坡断面优势种为丝状蓝藻胶鞘藻和超一富营养型指示种丝状蓝藻细弱颤藻，优势度较高，为 74.4%；干流会山断面的优势种为富营养型指示种丝状蓝藻卷曲鱼腥藻，优势度较低，为 30.5%。定安河的白马岭断面优势种为丝状蓝藻束丝藻，优势度较低，为 23.0%。定安河加报断面的浮游植物优势种为中一富营养型指示种群体绿藻双对栅藻，优势度较低，为 48.5%。

干流的加积断面无优势度超过 15%的种类，因此无优势种。

汛期的 20 个断面中，浮游植物优势种以丝状蓝藻和硅藻为主，以蓝藻为主要优势种的断面 13 个，以硅藻为主要优势种的断面 7 个，无以绿藻、甲藻、裸藻、金藻、隐藻或黄藻为优势种的断面。

干流的乘坡、会山、石壁和牛路岭水库—库中 2 的主要优势种均为丝状蓝藻泽丝藻，其中石壁的优势种还包括中营养型指示种硅藻门的脆杆藻，牛路岭水库—库中 2 的优势种还包括富营养型指示种群体蓝藻细小平裂藻；这 4 个监测断面的优势度均较低，为 17.8%～39.0%。牛路岭水库—库首、红岭水利枢纽—库首、红岭水利枢纽—库中和上游支流的青梯溪、下游支流的文曲河、加浪河的主要优势种均为丝状蓝藻拟柱胞藻，其中红岭水库—库中的优势种还包括富营养型指示种群体蓝藻束球藻，青梯溪的优势种还包括丝状蓝藻泽丝藻；红岭水利枢纽—库首的优势度较高，达 89.1%，其余 5 个断面的优势度为 34.3%～52.5%。干流的加积断面优势种为超一富营养型指示种丝状蓝藻颤藻，优势度较低，为 18.9%；汀州大桥断面的优势种为丝状蓝藻假鱼腥藻和超一富营养型指示种蓝藻门的螺旋藻，优势度较低，为 30.4%。下游支流塔洋河的优势种为中一富营养型指示种群体蓝藻隐球藻，优势度较低，为 15.2%。

定安河的白马岭和加报、上游支流太平溪和营盘溪的主要优势种均为中营养型指示种硅藻门的脆杆藻，其中白马岭断面的优势种还包括超富营养型指示种蓝藻门的螺旋藻和丝状蓝藻拟柱胞藻，优势度为 60.6%；加报断面的优势种还包括丝状蓝藻指示种，优势度 45.8%；太平溪和营盘溪的优势度分别为 59.3%和 50.0%。牛路岭水库—库中 1 和红岭水库—库尾的优势种均为中一富营养型指示种单细胞硅藻舟形藻，优势度较低，分别为 26.8%和 27.1%。定安河大平水文站断面的优势种为中一富营养型指示种链状硅藻颗粒直链藻极狭变种，优势度较低，为 15.6%。

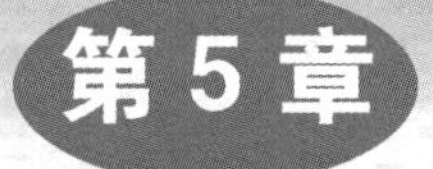

第5章 浮游动物

浮游动物是水生态系统中食物网的重要一环，对水生生态系统内的能量和物质流动具有重要作用。本节内容主要关注其中的后生浮游动物，即轮虫、桡足类、枝角类3个类群。万泉河流域各监测点浮游动物呈一定的时空分布特征，其中桡足类、枝角类等甲壳动物在大部分监测点的优势度较高。

5.1 调查方法

浮游动物采样点参照前节采样点位置分布。

浮游动物样品采集用采水器在水面以下每隔1m采5L混合水样，根据河流、湖泊的泥沙含量、浮游动物数量等实际情况决定取样量，一般取样量为20～50L，现场采用25号筛绢制成的浮游生物网过滤，将样品装入200mL透明样品瓶中，以无水乙醇或者1%甲醛固定。

室内先将样品浓缩、定量至约100mL，摇匀后吸取10mL样品置于沉降杯内，浮游动物则全片计数，每个样品计数2次，取其平均值，每次计数结果与平均值之差应在15%以内，否则增加计数次数。

每升水样中浮游动物数量的计算公式如下：

$$A=\frac{V_c}{V_s V_m}D$$

式中 A——1L水中浮游动物的密度，ind./L；

V_c——水样浓缩后的体积，mL；

V_s——采样体积，L；

V_m——镜检体积，mL；

D——计数所得个体数，ind.。

浮游动物种类鉴定参考《中国淡水轮虫志》（王家楫，1961）、《Rotatoria》（Koste，1978）、《淡水浮游生物研究方法》（章宗涉，1991）等。

5.2 种类组成

万泉河各断面非汛期和汛期两期调查共检出浮游动物54种（属），以轮虫和枝角类居

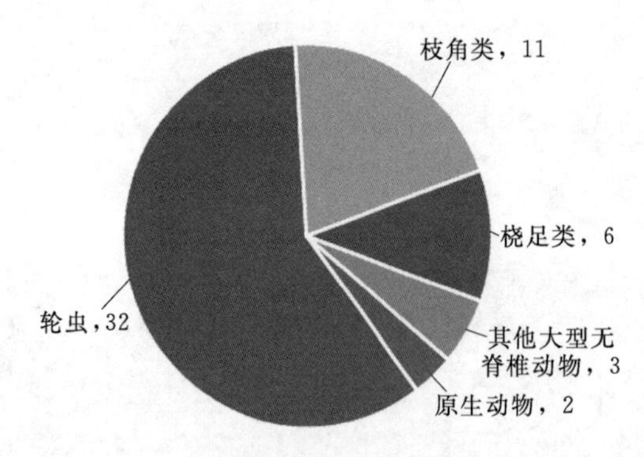

图 5-1 万泉河浮游动物种类组成

多，分别检出 32 种（属）和 11 种（属），占检出种类的 79.6%；其余桡足类检出 6 种（属）、原生动物 2 种（属）、其他大型无脊椎动物 3 种（属），占全部检出种类的 20.4%（图 5-1）。

相比非汛期，汛期检出浮游动物种类数较多，共检出 50 种（属），而非汛期仅检出 14 种（属）；汛期和非汛期检出浮游动物种类数均以轮虫和枝角类为主，非汛期未检出原生动物或其他大型无脊椎动物。汛期检出轮虫比非汛期多，分别为 30 种（属）和 8 种（属），汛期和非汛期分别检出枝角类 10 种（属）和 5 种（属）（图 5-2）。

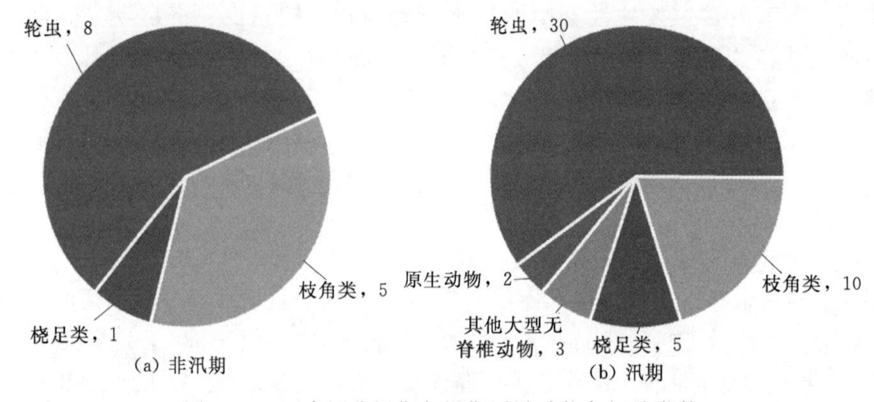

图 5-2 万泉河非汛期与汛期浮游动物各门种类数

万泉河各干、支流及水利枢纽检出的浮游动物种类数差异较小，汛期整体高于非汛期，其中汛期的下游支流、水利枢纽的浮游动物种类数高于其他干、支流，也高于非汛期各断面（图 5-3）。干流和定安河在非汛期和汛期两期监测检出的浮游动物种类数变化较小，汛期略有增加。汛期下游支流检出浮游动物种类数相比较高，为 13～28 种（属）。万泉河流域浮游动物种类分布特征如图 5-4 所示。

两期监测各断面检出浮游动物种类数较少（图 5-5），汛期普遍高于非汛期，非汛期

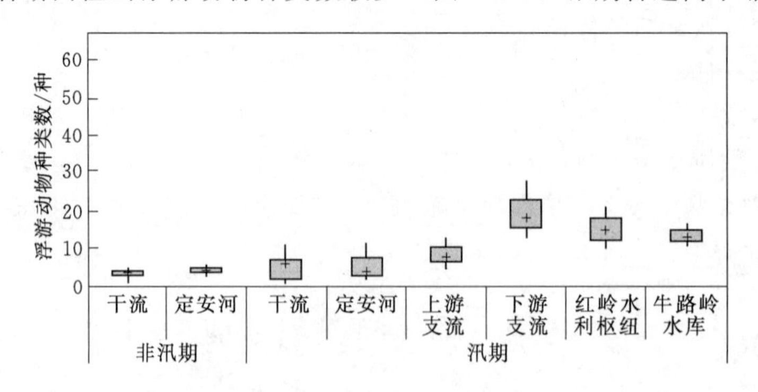

图 5-3 万泉河非汛期和汛期浮游动物种类数

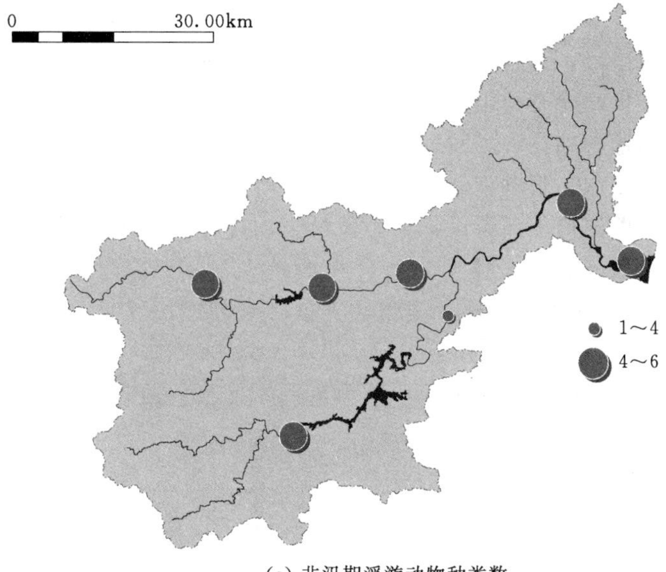

(a) 非汛期浮游动物种类数

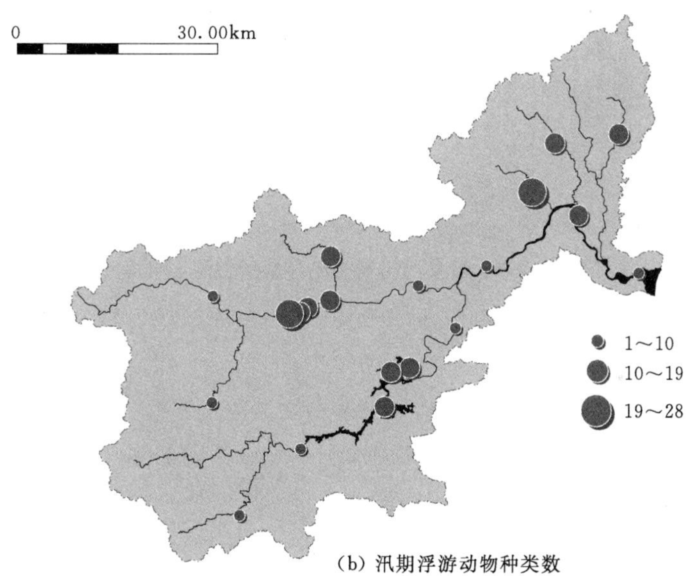

(b) 汛期浮游动物种类数

图 5-4　万泉河流域浮游动物种类数分布特征

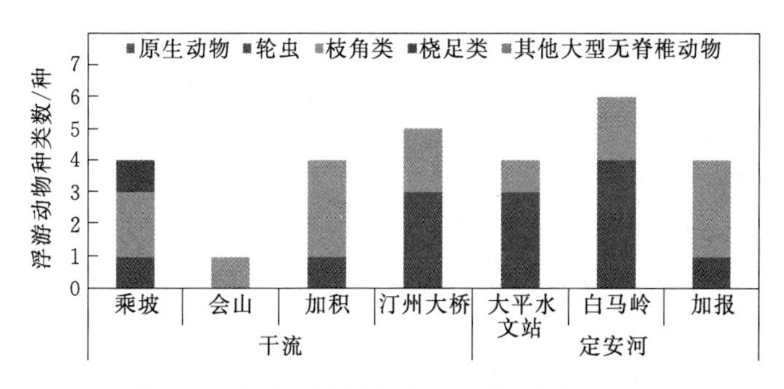

图 5-5　万泉河非汛期检出浮游动物种类组成

除干流会山断面外，各断面间种类数量差异较小，为4～6种（属）；会山断面仅检出浮游动物1种，为微型裸腹溞，其余均为桡足类幼体。各断面检出浮游动物种类以轮虫和枝角类为主，其中只有乘坡断面有检出桡足类成体，其余各断面均未检出桡足类成体。

汛期各断面检出浮游动物种类数较多，均以轮虫和枝角类为主（图5-6）。下游支流检出种类数高于上游支流，水利枢纽中检出的浮游动物种类数高于干流、定安河和上游支流。其中下游支流文曲河检出浮游动物种类数最多，共检出28种（属）；干流的会山、石壁断面和定安河的加报断面检出浮游动物种类数较少，分别检出2种（属）、1种（属）和2种（属）。万泉河流域浮游动物种类组成分布特征如图5-7所示。

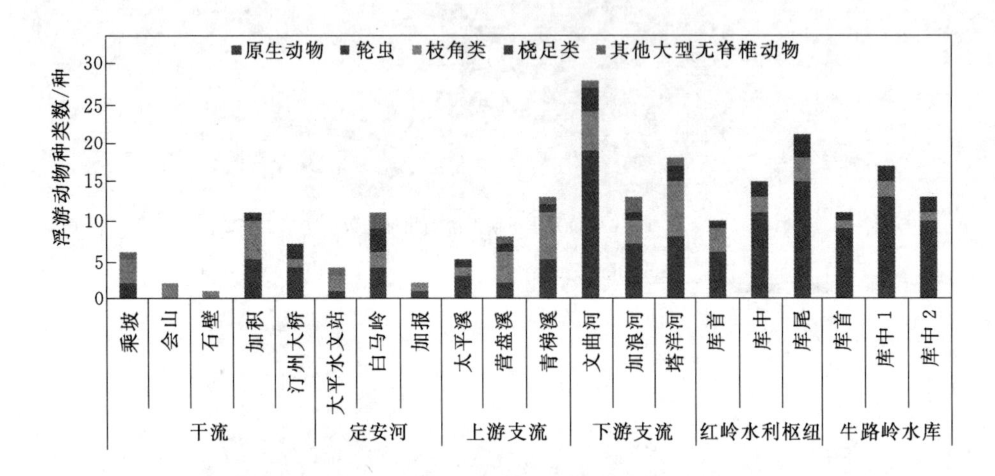

图5-6 万泉河汛期检出浮游动物种类组成

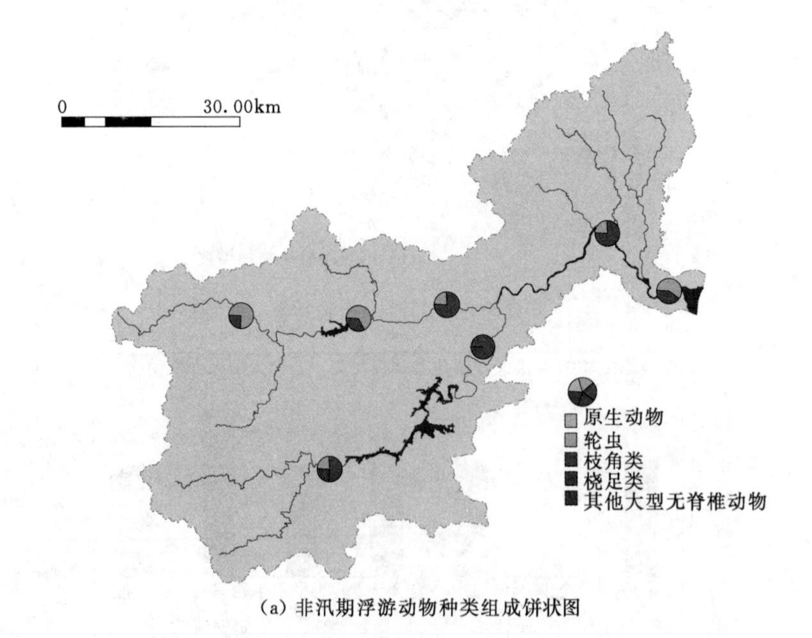

(a) 非汛期浮游动物种类组成饼状图

图5-7（一） 万泉河流域浮游动物种类组成分布特征

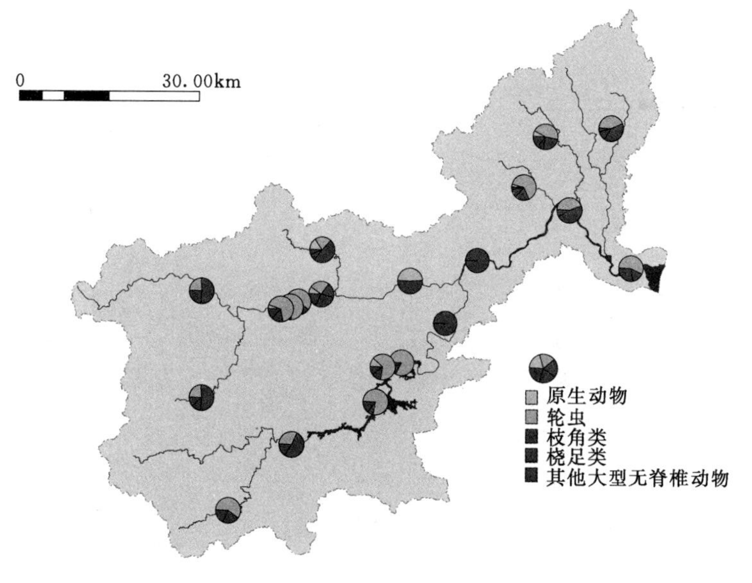

(b) 汛期浮游动物种类组成

图 5-7（二） 万泉河流域浮游动物种类组成分布特征

5.3 密 度 状 况

万泉河非汛期和汛期两期调查各断面检出的浮游动物的密度为 0.10～56.22ind./L，其中非汛期定安河的浮游动物密度较高，汛期下游支流的浮游动物密度较高，但中位数较低，表明各断面密度差异较大。汛期红岭水利枢纽浮游动物密度高于牛路岭水库，高于上游支流、定安河和干流（图 5-8）。万泉河流域浮游动物密度分布特征如图 5-9 所示。

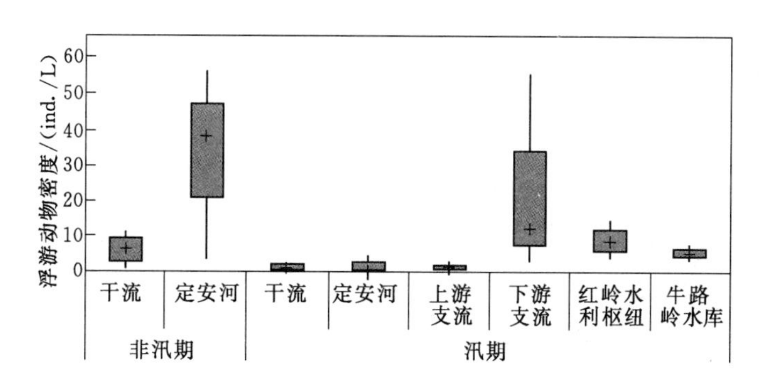

图 5-8 万泉河非汛期和汛期浮游动物密度

非汛期各断面的浮游动物密度组成如图 5-10 所示，干流的会山和汀州大桥断面和定安河的大平水文站断面浮游动物密度极低，在 4ind./L 以下，密度最高的为定安河白马岭

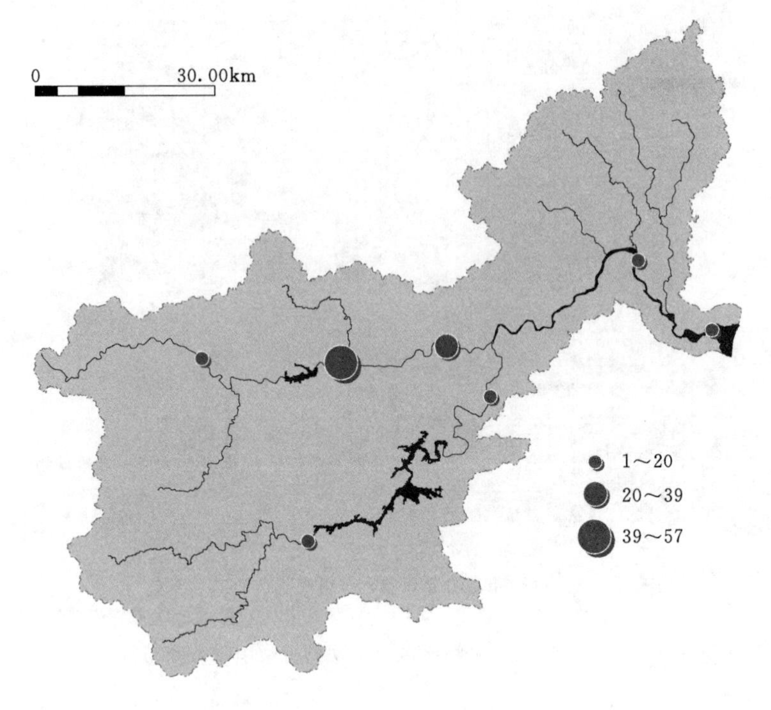

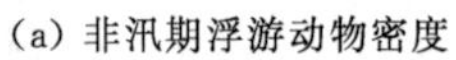
(a) 非汛期浮游动物密度

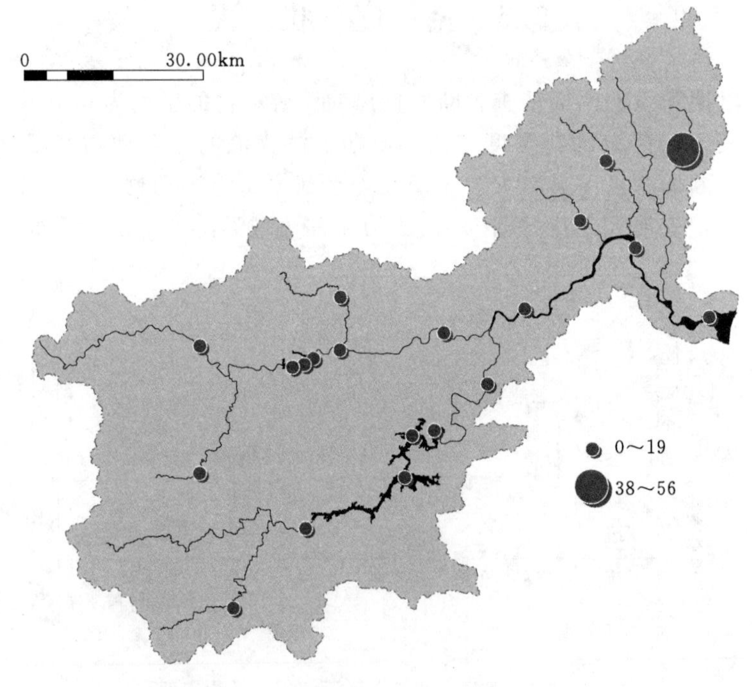

(b) 汛期浮游动物密度

图5-9 万泉河流域浮游动物密度分布特征（单位：ind./L）

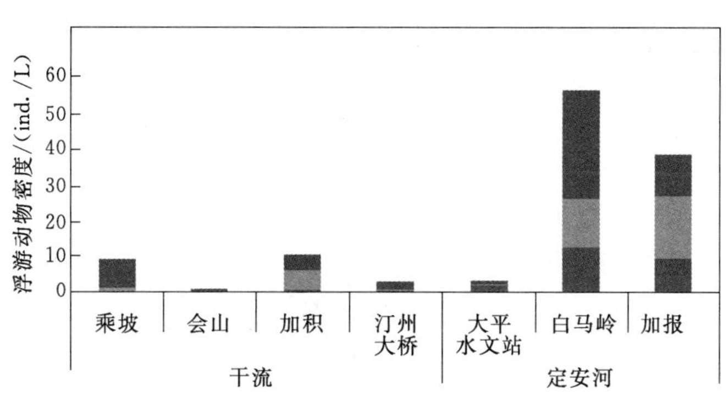

图 5-10 万泉河非汛期浮游动物密度

断面和加积断面，浮游动物密度分别为 56.22ind./L 和 38.53ind./L。干流的加积断面和定安河的加报断面的浮游动物密度组成以枝角类为主，其次为桡足类；其余干流乘坡断面和定安河白马岭断面浮游动物密度组成以桡足类为主。

汛期各监测断面中，干流的浮游动物密度组成以轮虫和枝角类为主，支流以桡足类和桡足幼体为主（图 5-11）。支流的塔洋河断面浮游动物密度远高于其他断面，达 55.95ind./L，除塔洋河外，其余断面浮游动物密度最高值为 14.57ind./L，为红岭水库库尾断面。干流和牛路岭水库共 8 个监测断面中，除了牛路岭水库的 3 个断面外，其余 5 个断面的浮游动物密度均较低，最高为加积断面，为 2.14ind./L；太平溪、营盘溪、青梯溪和加浪河等 4 条支流浮游动物密度均较低，在 4ind./L 以下；定安河各监测断面的浮游动物密度相对较高，而太平水文站断面密度较低，仅为 0.24ind./L。万泉河浮游动物密度组成分布特征如图 5-12 所示。

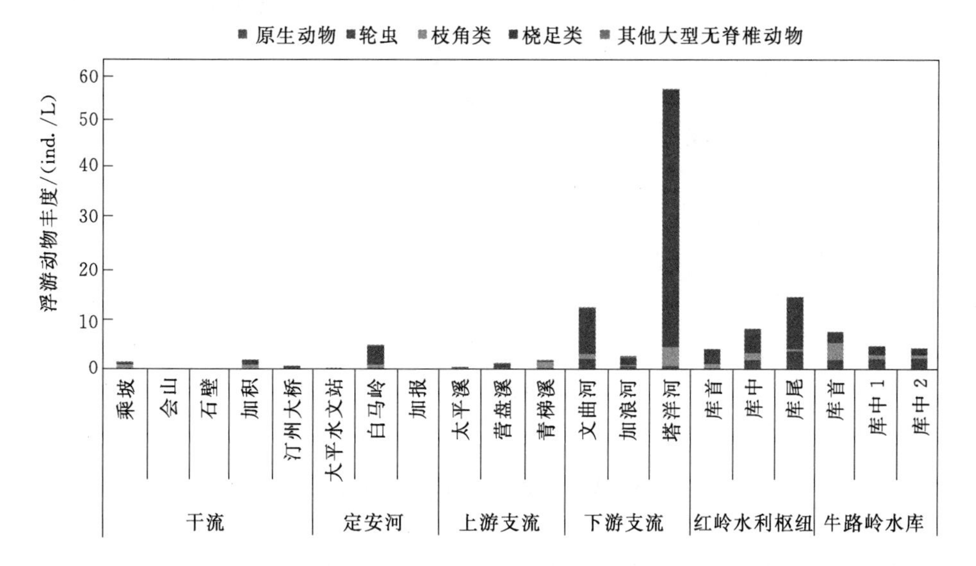

图 5-11 万泉河汛期浮游动物密度组成

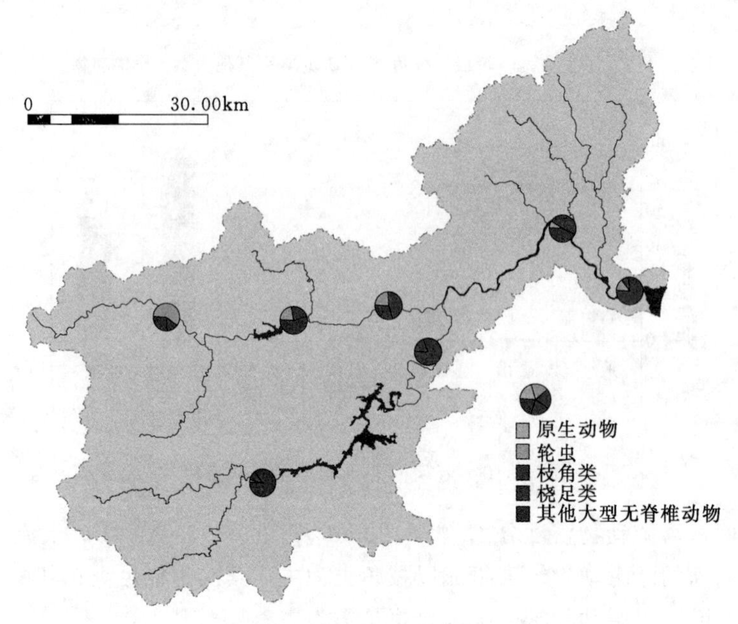

(a) 非汛期浮游动物密度组成

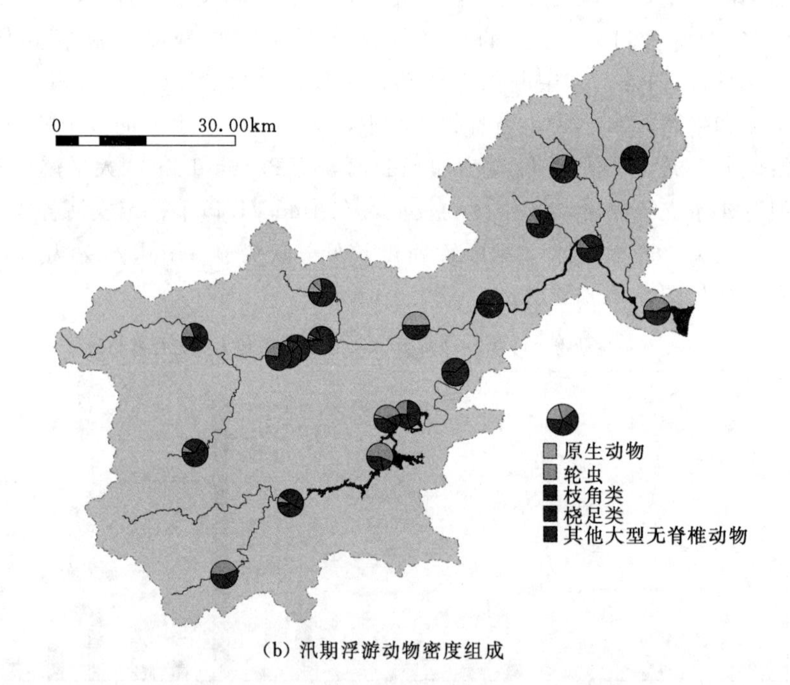

(b) 汛期浮游动物密度组成

图5-12 万泉河浮游动物密度组成分布特征

5.4 优 势 种

各监测断面的浮游动物优势种以轮虫或枝角类为主（表5-1）。

表 5-1　　万泉河各监测断面浮游动物优势种

序号	干/支流	监测断面	优　势　种	优势度/%
非　汛　期				
1	干流	乘坡	广布中剑水蚤，微型裸腹溞	81.8
2		会山	微型裸腹溞	100.0
3		加积	颈沟基合溞	60.0
4		汀州大桥	—	—
5	定安河	大平水文站	十指平甲轮虫	72.7
6		白马岭	颈沟基合溞，镰状臂尾轮虫	82.4
7		加报	象鼻溞 sp.，镰状臂尾轮虫	88.2
汛　期				
8	干流	乘坡	颈沟基合溞	59.1
9		会山	象鼻溞 sp.，角突网纹溞	100.0
10		石壁	微型裸腹溞	100.0
11		加积	盘肠溞 sp.，颈沟基合溞	43.5
12		汀州大桥	舞跃无柄轮虫，镰状臂尾轮虫	50.0
13	定安河	大平水文站	轮虫 sp.，角突网纹溞，象鼻溞 sp.，摇蚊幼虫	100.0
14		白马岭	温中剑水蚤	52.9
15		加报	冠砂壳虫，尖额溞 sp.	100.0
16	上游支流	太平溪	前节晶囊轮虫，轮虫 sp.，盘肠溞 sp.	75.0
17		营盘溪	台湾温剑水蚤，尖额溞 sp.	56.3
18		青梯溪	尖额溞 sp.	41.7
19	下游支流	文曲河	台湾温剑水蚤	16.7
20		加浪河	轮虫 sp.，摇蚊幼虫	36.4
21		塔洋河	颈沟基合溞	48.3
22	红岭水利枢纽	库首	颈沟基合溞	41.9
23		库中	近剑水蚤 sp.，颈沟基合溞	53.1
24		库尾	近剑水蚤 sp.，热带龟甲轮虫	36.8
25	牛路岭水库	库首	颈沟基合溞	59.1
26		库中 1	长刺异尾轮虫，颈沟基合溞	47.9
27		库中 2	长刺异尾轮虫	41.2

非汛期干流的乘坡断面优势种为桡足类的广布中剑水蚤和枝角类的微型裸腹溞，优势度较高，为 81.8%。加积断面的优势种为枝角类的颈沟基合溞，优势度较高，为 60.0%。汀州大桥断面无种类优势度高于 15%，无优势种，而会山断面除桡足类幼体外，仅检出浮游动物一种，为微型裸腹溞。定安河的大平水文站断面优势种为十指平甲轮虫，优势度

较高，为72.7%；白马岭断面的优势种为枝角类的颈沟基合溞和镰状臂尾轮虫，优势度较高，为82.4%；加报断面优势种为枝角类的象鼻溞 sp. 和镰状臂尾轮虫，优势度较高，为88.2%。

汛期牛路岭水库库中1断面、2断面的主要优势种均为长刺异尾轮虫，其中库中1断面的优势种还包括枝角类的颈沟基合溞；干流的汀州大桥断面优势种为舞跃无柄轮虫和镰状臂尾轮虫，优势度50.0%；上游支流太平溪的优势种为前节晶囊轮虫、轮虫 sp. 和盘肠溞 sp.，优势度较高，为75.0%；下游支流加浪河的优势种为轮虫 sp. 和大型无脊椎动物摇蚊幼虫，优势度36.4%。下游支流塔洋河断面、干流乘坡断面和牛路岭水库库首、红岭水利枢纽库首断面的优势种均为枝角类的颈沟基合溞，优势度较高，为41.9%～59.1%；干流的加积断面优势种为枝角类的盘肠溞 sp. 和颈沟基合溞，优势度43.5%。定安河的白马岭断面优势种为桡足类的温中剑水蚤，优势度52.9%；上游支流营盘溪和下游支流文曲河的主要优势种均为桡足类的台湾温剑水蚤，其中营盘溪断面的优势种还包括枝角类的尖额溞 sp.；红岭水利枢纽库中和库尾断面的主要优势种均为桡足类的近剑水蚤 sp.，其中库中断面优势种还包括枝角类的颈沟基合溞，库尾断面的优势种还包括热带龟甲轮虫，优势度分别为53.1%和36.8%。干流石壁断面除桡足类幼体外，仅检出浮游动物一种，为微型裸腹溞；会山断面除桡足类幼体外，检出浮游动物两种，分别为象鼻溞 sp. 和角突网纹溞；定安河的加报断面除桡足类幼体外，检出浮游动物两种，为原生动物冠砂壳虫和枝角类的尖额溞；大平水文站断面除桡足类幼体外，检出浮游动物4种，为轮虫 sp.、枝角类的角突网纹溞、象鼻溞 sp. 和大型无脊椎动物摇蚊幼虫。

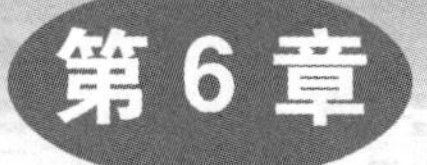

第6章 着生硅藻

附着生活在河流中各类基质表面的硅藻门藻类，其固着生活方式使其群落结构能反映特定范围一定时间内的水环境质量变化情况，基于着生硅藻群落结构建立的IPS指数是欧洲等国河流水环境生物监测的重要手段。

6.1 调查方法

6.1.1 采样方法

着生硅藻样品采集按不同基质的稳定性，主要选择天然或人工硬质载体，其次可采集大型水生植物载体。对硬质基质，使用牙刷或刮刀收集表面的硅藻样品。若河流为固化垂直护岸，使用有伸缩柄的刮刀；这个刮刀配有带有筛孔的网，孔隙在25～30μm。对植物载体可以通过压榨法（丝状硅藻，苔藓植物）或刮取法（茎、大型植物叶子）采集硅藻样品。

6.1.2 样品处理

采集到的硅藻样品应保存在中性甲醛中。

使用过氧化氢物（110摩尔体积或130摩尔体积）处理样本的方法如下：

（1）震荡样本，提取2mL的样本放入试管内。

（2）在试管内加入8mL的过氧化氢用来去除有机物质。这个过程的长度会受环境气温的影响，一般12h可以保证将有机物彻底去除。如果将试管放入装有沙子的容器内，并对容器加热10min左右（根据有机物多少而定），可以得到带有白色沉淀的溶液。这样，除去有机物质过程将被大大缩短。

（3）用蒸馏水进行3～4次净化/稀释工作，这样才能在装片前得到纯净的样本。净化工作往往要花上12h左右，因此我们应该对试管进行保护，避免灰尘进入。净化工作可以通过离心分离的方式来提速，离心方式可以是手动的也可以是自动的，建议使用速度为1500r/min。

（4）在沉淀/离心分离过程中，收集沉淀物，并再次放入蒸馏水中，以便获得稍微浑浊的悬浊液。提取几滴悬浊液，滴于载玻片上，在40℃以下的温度中沥干，这个温度可以避免载玻片边缘结块。在此推荐使用薄而圆的载玻片。如需要清除吸附在载玻片上的硅藻，可以将载玻片依次放入乙醇、甲苯中，或在放入乙醇后加热烘干载玻片上部。

(5) 在盖玻片上滴入1～3滴高折射树脂（常用的Naphrax封片胶具有超过1.7的强力折射率，非常常用）。在盖上盖玻片的同时应让样本流入树脂中。将玻片连同样品一同放在板块上加热，并放在平坦处。立刻轻轻挤压盖玻片，直到听到样品发出轻微的嘎吱声音（这样做是为了保证样本完全分散在同一个层面上）。

(6) 当树脂凝结，盖玻片变冷，准备工作宣告结束，可以进入观测阶段。为了更好地保存，载玻片周围可以覆盖封固油。

6.1.3 差生硅藻指数（IPS）

差生硅藻使用特定污染敏感指数（IPS）来进行评价。这个生物指数主要用来：①评价一个水域的生物质量状况；②监测一个水域生物质量的时间变化；③监测河流生物质量的空间变化；④评价某次污染对水环境系统带来的影响。

IPS指数包括了所有硅藻种群（包括热带种群）。它使用了样本中发现的所有分类物种信息，每个物种有对应的敏感级别（I）和指数值（V）的排序评分，其公式与Zelinka & Marvan（1961）的类似。

$$IPS = \frac{\sum_{j=1}^{n} A_j I_j V_j}{\sum_{j=1}^{n} A_j V_j}$$

式中 A_j——j物种的相对丰富度；

I_j——数值为1～5的敏感度系数；

V_j——数值为1～3的指示值。

计算出的硅藻指数值可进行生态质量评价。由于IPS指数对于极值更为敏感，此处以IPS指数为标准进行评价，具体见表6-1。

表6-1 IPS指数等级划分

指数值	等 级	指数值	等 级	指数值	等 级
IPS≥17	很好	13>IPS≥9	中等	IPS<5	很差
17>IPS≥13	好	9> IPS≥ 5	差		

6.2 群落结构组成

非汛期万泉河7个站点共检出着生硅藻25属共111种（包括亚种和变种），其中舟形藻属（*Navicula*）种类最多，有27种，占24.3%；曲壳藻属（*Achnanthes*）15种，占13.5%；菱形藻属（*Nitzschia*）和异极藻属（*Gomphonema*）均为9种，各占8.1%；脆杆藻属（*Fragilaria*）和桥弯藻属（*Cymbella*）均为8种，各占7.2%；直链藻属（*Melosira*）为2种，占1%。非汛期着生硅藻种类组成如图6-1所示。

汛期万泉河14个站点共检出着生硅藻24属共142种（包括亚种和变种），其中舟形藻属种类最多，有32种，占总种类数的22.5%；其次为菱形藻属和曲壳藻属，均为16种，各占11.3%；异极藻属14种，占9.9%；桥弯藻属和羽纹藻属（*Pinnularia*）均为7

种，各占4.9%；脆杆藻属6种，占4.2%；小环藻属（*Cyclotella*）和泥生藻属（*Luticola*）均为5种，各占3.5%。汛期着生硅藻种类组成如图6-2所示。

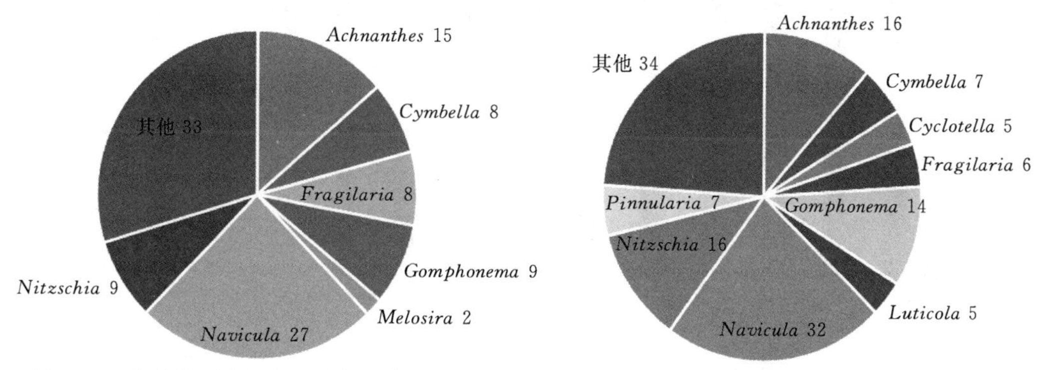

图6-1　非汛期万泉河着生硅藻种类组成示意图　　图6-2　汛期万泉河着生硅藻种类组成示意图

从非汛期各站点着生硅藻相对密度图来看（图6-3），干流上游的乘坡站点以舟形藻属为主要优势种群，其次为菱形藻属、曲壳藻属和桥弯藻属；中游的会山站点以曲壳藻属为主要优势种群，下游的加积站点以曲壳藻属为主要优势种群，汀州站点以直链藻属为主要优势种群。支流定安河中，大平水文站以异极藻属为主要优势种群，白马岭和加报两个站点以舟形藻属为主要优势种群。

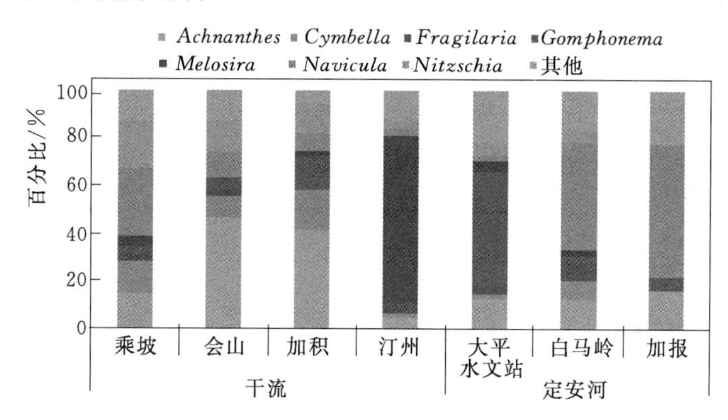

图6-3　非汛期各站点着生硅藻相对密度

异极藻属和舟形藻属的大多数种类喜生活于较低污染水体中。菱形藻属许多种类常出现于污染较严重的水体中。曲壳藻属和桥弯藻属生存范围较广，既有生存于中低污染水体中的种类，也有喜高污染水体的种类。汀州的主要优势种是直链藻属的拟货币直链藻（*Melosira nummuloides*），拟货币直链藻常存在于受污染严重的河口。

从非汛期各站点群落结构及指示意义可知：汀州以喜高污染水体的河口型硅藻种类占优，其他站点以喜中低污染水体的硅藻种类占优。

从汛期14个站点着生硅藻相对密度图来看（图6-4），干流上游的乘坡站点汛期群落结构与非汛期相似，以舟形藻属为主要优势种群，其次为菱形藻属、曲壳藻属和桥弯藻属；中游的会山以异极藻属为主要优势种群，石壁以曲壳藻属和舟形藻属为主要优势种群；下游的加积以曲壳藻属和舟形藻属为主要优势种群，汀州以异极藻属为主要优势种群。定安河3个站点中，大平水文站以菱形藻属为主要优势种群；白马岭以曲壳藻属为主

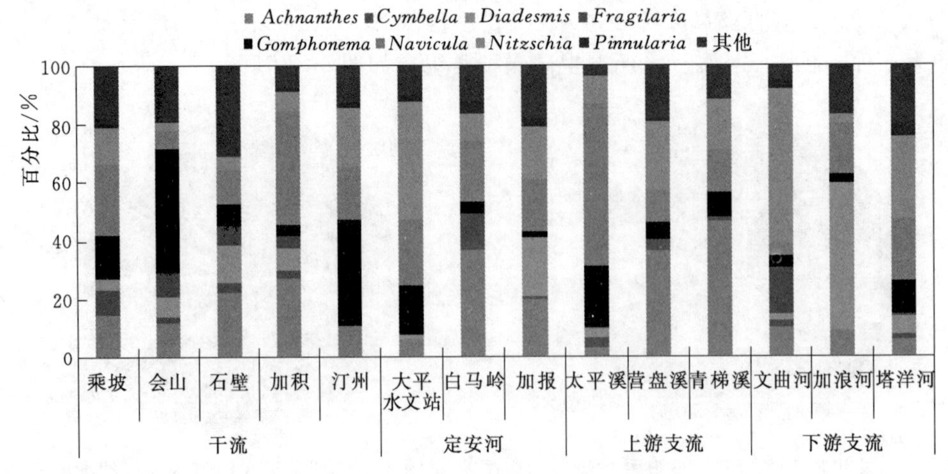

图6-4 汛期各站点着生硅藻相对密度

要优势种群；加报站点曲壳藻属、等列藻属、舟形藻属和菱形藻属所占比例相当。其他支流中，太平溪以舟形藻属为主要优势种群；营盘溪和青梯溪以曲壳藻属为主要优势种群；文曲河以菱形藻属为主要优势种群；加浪河以等列藻属为主要优势种群；塔洋河以菱形藻属和舟形藻属为主要优势种群。

各种类指示意义参考非汛期，等列藻属的 *Diadesmis contenta* 为主要优势种，是中污染水体常见指示种。

从汛期各站点群落结构组成可知：大平水文站和文曲河以喜污染性的硅藻种类占优，其他站点以喜中污染及中低污染硅藻种类更占优。

万泉河流域着生硅藻种类组成分布特征如图6-5所示。

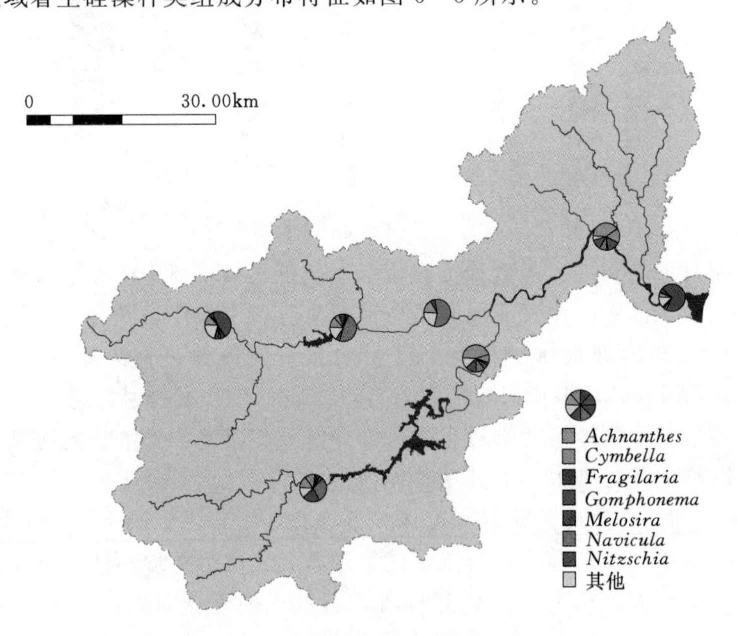

(a) 非汛期硅藻种类组成

图6-5（一） 万泉河流域着生硅藻种类组成分布特征

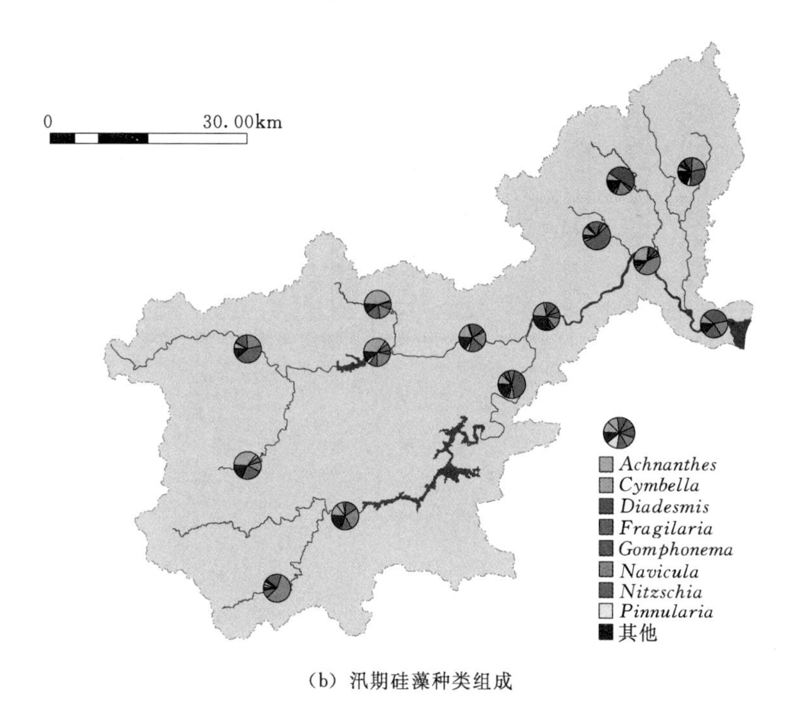

(b) 汛期硅藻种类组成

图 6-5（二） 万泉河流域着生硅藻种类组成分布特征

6.3 种类数空间变化

非汛期 7 个站点着生硅藻种类数为 16～32 种，平均为 25 种，最高为白马岭，最低为加报，非汛期各站点着生硅藻种类数如图 6-6 所示。

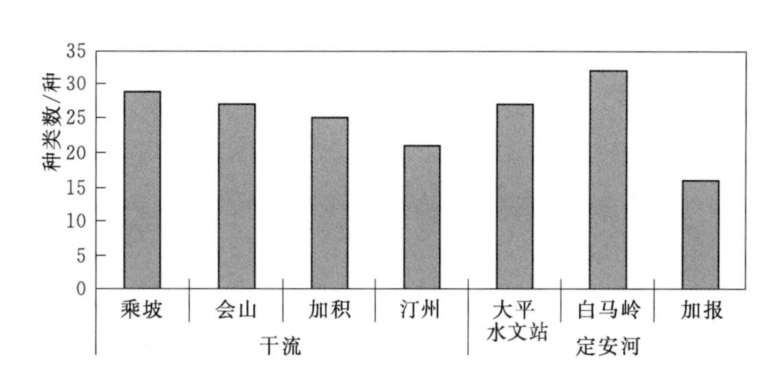

图 6-6 非汛期各调查站点着生硅藻种类

汛期 14 个站点着生硅藻种类数为 21～44 种，平均为 31 种，最高为石壁，最低为加浪河，汛期各站点着生硅藻种类数如图 6-7 所示。万泉河流域着生硅藻种类数分布特征如图 6-8 所示。

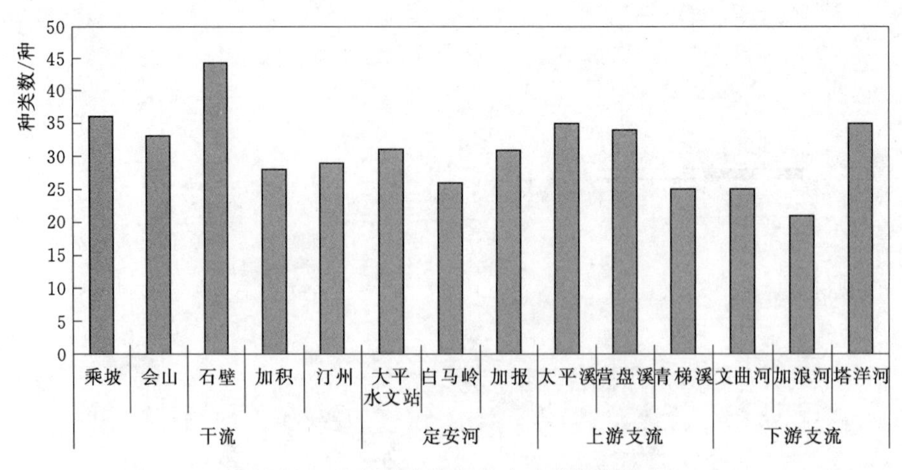

图6-7 汛期各调查站点硅藻种类数

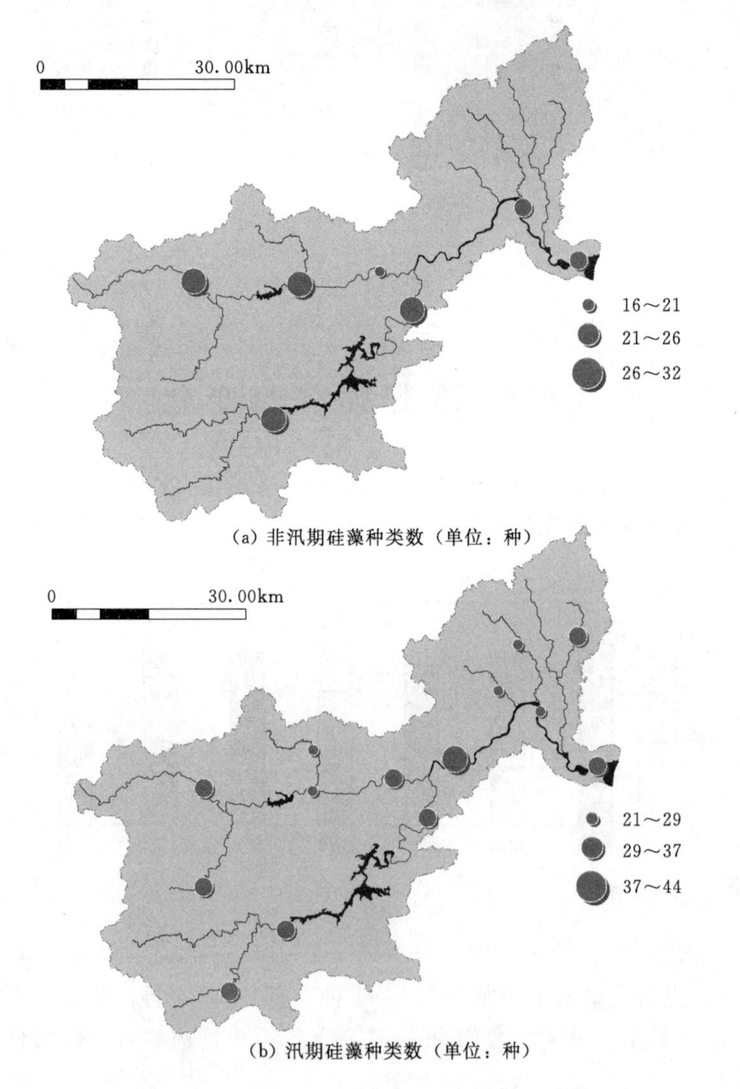

图6-8 万泉河流域着生硅藻种类数分布特征

6.4 生态学意义

6.4.1 有机物负荷

通过计算好腐蚀种和好清水种的百分比分析硅藻群聚情况，可以简单地评估有机物负荷。Van Dam（1994）依据承受有机污染的程度将硅藻分成5组（图6-9、图6-10），而依据异养特性将硅藻分成4组（图6-12、图6-13）。

非汛期万泉河7个调查站点中，干流的会山和加积站点以中低污染性硅藻种类为主；乘坡站点中低污染、中污染和中强污染性硅藻种类均占一定比例；汀州站点以中污染和中低污染性硅藻种类为主。定安河支流3个站点中，大平水文站各污染型硅藻所占比例相当；白马岭站点以中低污染性硅藻为主，加报站点各污染型硅藻所占比例相当（图6-9）。

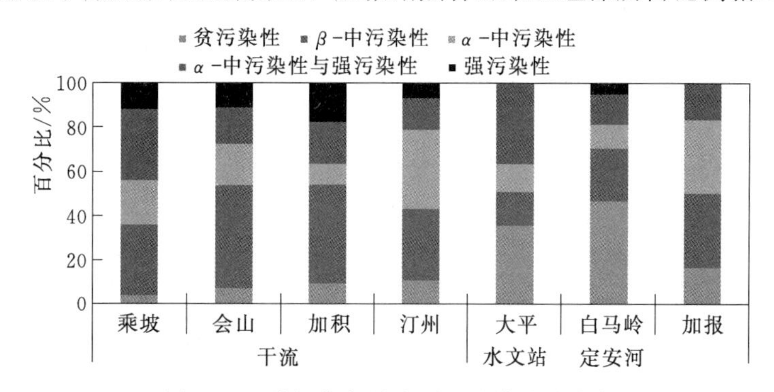

图6-9 非汛期各站点耐污硅藻种群分布

汛期万泉河14个调查站点中，干流上游的乘坡以中污染性硅藻为主；中游的会山和石壁以中低污染性硅藻为主；下游的加积以中强性硅藻为主，汀州各污染型硅藻所占比例相当。定安河支流中，大平水文站和白马岭以中强污染性硅藻占优，加报以中低污染性硅藻占优。其他支流中，太平溪以中污染和中强污染性硅藻占优；营盘溪、青梯溪、文曲河和加浪河以中低污染性硅藻占优，塔洋河以中污染性硅藻占优（图6-10）。万泉河着生硅藻耐污种群分布特征如图6-11所示。

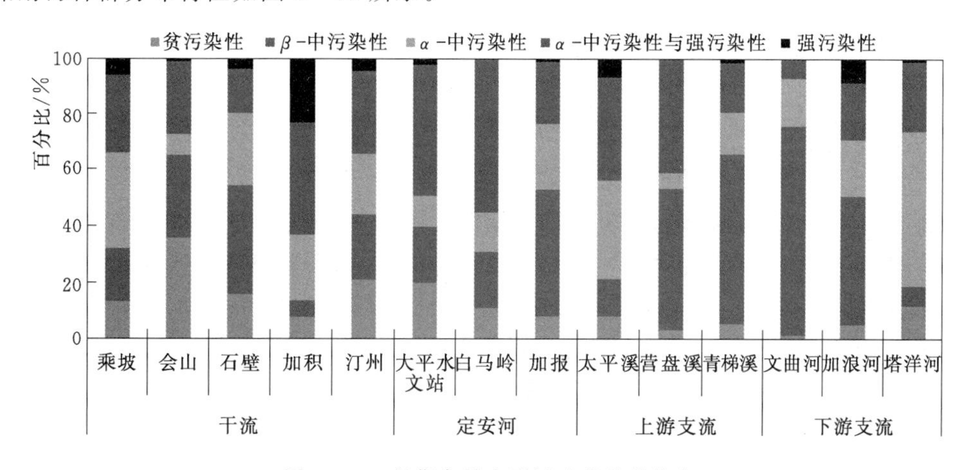

图6-10 汛期各站点耐污硅藻种群分布

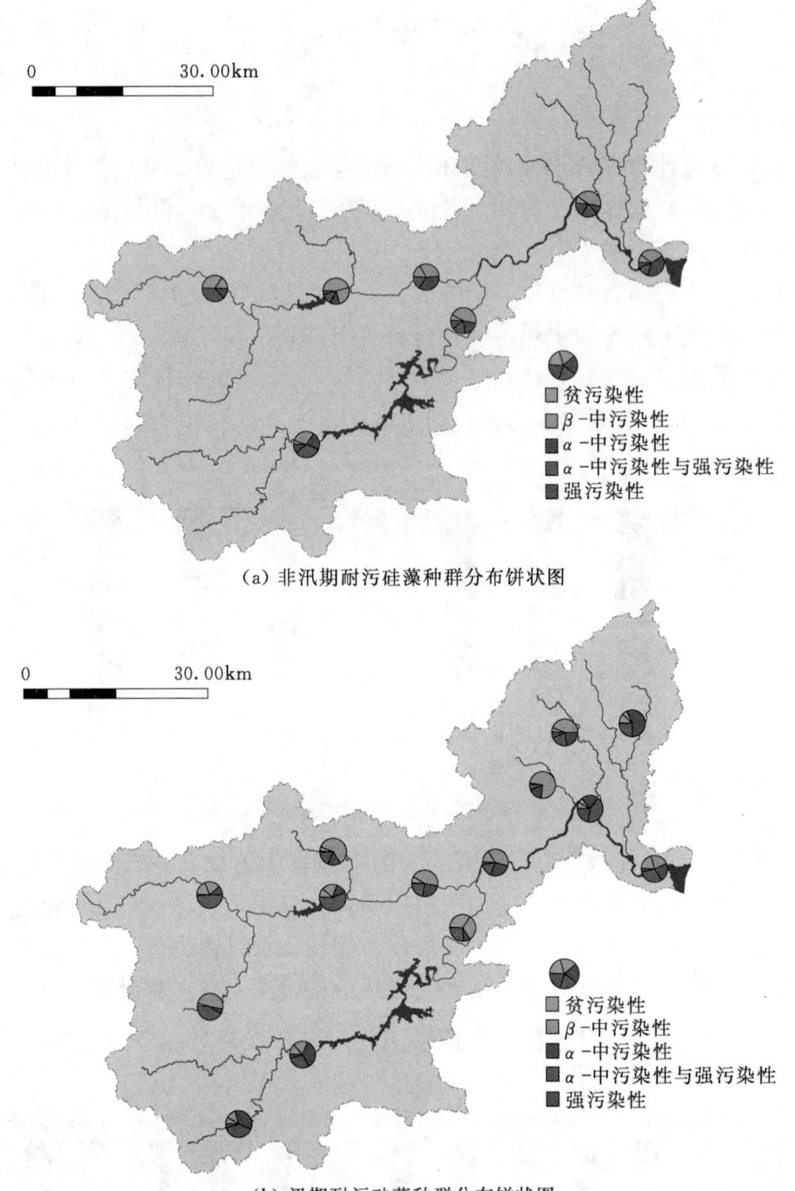

(a) 非汛期耐污硅藻种群分布饼状图

(b) 汛期耐污硅藻种群分布饼状图

图6-11 万泉河着生硅藻耐污种群分布特征

专性N-自养种只能在低有机氮环境下生存；耐N-自养种能在某些情况下容忍一定浓度的有机氮；兼性N-异养种需要周期性提高有机氮浓度；专性N-异养种需要不断提高有机氮浓度。

非汛期7个站点中，干流4个站点均以耐N-自养硅藻为主。定安河支流中，大平水文站以耐N-自养和兼性N-异养硅藻为主；白马岭以专性N-自养硅藻为主；加报以耐N-自养硅藻为主（图6-12）。

汛期14个站点中，干流的乘坡、石壁、加积和汀州以耐N-自养硅藻为主；会山以

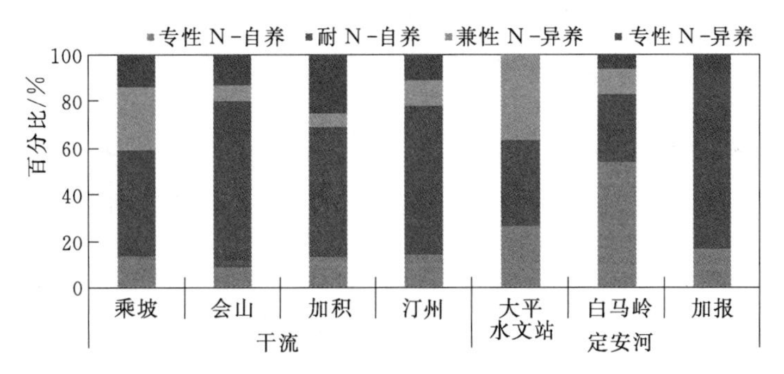

图6-12 非汛期各站点N-异养硅藻种群分布

专性N-自养和耐N-自养硅藻为主。定安河支流中，大平水文站以兼性N-异养硅藻为主；白马岭和加报以耐N-自养硅藻为主。其他6条支流均以耐N-自养硅藻为主（图6-13）。万泉河流域着生硅藻N-异养种群分布特征如图6-14所示。

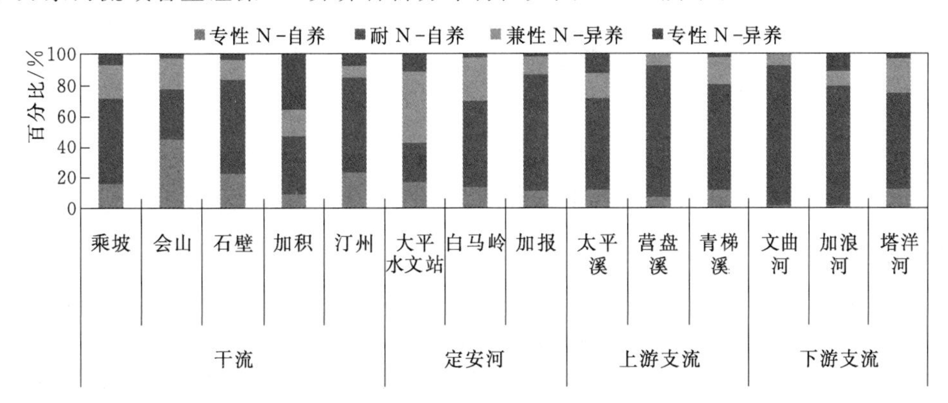

图6-13 汛期各站点N-异养硅藻种群分布

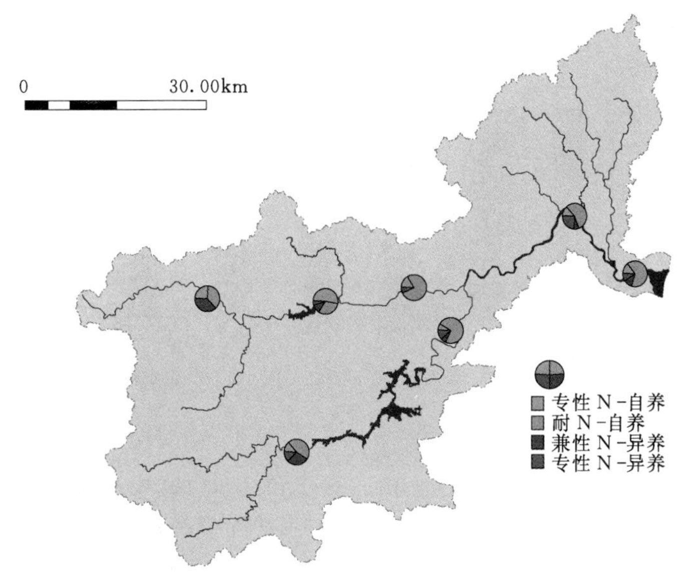

(a) 非汛期硅藻N-异养种群分布

图6-14（一） 万泉河流域着生硅藻N-异养种群分布特征

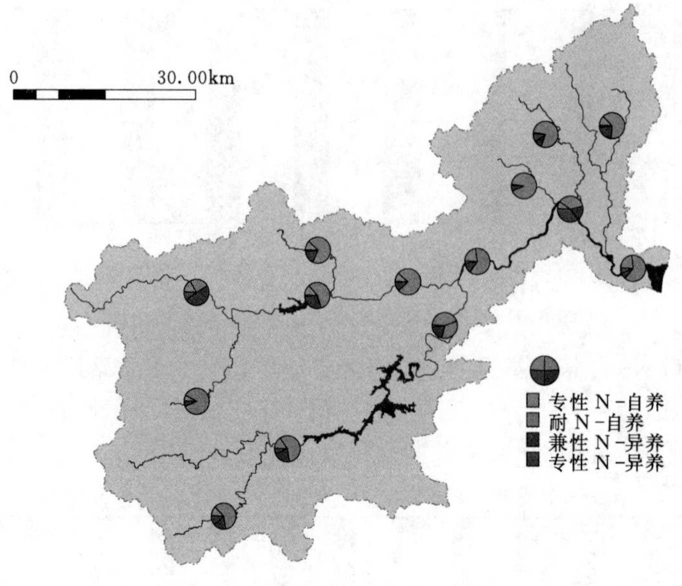

(b) 汛期硅藻N-异养种群分布

图6-14（二） 万泉河流域着生硅藻N-异养种群分布特征

6.4.2 氧饱和度

非汛期7个站点中，干流的乘坡、会山中喜各水平氧饱和度的硅藻种群所占比例相当；加积以喜高饱和度的硅藻种群占优，汀州以喜中氧饱和度至高氧饱和度的硅藻种群占优。定安河支流中，大平水文站中喜各水平氧饱和度的硅藻种群所占比例相当；白马岭以喜高氧饱和度的硅藻种群占优；加报以喜中氧饱和度的硅藻种群占优（图6-15）。

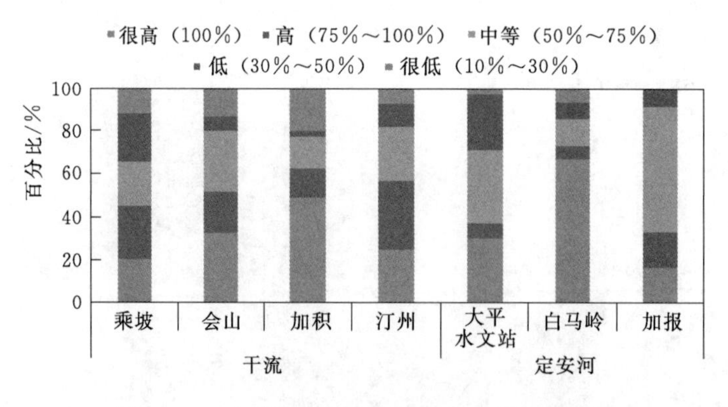

图6-15 非汛期各站点氧饱和度硅藻种群分布

汛期14个站点中，干流的乘坡、会山、石壁和汀州以喜中高氧饱和度的硅藻种群占优；加积以喜中氧饱和度的硅藻种群占优。定安河支流中，大平水文站和白马岭中喜各水平氧饱和度的硅藻种群所占比例相当，加报以喜高氧饱和度的硅藻种群占优。其他支流中，太平溪、塔洋河以喜中氧饱和度的硅藻种群占优；营盘溪以喜高氧饱和度的硅藻种群占优；青梯溪以喜中氧饱和和高氧饱和的硅藻种群占优；文曲河以喜极高氧饱和度的硅藻种群占优；加浪河以喜中氧饱和和高氧饱和的硅藻种群占优（图 6－16）。万泉河流域着生硅藻需氧种群分布特征如图 6－17 所示。

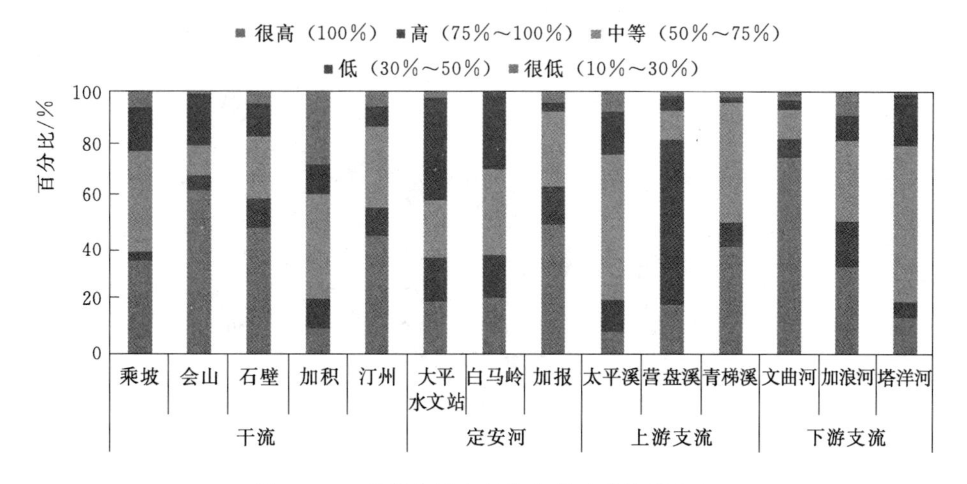

图 6－16　汛期各站点氧饱和度硅藻种群分布

6.4.3　pH 值

非汛期 7 个站点中，干流的乘坡和汀州以喜碱性硅藻种群占优；会山和加积以中性硅藻种群占优。定安河支流的 3 个站点以喜碱性硅藻种群占优（图 6－18）。

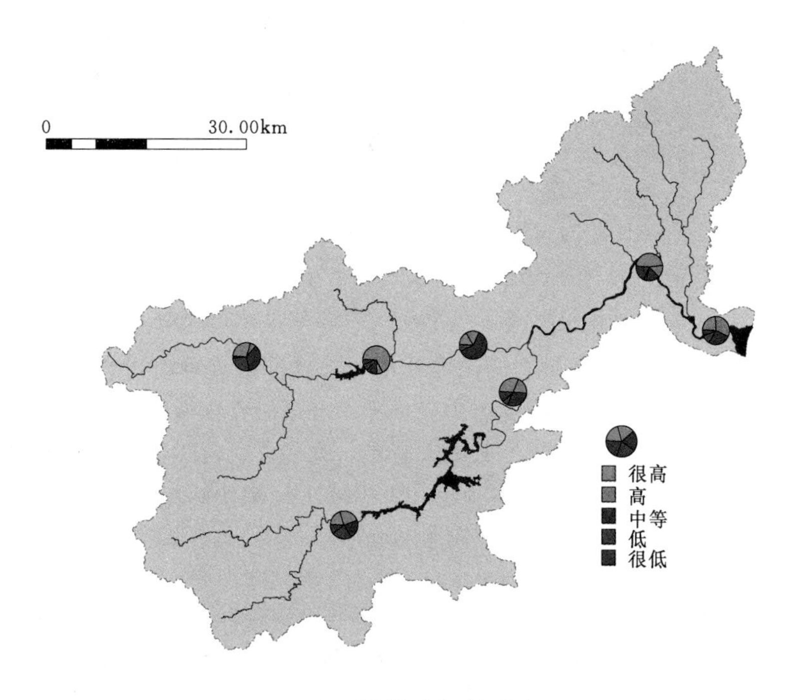

(a) 非汛期硅藻需氧程度

图 6－17（一）　万泉河流域着生硅藻需氧种群分布特征

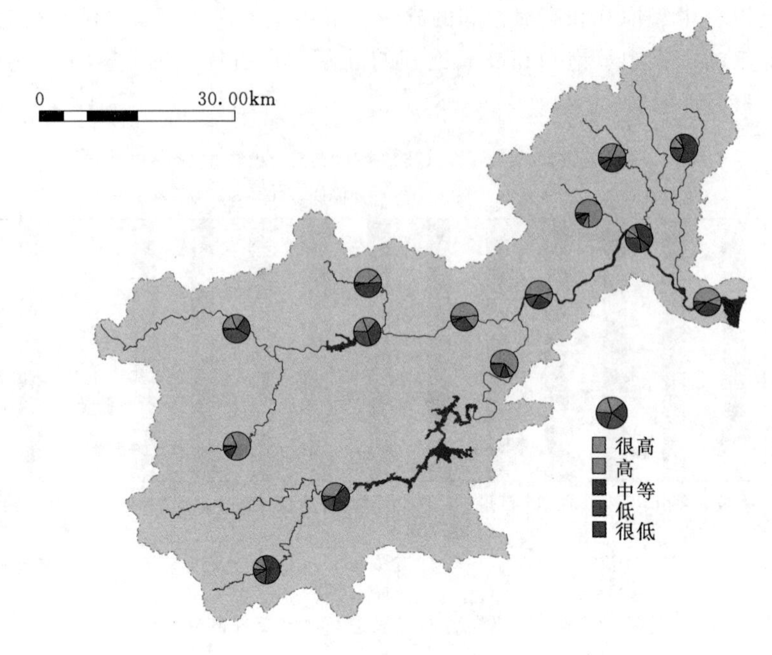

(b) 汛期硅藻需氧程度

图 6-17（二） 万泉河流域着生硅藻需氧种群分布特征

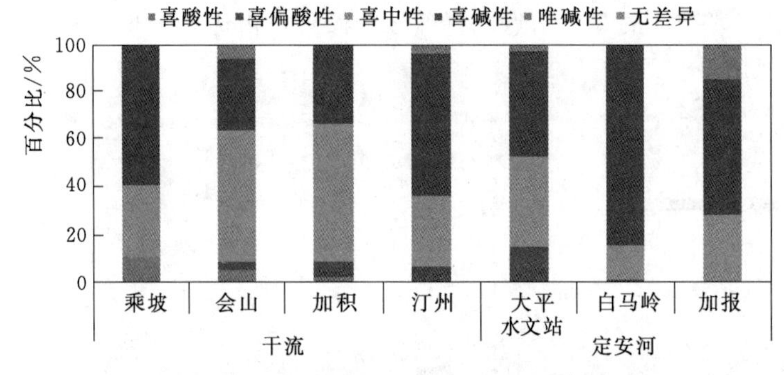

图 6-18 非汛期各站点硅藻酸碱性偏好分布

汛期 14 个站点，干流的乘坡、会山以喜中性和碱性硅藻种群占优；石壁、加积和汀州以喜碱性硅藻种群占优。定安河支流中，大平水文站以喜中性和碱性硅藻种群占优，白马岭和加报以喜碱性硅藻种群占优。其他支流中，太平溪、营盘溪、青梯溪和文曲河以喜碱性硅藻种群占优；加浪河和塔洋河以喜中性和碱性硅藻种群占优（图 6-19）。万泉河流域着生硅藻 pH 偏好种群分布特征如图 6-20 所示。

6.4.4 营养偏好

非汛期 7 个站点中，干流 4 个站点以喜富营养型硅藻种群占优。定安河支流中，大平水文站和加报以喜富营养型硅藻种群占优；白马岭以喜中富营养型硅藻种群占优（图6-21）。

汛期 14 个站点中，干流的乘坡、石壁、加积和汀州以喜富营养型硅藻种群占优；会山喜贫营养和富营养硅藻种群所占比例相当。定安河支流 3 个站点均以喜富营养硅藻种群占优。其他支流中，太平溪、加浪河和塔洋河以喜富营养硅藻种群占优；青梯溪和文曲河

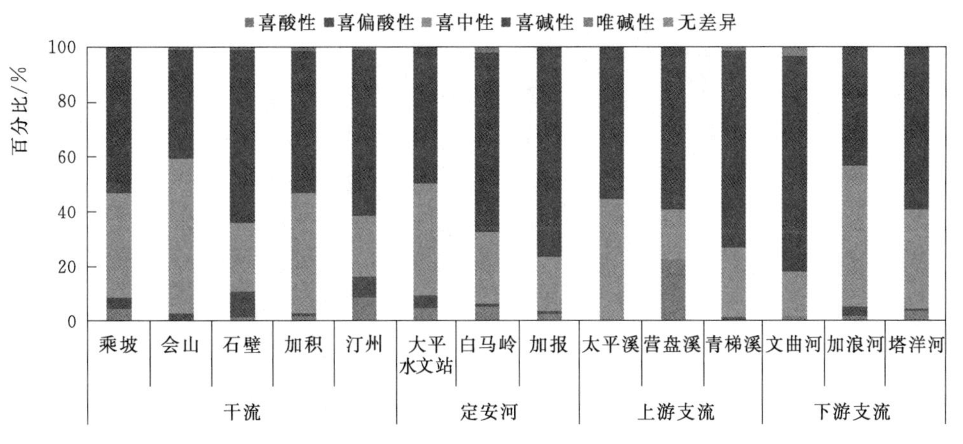

图 6-19　汛期各站点硅藻酸碱性偏好分布

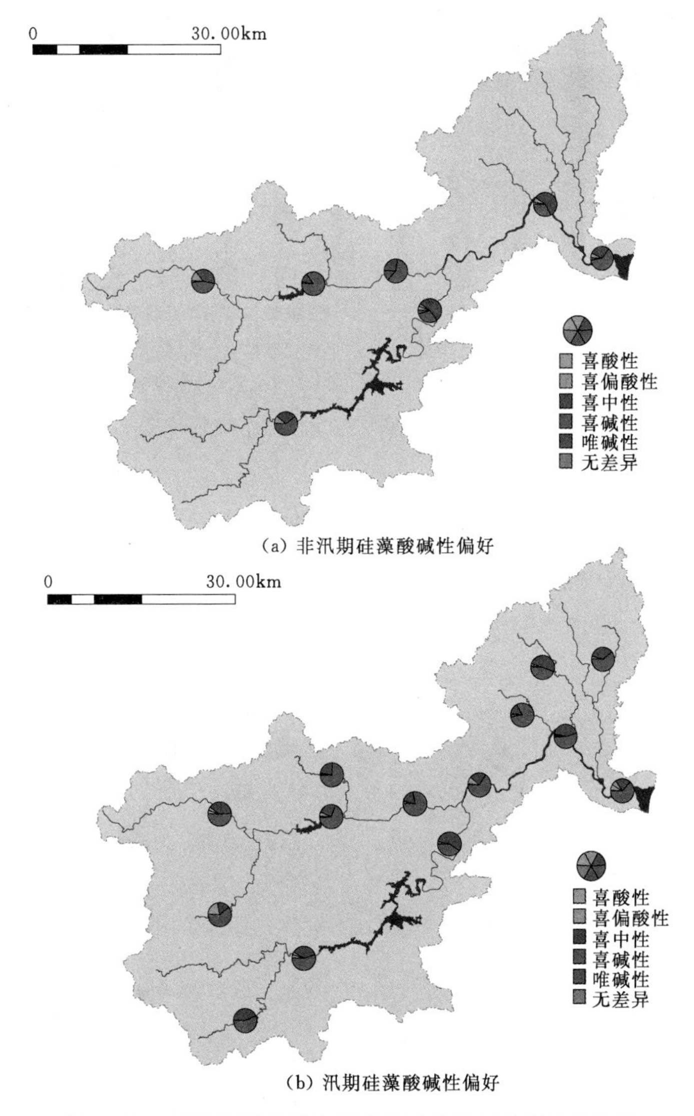

图 6-20　万泉河流域着生硅藻酸碱性偏好种群分布特征

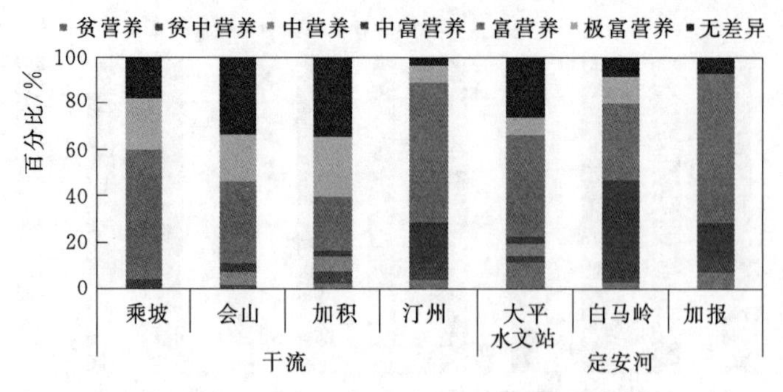

图 6-21 非汛期各站点硅藻营养偏好分布

硅藻种群无明显营养偏好；营盘溪以喜中营养及富营养硅藻种群占优（图 6-22）。万泉河流域着生硅藻营养偏好分布特征如图 6-23 所示。

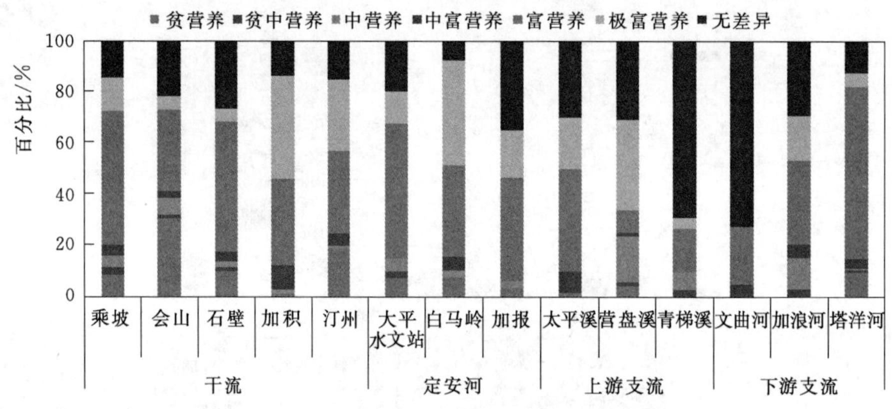

图 6-22 汛期各站点硅藻营养偏好分布

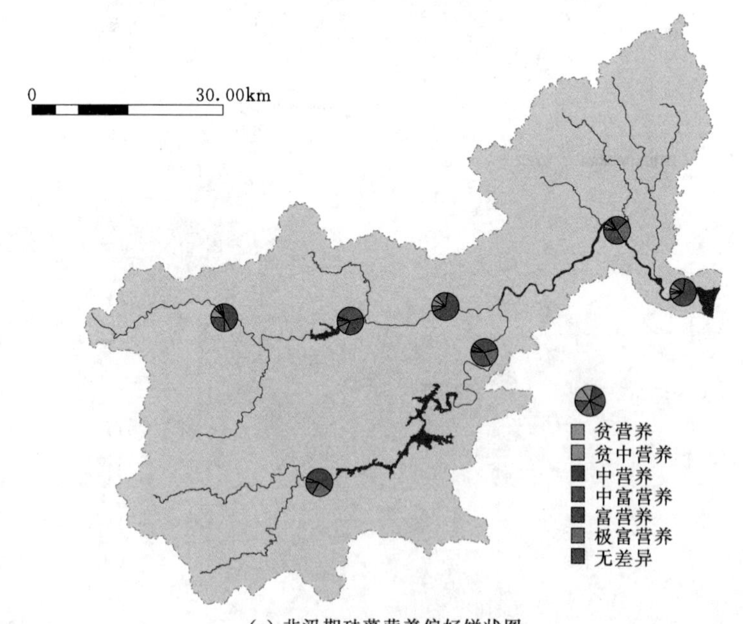

(a) 非汛期硅藻营养偏好饼状图

图 6-23（一） 万泉河流域着生硅藻营养偏好分布特征

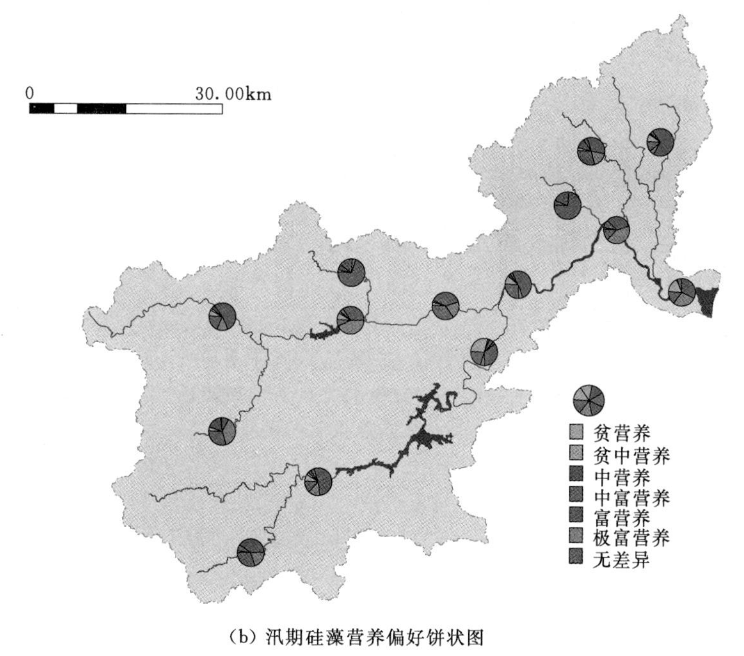

(b) 汛期硅藻营养偏好饼状图

图 6-23（二） 万泉河流域着生硅藻营养偏好分布特征

6.5 硅藻指数计算

非汛期万泉河 7 个站点 IPS 指数为 6.9～13.2，平均值为 11.9。最低为汀州，最高为会山。根据评价标准，干流的会山生态质量为好；干流的乘坡、加积，定安河支流的大平水文站、白马岭和加报站点生态质量中等；干流的汀州生态质量差（图 6-24）。

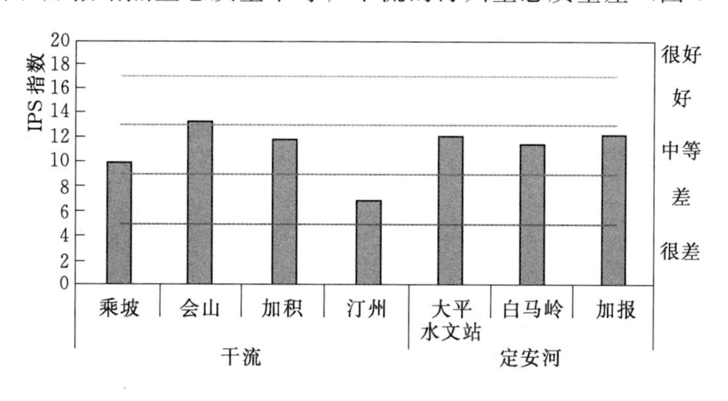

图 6-24 非汛期万泉河硅藻指数

汛期万泉河 14 个站点 IPS 指数为 6.4～13.0，平均值为 10.2。最低为大平水文站，最高为加浪河。根据评价标准，加浪河支流生态质量为好；干流的乘坡、会山、石壁、加积、汀州，定安河支流的白马岭、加报，其他支流中的太平溪、青梯溪、塔洋河生态质量中等；定安河支流中的大平水文站和其他支流中的营盘溪、文曲河支流生态质量为差（图 6-25）。万泉河流域着生硅藻指数分布特征如图 6-26 所示。

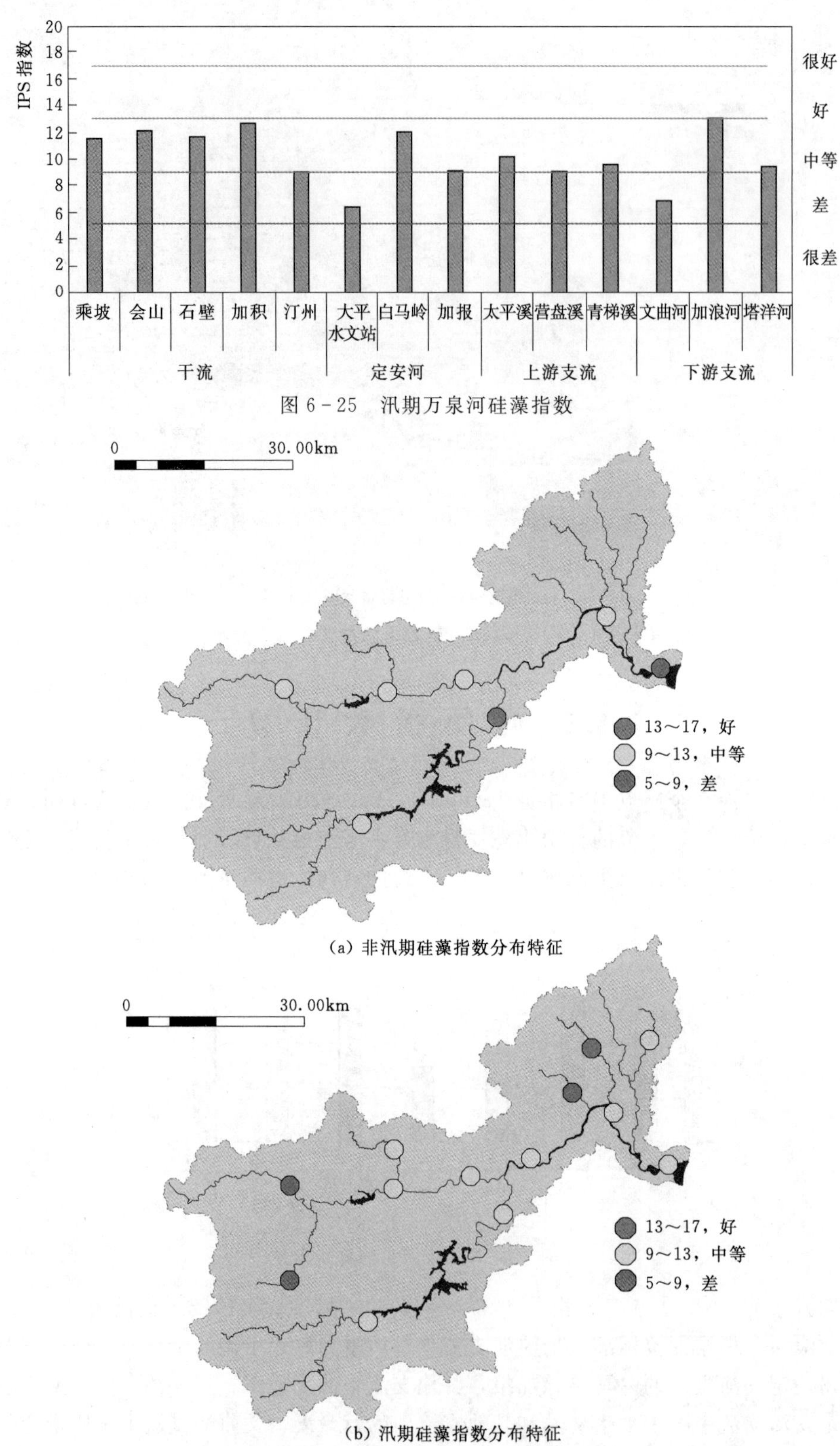

图6-25 汛期万泉河硅藻指数

(a) 非汛期硅藻指数分布特征

(b) 汛期硅藻指数分布特征

图6-26 万泉河流域着生硅藻指数分布特征

第7章

底栖动物

大部分底栖动物终生生活在水中，它们的生活史相对较长，移动能力差，对污染等不利水体环境常缺乏或很少有回避性，不能靠迁徙来逃避污染，水体环境的改变直接影响着其群落组成变化，如种类的增减或更替、个体数量的变动等，能比较敏感地反映出该水域目前乃至过去一段时间的水质状况，因此，底栖动物对水质有着很强的指示作用，是评价河流水质的最常用工具之一。

7.1 调查方法

7.1.1 样品采集

在生境复杂的溪流及浅水型河流中进行采样时，不需要在所有河段内进行全面调查。但是，采样区域应当能够代表问题河流的典型生境。另外，采样过程中，应将整个河段的样本混合，并设置重复样本，进行方法的精确度评价。采样时，将D型网紧贴河底，逆流拖行，双脚在网前搅动，使底栖动物随水流进入网内。选择采样区域（一般为河宽的5～20倍，总长度50～100m长的河段）不同的小生境，多次重复后达到一定的采集距离，建议总采集距离5m。

不可涉水河流选择深度小于1.5m的沿岸区进行采集，在岸边或水中选择采集区域（一般为河宽的1～10倍，总长度50～200m长的河段），将D型网紧贴河底，向前推动，对各类可能出现的小生境进行采集，多次重复达到一定的采集距离，建议总采集距离10m。

7.1.2 样品处理和保存

（1）洗涤和分拣：泥样倒入塑料盆中，对底泥中的砾石，要仔细刷下附着的底栖动物，经40目分样筛筛选后拣出大型动物，剩余杂物全部装入塑料袋中，加少许清水带回室内，在白色解剖盘中用细吸管、尖嘴镊、解剖针分拣。

（2）保存：软体动物用5%甲醛或75%乙醇溶液；水生昆虫用5%固定数小时后再用75%乙醇保存；寡毛类先放入加清水的培养皿中，并缓缓滴数滴75%乙醇麻醉，待其身体完全舒展后再用5%甲醛固定，75%乙醇保存。

7.1.3 计量和鉴定

（1）计量：按种类计数（损坏标本一般只统计头部），再换算成 ind./m^2。软体动物用电子秤称重，水生昆虫和寡毛类用扭力天平称重，再换算成 g/m^2。

（2）鉴定：软体动物鉴定到种，水生昆虫（除摇蚊幼虫）至少到科；寡毛类和摇蚊幼虫至少到属。

7.1.4 底栖动物指数（BI）

利用水体中底栖动物的种类、数量及对水污染的敏感性建立可表示水生态质量的数值。其公式表达为

$$BI=\sum\frac{N_iT_i}{N}$$

式中 N_i——一个样本中 i 种的数量；

T_i——i 种的污染敏感值（数值范围为 0～10）；

N——一个样本中底栖动物的数量总和。

BI 指数既反映了群落的耐污特征，也反映了不同耐污类群的密度。BI 指数等级划分见表 7-1。

表 7-1　　BI 指数等级划分

BI 指数值	等　级	BI 指数值	等　级
0～3.50	很好	6.51～8.50	差
3.51～5.50	好	8.51～10.00	很差
5.51～6.50	中等		

7.2 种 类 组 成

万泉河底栖动物监测共检出 3 门 6 纲 45 种，其中节肢动物门昆虫纲 19 种（属），甲壳纲 6 种（属）；软体动物门腹足纲 12 种（属），瓣鳃纲 4 种（属）；环节动物门寡毛纲 2 种（属），多毛纲 2 种（属）（图 7-1）。

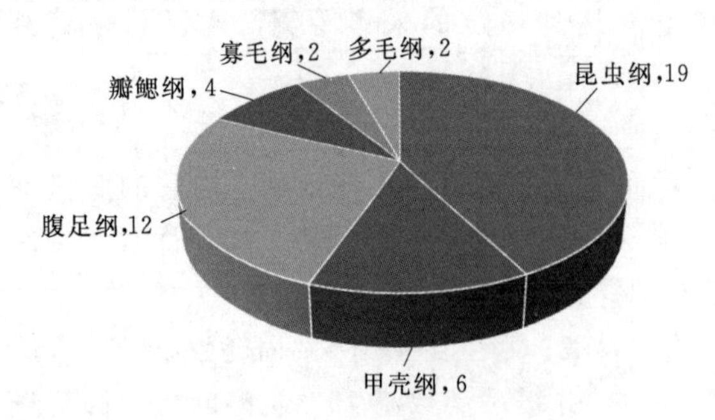

图 7-1　万泉河底栖动物门类组成

两期调查中，有部分监测站点未采集到底栖动物。非汛期采集到底栖动物 6 纲 23 种，汛期采集到 5 纲 35 种（图 7-2）。非汛期以腹足纲种类较多，汛期底栖动物以昆虫纲种类较多。

非汛期各监测点底栖动物种类为 2～9 种，其中干流各站点种类数普遍高于定安河。瓣鳃纲、腹足纲、昆虫纲种类在各点的出现频率较高，见表 7-2、图 7-3。

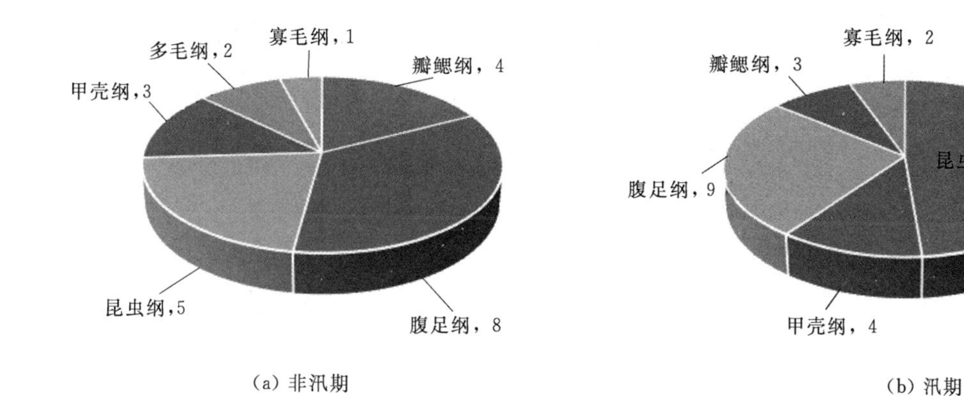

(a) 非汛期　　(b) 汛期

图 7-2　万泉河各站点底栖动物种类组成

表 7-2　非汛期各站点底栖动物种类数

点位		干流				定安河			合计
		乘坡	会山	加积	汀州	大平水文站	白马岭	加报	
软体动物	瓣鳃纲	1	2	2	2	0	1	2	4
	腹足纲	1	2	0	2	2	1	2	8
节肢动物	昆虫纲	2	1	1	0	0	2	2	5
	甲壳纲	0	0	0	3	0	1	0	3
环节动物	多毛纲	0	0	0	2	0	0	0	2
	寡毛纲	0	1	0	0	0	0	0	1
合计		4	6	3	9	2	5	6	23

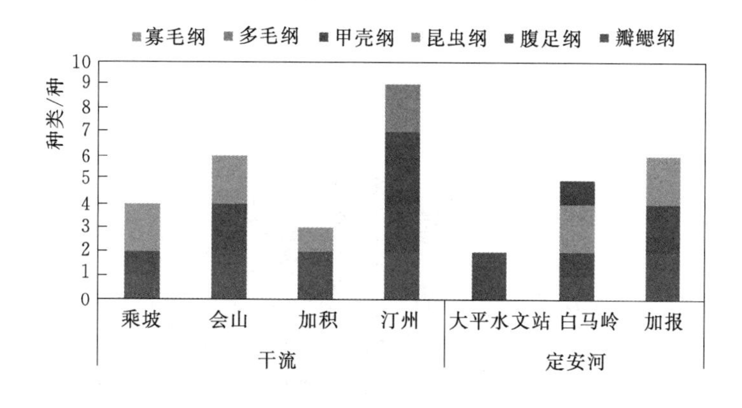

图 7-3　非汛期各站点底栖动物种类数

汛期各监测点的底栖动物种类数 1～9 种，其中上游 3 条支流的种类数明显高于其他点位（表 7-3、图 7-4）。

表 7-3 汛期各站点底栖动物种类数

点位		干流				定安河		上游支流			下游支流			万泉河流域
		乘坡	会山	石壁	加积	大平水文站	加报	太平溪	营盘溪	青梯溪	文曲河	加浪河	塔洋河	
节肢动物门	昆虫纲	0	1	0	1	1	0	8	4	1	2	0	0	17
	甲壳纲	1	0	1	1	2	1	0	2	1	0	0	1	4
软体动物门	腹足纲	1	0	1	0	0	4	0	1	3	4	1	1	9
	瓣鳃纲	0	0	0	0	0	1	0	0	3	0	0	0	3
环节动物门	寡毛纲	0	0	0	0	0	0	0	0	1	0	0	0	2
合计		2	1	2	2	3	6	8	7	9	6	1	2	35

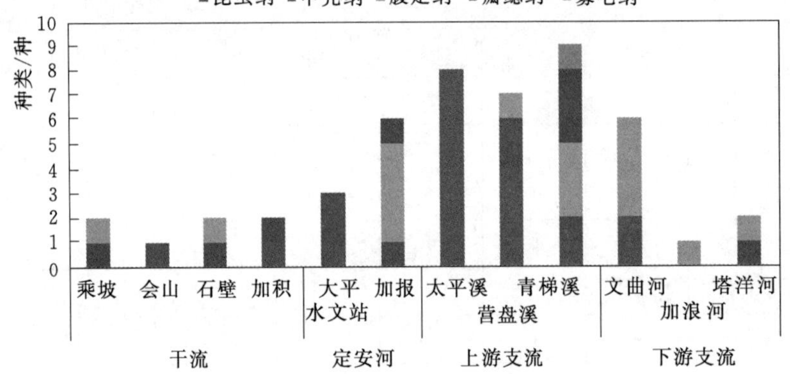

图 7-4 汛期各站点底栖动物种类数

牛路岭水库和红岭水利枢纽共鉴定底栖动物 3 门 4 纲 5 种（图 7-5）。万泉河流域底栖动物种类数及种类组成分布特征如图 7-6、图 7-7 所示。

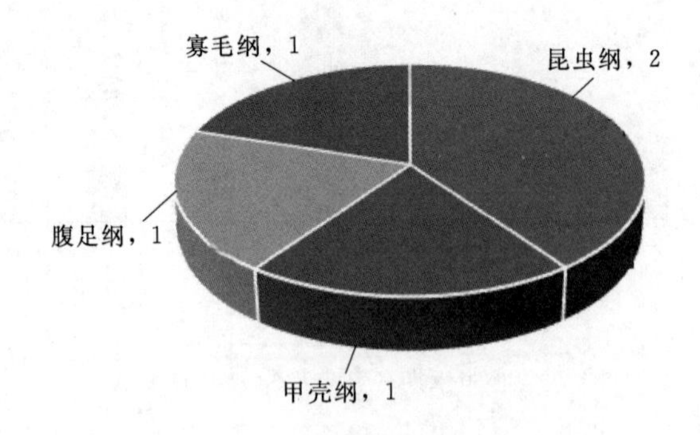

图 7-5 牛路岭水库和红岭水利枢纽底栖动物种类组成

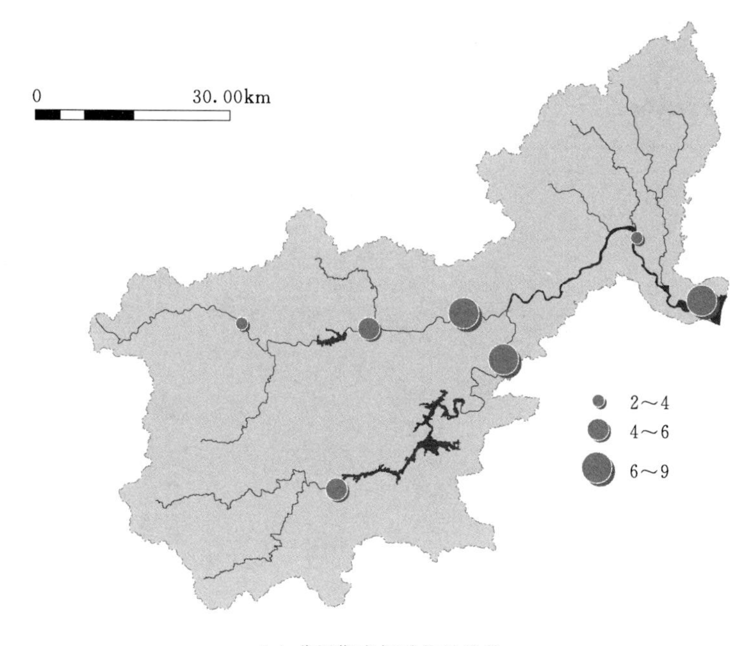

(a) 非汛期底栖动物种类数

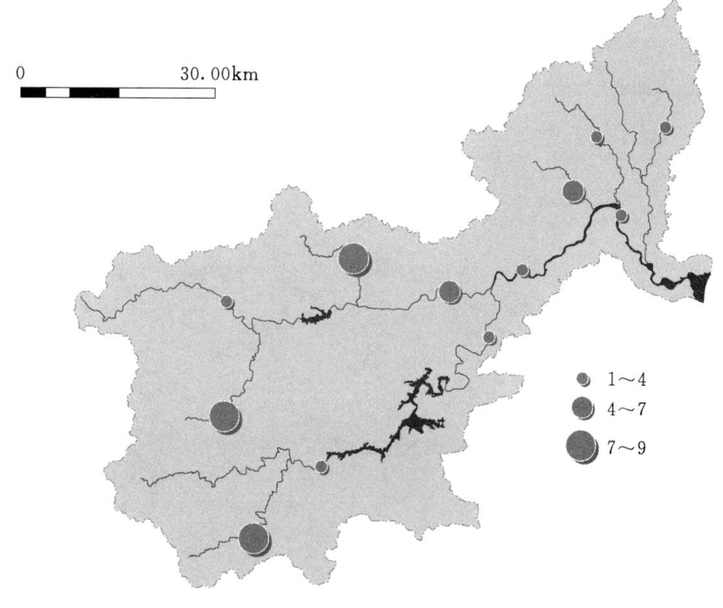

(b) 汛期底栖动物种类数

图 7-6 万泉河流域底栖动物种类数分布特征

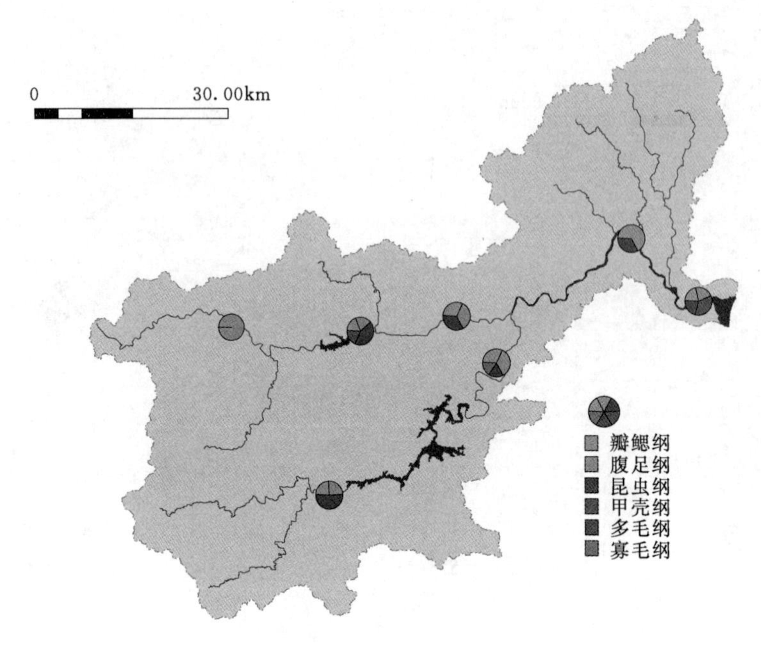

(a) 非汛期底栖动物种类组成

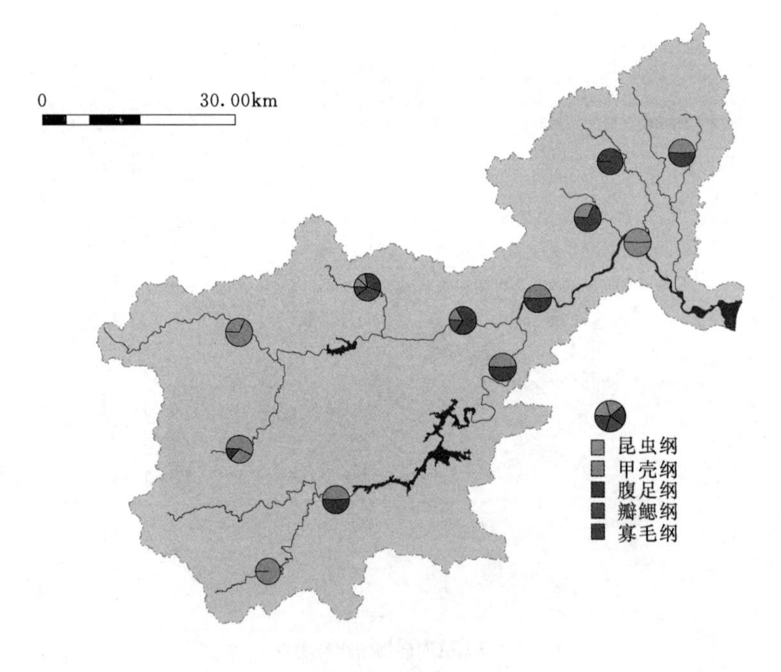

(b) 汛期底栖动物种类组成

图7-7 万泉河流域底栖动物种类组成分布特征

7.3 密度和生物量组成

非汛期各站点底栖动物栖息密度为 13～707ind./m^2（图 7-8），生物量为 24～258g/m^2（图 7-9）。其中，汀州大桥的底栖动物栖息密度和生物量均较高，以密度来计算，优势种为钩虾；以生物量来计算，优势种为豆斧蛤。汀州大桥处于万泉河的出海口，因此咸淡水种类较多，如豆斧蛤、万目腮蚕、疣吻沙蚕等。

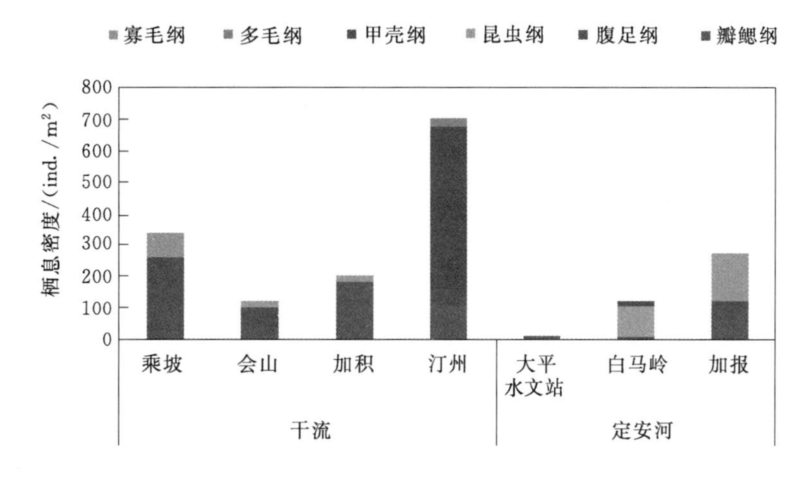

图 7-8 非汛期各站点底栖动物密度组成

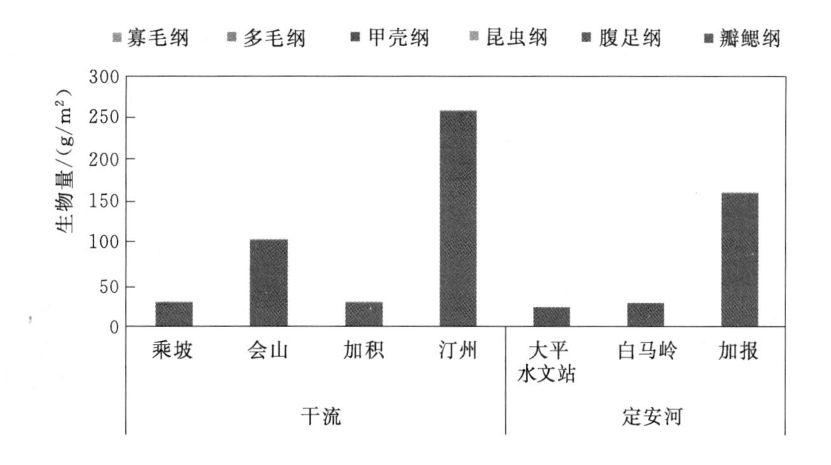

图 7-9 非汛期各站点底栖动物生物量组成

汛期各站点底栖动物栖息密度为 10～333ind./m^2（图 7-10），生物量为 0.05～224g/m^2（图 7-11）。其中，太平溪的底栖动物密度最高，均为昆虫纲底栖动物；太平溪是万泉河上游的支流，底栖动物呈明显的溪流特征，其中的蜉蝣目、蜻蜓目底栖动物数量较多。文曲河的底栖动物生物量最高，腹足纲的放逸短沟蜷、梨形环棱螺、瘤拟黑螺是主要的优势种类。

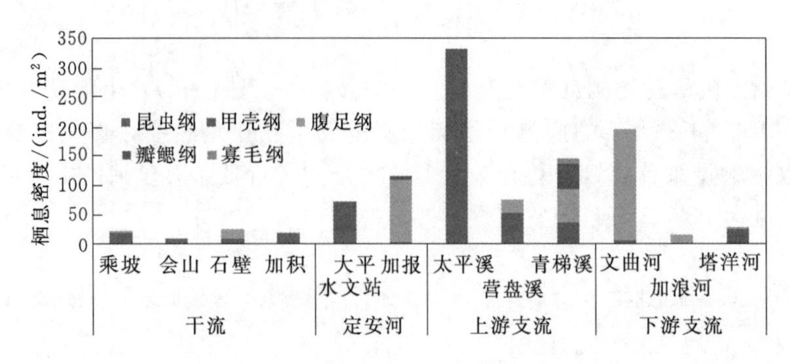

图7-10 汛期各站点底栖动物密度组成

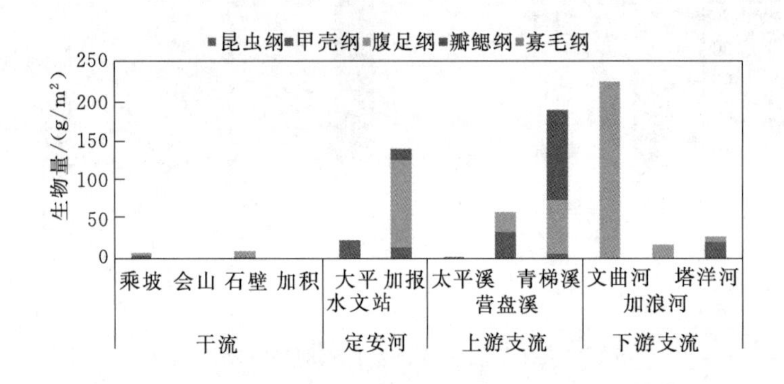

图7-11 汛期各站点底栖动物生物量组成

牛路岭水库及红岭水库由于其消落带的脆弱性，底栖动物密度非常低，栖息密度仅为7～8ind./m^2（图7-12）。万泉河流域底栖动物密度及生物量组成分布特征如图7-13、图7-14所示。

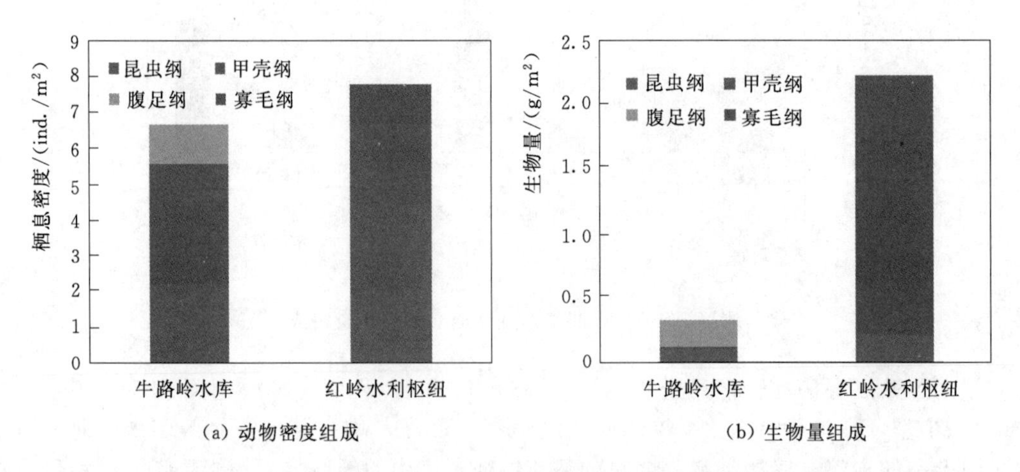

图7-12 牛路岭水库和红岭水利枢纽底栖动物密度及生物量

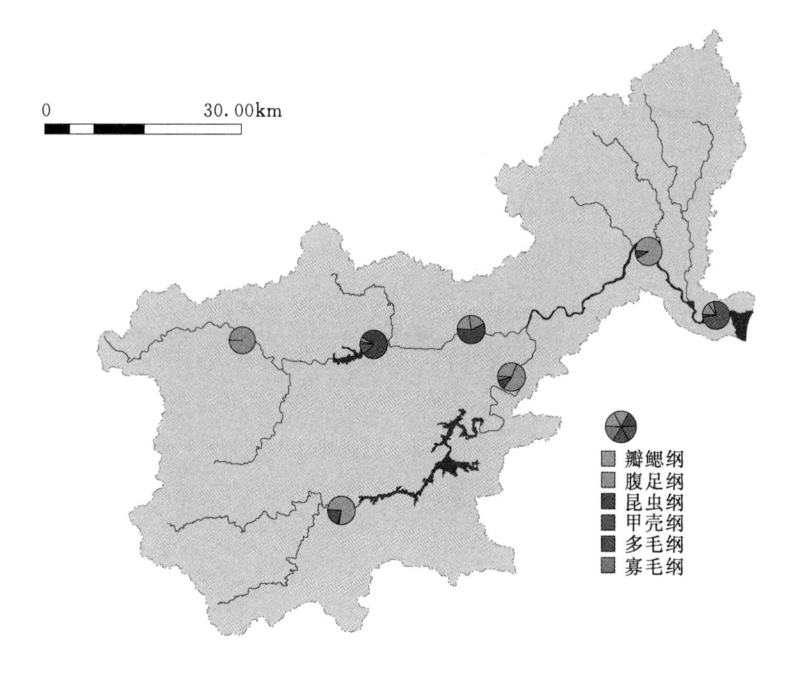

(a) 非汛期底栖动物密度组成

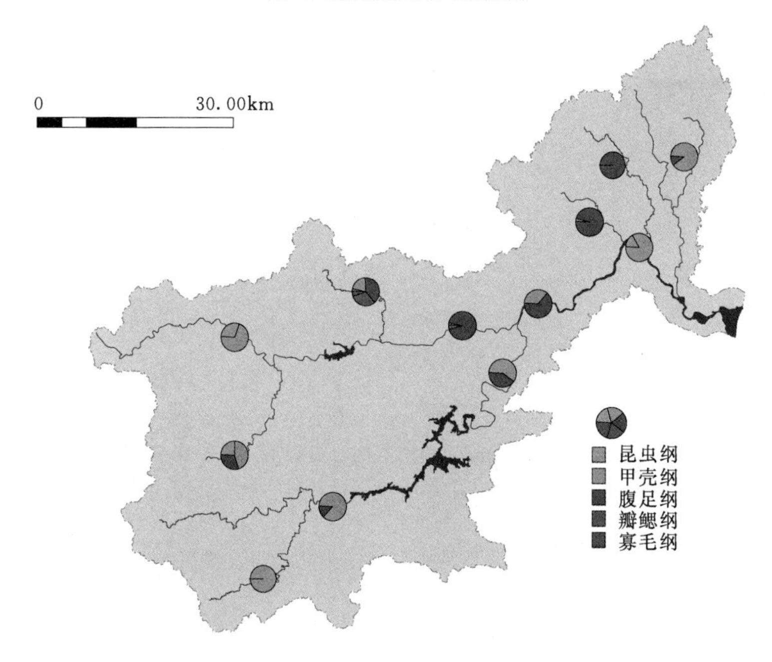

(b) 汛期底栖动物密度组成

图 7-13　万泉河流域底栖动物密度组成分布特征

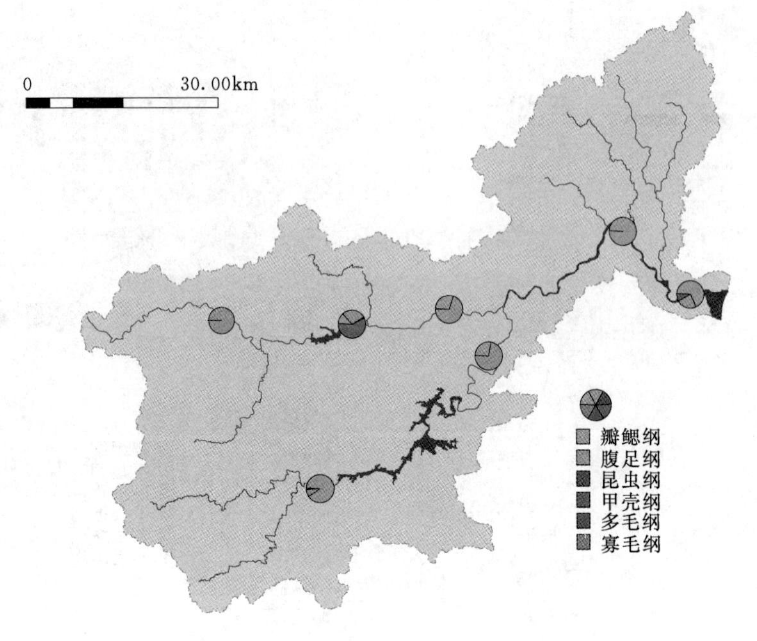

(a) 非汛期底栖动物生物量组成

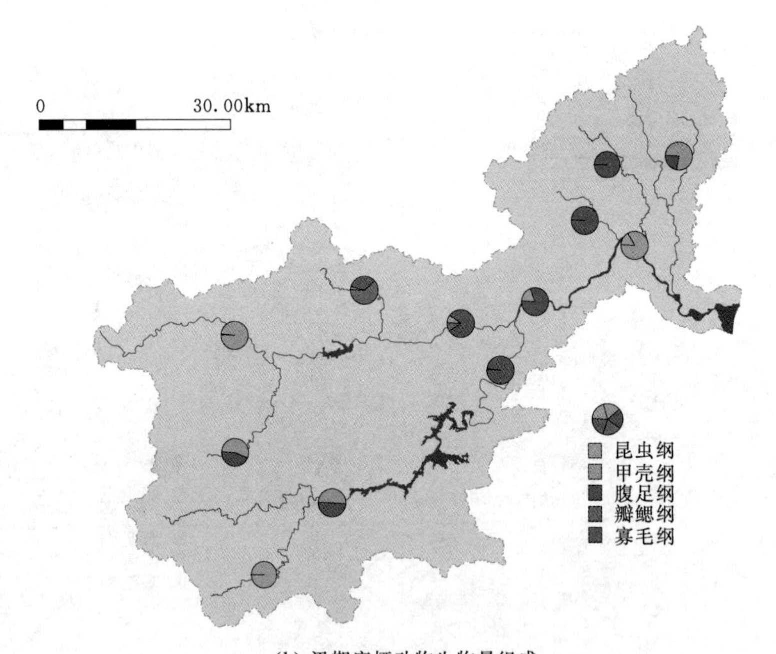

(b) 汛期底栖动物生物量组成

图 7-14 万泉河流域底栖动物生物量组成特征

7.4 生 态 评 价

非汛期各站点底栖动物指数（BI）计算结果为4.5～7.2，大多数站点指示生态环境为好-中等（图7-15）。

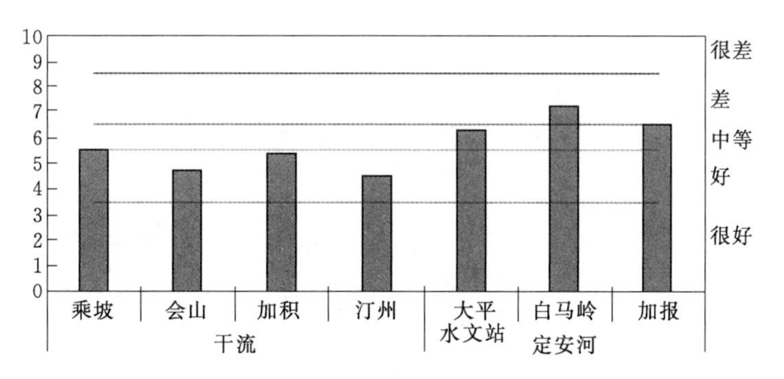

图7-15 非汛期底栖动物指数计算结果

汛期各站点底栖动物指数计算结果为3.9～8.2，同样指示大部分站点的生态质量为好-中等（图7-16）。万泉河流域底栖动物指数分布特征如图7-17所示。

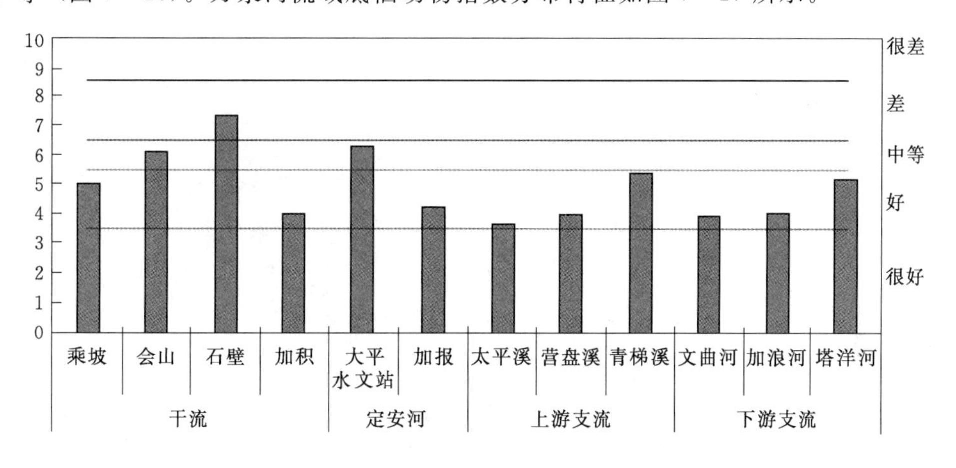

图7-16 汛期底栖动物指数计算结果

综合两期调查结果对万泉河底栖动物反映的生态质量进行评价。

7.4.1 上中游干支流

（1）太平溪地处上游雨林山区，河流呈明显的溪流特征，河流流水较快，底质为卵石，因此太平溪调查点的底栖动物组成也表现出鲜明的溪流特点，其中的蜉蝣目、蜻蜓目种类占较大优势，底栖动物群落均以昆虫纲种类组成，优势种类扁蚴蜉属、河花蜉属为清洁指示种。

（2）乘坡调查点以湖股沼蛤、摇蚊幼虫为优势种，这两个种类在水流缓慢、营养丰富的环境中容易成为优势，估计受上游乘坡三级电站影响，河流水流变缓，营养积聚，使这两个种群得以发展。

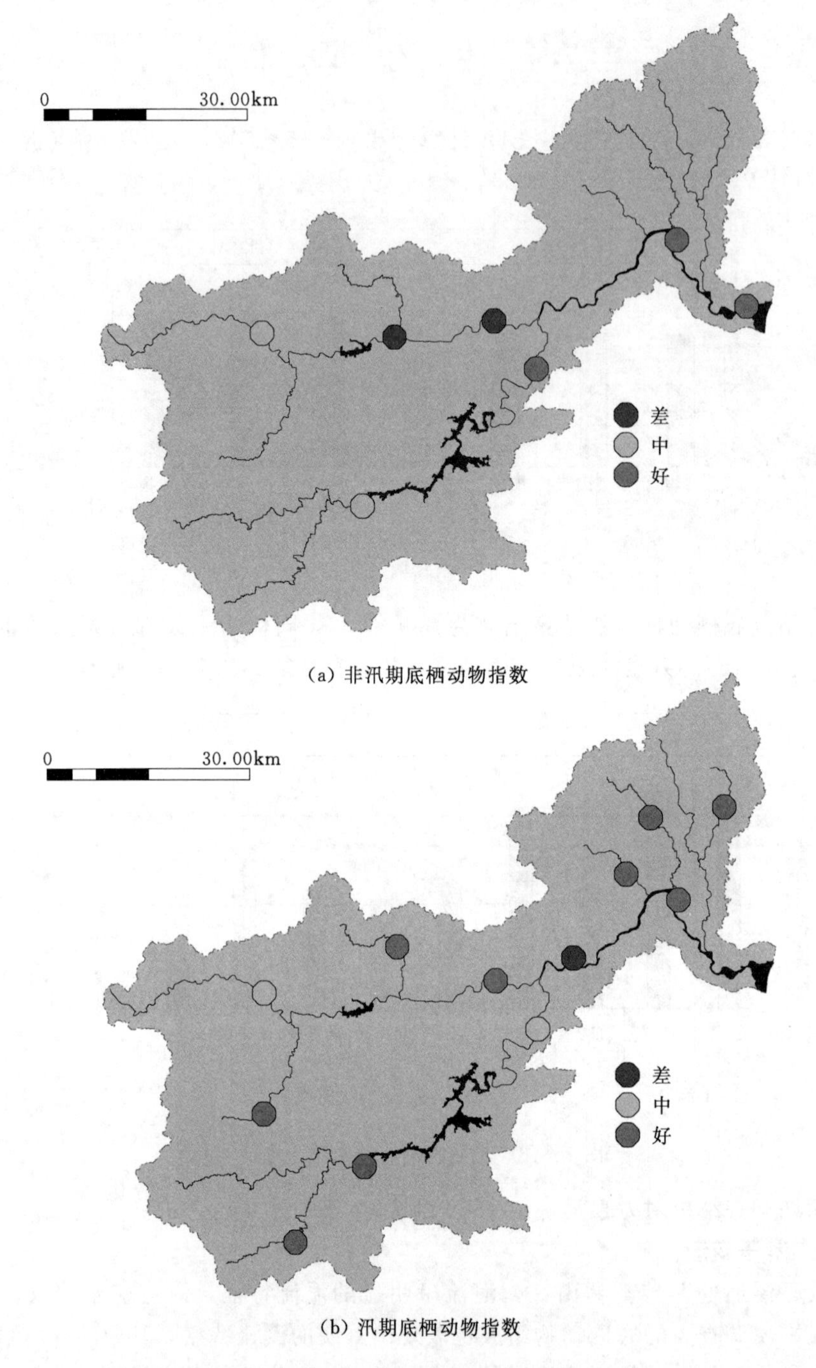

(a) 非汛期底栖动物指数

(b) 汛期底栖动物指数

图7-17 万泉河流域底栖动物指数分布特征

(3) 牛路岭水库水位变幅较大，现场可以看到库周形成明显的消落带；消落带生态环境脆弱，不适合底栖动物生长，因此仅在部分库汉静水区域有虾类生长，其他库岸鲜有发现底栖动物。

(4) 会山调查点河床宽阔，河床以大块砾石为底质，河岸浅水处有泥沙淤积，因此以软体动物的腹足纲种类为主，其中优势种类为放逸短沟蜷，反映生态质量为中等。汛期调查时，该站点的东太大桥正处于拆除重建，导致该河段河岸带受到较显著的干扰，仅检出摇蚊幼虫。

7.4.2 定安河

（1）大平水文站调查点河岸为基岩，受下游拦水堰的影响水位有所提高，岸边截留了较多的水葫芦，因此该点以吸附在岸边基岩上的螺类及水草中的米虾为优势，显示该点生态质量为中等。

（2）上游支流营盘溪溪流特征明显，河宽较窄，河岸分布有部分水生植被，其中底栖动物由腹足纲、昆虫纲种类组成，其中的放逸短沟蜷、扁蜉属均为清洁种类，显示该点生态质量好。

（3）红岭水利枢纽于2015年初下闸蓄水，随着水库运行，库岸逐渐形成明显的消落带，与牛路岭水库一样，脆弱的消落带不适合底栖动物的生长，仅发现虾类和寡毛类（单向蚓）。

（4）白马岭调查点位于干流合口水电站下游，下游青梯溪汇入，受电站发电影响，该点水位有明显变化，河滩地随水位涨落而出露或淹没，受此干扰较大，河滨带底栖动物数量较少，除部分软体动物（如河蚬、梨形环棱螺）外，优势种为摇蚊幼虫，显示该点生态质量差。

（5）中游支流青梯溪调查点为黏土河岸，底质为泥沙，底栖动物以软体动物为优势，其中河蚬、瘤拟黑螺是优势种类，显示生态质量为中等。

（6）加报调查点位于船埠水电站下游，该点以卵石为底质，两岸有泥沙淤积，缺少水草等水生植被，因此底栖动物以螺类为主，中国圆田螺、方格短沟蜷、瘤拟黑螺是其中的优势种类，两岸泥沙淤积水域摇蚊幼虫优势度较高，显示该点生态质量为中等。

7.4.3 下游干支流

（1）石壁河段分布有多处沙滩，同时也发现一些采砂活动，强烈的人为干扰导致该点底栖动物种类较少，优势种类为光滑狭口螺，显示其生态质量差。下游有多条支流汇入，其中文曲河、加浪河两条支流规模较小。

（2）文曲河调查点河床较窄，两岸植被覆盖较高，底质为砂质，因此底栖动物以软体动物为主，其中优势种类放逸短沟蜷为清洁指示种，显示该点生态质量好。

（3）加浪河与文曲河的生态环境较相似，底栖动物以瘤拟黑螺为优势，显示该点生态质量较好。

（4）塔洋河规模相对较大，底质为砂质，采样前受台风影响，采集到的底栖动物种类较少，以虾类和中华圆田螺为主。

（5）加积调查点位于加积镇城区段加积水电站下游，该点水流较缓，河床为砂质，其中底栖动物以湖股沼蛤占有绝对优势，显示该点生态质量为中等。

（6）汀州调查点位于万泉河河口，底栖动物具有明显的河口特征，半咸水种类占优势，如豆斧蛤、万目腮蚕、疣吻沙蚕等。

第8章

鱼 类 资 源

鱼类是水生生态系统食物网中的顶级群落，能通过下行效应影响水生态系统的结构和功能，同时也能通过上行效应直接或间接反映水生态系统的状态。

8.1 调 查 方 法

2016 年 6 月及 10 月，分别在万泉河进行了两次鱼类资源调查。调查过程中察看河流生境，选择水流速度较快、且便于放置刺网的河段采集鱼类。鱼类资源调查共设置采样站点 8 个，分别在万泉河下游干流设置加积、万泉镇、石壁镇 3 个采样点；支流塔洋河、加浪河各设置 1 个站点；牛路岭水库是万泉河最大的水库，在库尾设置 1 个采样点；万泉河上游的支流定安河及太平溪各设置 1 个采样点（表 8－1，图 8－1）。

表 8－1　　万泉河鱼类资源调查点位

站　点		位 置 坐 标
F1	太平溪	N18°53′55.15″E109°58′26.89″
F2	牛路岭水库库尾	N18°54′40.74″E110°02′09.26″
F3	石壁镇	N19°09′27.31″E110°18′01.04″
F4	万泉镇	N19°13′59.17″E110°24′28.78″
F5	加积	N19°14′51.13″E110°27′01.34″
F6	定安河	N19°06′52.46″E109°52′34.71″
F7	加浪河	N19°18′58.25″E110°26′38.33″
F8	塔洋河	N19°17′43.74″E110°29′25.03″

收集万泉河水系鱼类资源的历史资料及近年相关文献报道，并对收集到的资料进行分析整理。

在不同河段设置站点，通过渔获物统计对调查范围内的鱼类资源进行调查，掌握优势种类及偶见种类状况。另外采取市场调查和走访相结合的方法，了解调查江段鱼类资源，特别是珍稀特有鱼类状况。每个调查江段各个种类的标本用福尔马林固定保存 5～8 尾，

图 8-1　万泉河流域鱼类采样点

对每个种类用相机拍照存档。通过对标本的分类鉴定，资料的分析整理，编制出鱼类种类组成名录。

鱼类标本尽量现场鉴定，进行生物学基础数据测定，并取鳞片等作为鉴定年龄的材料。必要时检查性别，取性腺鉴别成熟度。部分标本用5%的甲醛溶液固定保存。现场解剖获取食性和性腺样品，食性样品用甲醛溶液固定，性腺样品用波恩氏液固定。

走访沿江居民和主要捕捞人员，了解不同季节鱼类主要集中地和鱼类种群组成，结合鱼类生物学特性和水文学特征，分析鱼类"三场"分布情况，并通过有经验的捕捞人员进行验证。

鱼类资源调查方法参照《水库渔业资源调查规范》（SL 167—2014）、《内陆水域渔业自然资源调查手册》。需说明的是，本次调查的采样工具主要为刺网和地笼，因此较小型的渔获物可能无法捕捉到。本调查未采用电鱼捕捞的调查方法，主要是因为虽然电捕采集的样品种类数量会远远超过其他的调查方式，但这种方式一方面存在较大的危险性，可能导致人员伤亡，另一方面还需要得到渔业部门的批准才可使用，否则属非法捕捞。

除现场调查外，本书还收集整理现有的前人所记录和报道的鱼类种类及分布等资料。万泉河鱼类资料主要有《海南岛淡水及河口鱼类志》（1986年，广东科技出版社）。另外，近年发表的文献"海南省森林溪流淡水鱼类地理分布研究"（2005年）、"海南岛淡水鱼：五彩斑斓的水中世界"（2012年）等仅作参考。

8.2 鱼类资源概况

8.2.1 鱼类区系

根据《海南岛淡水及河口鱼类志》(1986 年),万泉河分布有鱼类 75 种,分属于 5 目 20 科,其中鲤形目最多,共 4 科 51 种,占总数的 68% ;其次为鲈形目及鲇形目,分别有 8 科 11 种、5 科 6 种;鳉形目有 2 科 2 种,合鳃鱼目仅 1 科 1 种。在鲤形目中鲤科有 45 种,占总数的 88% ;鳅科有 4 种,占总数的 7.8%。

万泉河分布的 75 种鱼类中,外来种有尼罗罗非鱼及食蚊鱼。

万泉河与海南岛其他河流一样,其淡水鱼类的分布区系属于东洋区(Oriental Region)和华南亚区(South China Subregion)的海南岛分区(Hainan Province)。由五个区系复合体构成。

热带平原鱼类区系复合体:为原产于南岭以南的热带、亚热带平原区各水系的鱼类,包括鲤科的鲃亚科大部分属种〈墨头鱼属除外),雅罗鱼亚科的鲫鱼属、波鱼属、鳊亚科的细鳊属、华鳊属的个别种类、胡子鲶科、青鳉科、合鳃科、塘鳢科、鰕虎鱼科、攀鲈科、斗鱼科、鳢科、刺鳅科的鱼类共 55 种,约占纯淡水鱼类总数的 51.9%。

江河平原鱼类区系复合体:为第三纪由南热带迁入我国长江、黄河流域平原区,并逐渐演化为许多我国特有的地区性鱼类,包括鲤科的雅罗鱼亚科的大部分、鲴亚科、鲢亚科、鳑鲏亚科的大部分、鮈亚科的一部分、鲇科的鳜属鱼类共 31 种,占淡水鱼类的 29.2%。

中印山区鱼类区系复合体:为南方热带、亚热带山区急流生活的鱼类。包括鲃亚科的墨头鱼属、鳅科的条鳅属、平鳍鳅科、鮡科等。这些鱼类分布范围较狭,体具特化构造,能适应山区急流的环境,共 11 种,占淡水鱼类的 10.4 %

上第三纪鱼类区系复合体:为第三纪早期在北半球温热带地区形成,包括鲤科的鲤亚科、鮈亚科的麦穗鱼属、鳅科的泥鳅属、鲶科共 8 种,占淡水鱼类的 7.6%。

北方平原鱼类区系复合体:为北半球北部亚寒带平原地区形成的种类,本岛仅有鳅科的花鳅属 1 种,占淡水鱼类的 0.9%。

综上所述,万泉河淡水鱼类的起源具有明显的热带平原性质。以热带平原鱼类区系复合体的种类最多,江河平原鱼类区系复合体次之,其余的鱼类区系复合体种类较少,有的仅具代表种。

万泉河的鱼类种类与南渡江的比较接近,都分布的种类有青鱼、草鱼、鲢、鳙、鲤、马口鱼、海南华鳊、线细鳊、倒刺鲃、条纹刺鲃、纹唇鱼、鲫、中华花鳅、胡子鲶、青鳉、黄鳝、斑鳢、攀鲈、大刺鳅等。部分南渡江的种类未在万泉河中分布,如赤眼蹲、大鳞白鲢、斑鳠等;万泉河海河洄游的种类较少,调查暂未发现海河洄游种类,如鳗鲡及花鳗鲡。

万泉河的历史记录鱼类 75 种,其中有珠江水系及海南岛珍稀、特有种类 5 种:广东鲂、尖鳍鲤、倒刺鲃、异鱲、盆唇华鲮。

8.2.2 鱼类生态类群

（1）根据鱼类的栖息环境特点，将万泉河鱼类大致分为以下 6 个类群：

1）急流底栖类群。部分种类具特化的吸盘或类似吸盘的附着结构，适于附着在急流河底物体上生活，以附着藻类及有机碎屑等为食，也有少数头部不具特化的吸附结构但习惯于生活于激流的种类，以藻类有机碎屑或以小型鱼类及软体动物等为食。有唇䱻、倒刺鲃、海南纹胸鮡等。

2）缓流水类群。主要或完全生活在江河流水环境中，体长形，略侧扁，游泳能力强，适应于流水生活。它们或以水底砾石等物体表面附着藻类、有机碎屑或底栖无脊椎动物为食，有些主要以水草为食，有些主要以鱼虾类为食，有些为杂食性，是原河段种类最多的类群，也是主要标志性类群。有黄颡鱼、纹唇鱼等。

3）静水类群。适宜生活于静缓流水水体中，或以浮游动植物为食，或杂食，或动物性食性，部分种类须在流水环境下产漂流性卵或可归于流水性种类，该类群中有一定数量的外来种。这一类群种类有鳘、鲤、鲫、鲇等。

4）江海洄游性类群。有鳗鲡、花鳗鲡等。万泉河的历史记录中没有这两种洄游性鱼类，但从鳗鲡、花鳗鲡的分布情况来看，万泉河河口及中下游应该有分布。

5）河口鱼类。生活于河口咸淡水间的种类，有黄鳍鲷、鲻、眶棘双边鱼、孔鰕虎鱼等。

6）外来种。尼罗罗非鱼、泰国鲤、食蚊鱼等。

（2）按照食性，万泉河河段的淡水鱼类可以分为以下 3 个类群：

1）植食性。摄食植物性的食物，即以高等水生维管束植物或低等藻类为食。这类鱼类有倒刺鲃、草鱼等。

2）肉食性。以动物性食物为主，又可分为 3 个亚类型：①凶猛肉食性，通常以较大的活脊椎动物为食，其中主要是鱼类；②温和肉食性，主要以水中的无脊椎动物为食；③浮游动物食性，以浮游甲壳类，如桡足类、枝角类为主食。这类鱼类有红鳍鲌、斑鳢等。

3）杂食性。对动植物性食物都能取食的鱼类。这类鱼类有泥鳅、鳘、鲤、鲫等。

（3）参考《鱼类早期资源》（梁秩燊等，待出版），万泉河河段淡水鱼类的繁殖类型可以分为以下 7 类：

1）卵胎生鱼类，仅有食蚊鱼。

2）产浮性卵鱼类，有海南细齿塘鳢、大鳞细齿塘鳢、叉尾斗鱼等。

3）产漂流性卵鱼类，有草鱼、鲢、鳙等。

4）产黏沉性卵鱼类，有倒刺鲃、海南纹胸鮡等。

5）产黏性卵鱼类，有鲤、鲫等。

6）蚌内产卵鱼类，有高体鳑鲏等。

7）筑巢产卵鱼类，有黄颡鱼、斑鳢等。

8.3 鱼类资源调查结果

2016 年 6 月及 10 月，在万泉河 8 个站点累计调查 35 个船次（网次），1062 尾，总重量为57.2kg。共采集到鱼类42种。其中6月采集5站点，采集鱼类32种；10月采集7站点，采集鱼类36种。

从两次调查数据总体上分析，万泉河鱼类主要优势种为䱗、尼罗罗非鱼、鲤、鲫、红鳍鲌、鲮、南方拟䱗、广东鲂、尖鳍鲤、黄尾鲴、尖头塘鳢、纹唇鱼、唇䱻、罗非鱼、马口鱼等，四大家鱼（青鱼、草鱼、鲢、鳙）少见。5种珠江水系及海南岛珍稀、特有种类采集到3种（广东鲂、倒刺鲃、尖鳍鲤）。万泉河外来种入侵较为严重，入侵种类有5种：尼罗罗非鱼、莫桑比克罗非鱼、下口鲶（清道夫）、泰国鲤等，目前尼罗罗非鱼、清道夫在万泉河已经广泛分布，泰国鲤在下游支流加浪河分布较多。

下文的结果分析中将特别关注优势种、特有种类。万泉河鱼类历史记录及2016年采集情况见表8-2。

表8-2　　万泉河鱼类历史记录及2016年万泉镇采集情况

编号	种　类	历史记录	加积	万泉镇	石壁镇	牛路岭库尾	塔洋河	加浪河	定安河	太平溪
1	宽鳍鱲 *Zacco platypus*	√								
2	马口鱼 *Opsariichthys bidens*	√		√	√	√			√	√
3	拟细鲫 *Nicholsicypris normalis*	√								
4	头条波鱼 *Rasbora cephalotaenia steineri*	√		√						
5	海南异鱲 *Parazacco spilurus fasciatus*	√								
6	青鱼 *Mylopharyngodon piceus*	√	√							
7	草鱼 *Ctenopharyngodon idellus*	√	√							
8	赤眼鳟 *Squaliobarbus curriculus*									
9	红鳍鲌 *Culter erythropterus*	√	√	√						
10	海南红鲌 *Erythroculter recurviceps*									
11	蒙古红鲌 *Erythroculter mongolicus*									
12	广东鲂 *Megalobrama hoffmanni*	√	√							√
13	三角鲂 *Megalobrama terminalis*									
14	海南华鳊 *Sinibrama melrosei*	√	√							
15	䱗 *Hmiculter leucisxulus*	√	√		√	√	√	√	√	√
16	海南䱗 *Hainania serrata*	√								
17	鳊 *Parabramis pekinensis*	√								
18	南方拟䱗 *Pseudohemiculter dispar*	√					√	√	√	√
19	线细鳊 *Rasborinus lineatus*	√			√	√				
20	台细鳊 *Rasborinus formosae*	√								
21	海南似鱎 *Toxabramis houdemeri*	√								
22	黄尾鲴 *Xenocypris davidi*	√	√			√				
23	银鲴 *Xenocypris argentea*	√		√						
24	鳙 *Aristichthys nobilis*	√								
25	鲢 *Hypophthalmichthys molitrix*	√	√	√						
26	大鳞鲢 *Hypophthalmichthys harmandi*									
27	唇䱻 *Hemibarbus labeo*	√	√							

续表

编号	种　类	历史记录	加积	万泉镇	石壁镇	牛路岭库尾	塔洋河	加浪河	定安河	太平溪
28	麦穗鱼 *Pseudorasbora parva*									
29	海南黑鳍鳈 *Sarcocheilichthys nigripinnis hainan*	√								
30	点纹银鮈 *Gnathopogon argentatus*	√	√	√						
31	海南颌须鮈 *Gnathopogon minor*									
32	加积棒花鱼 *Abbottina kachekensisi*	√								
33	似鮈 *Pseudogobio vaillanti vaillanti*	√								
34	无斑蛇鮈 *Saurogobio immaculatus*		√		√					
35	高体鳑鲏 *Rhodeus ocellatus*	√	√	√	√		√	√	√	√
36	刺鳍鳑鲏 *Rhodeus spinalis*	√								
37	彩石鲋 *Pseudoperilampus lighti*									
38	海南石鲋 *Pseudoperilampus hainanensis*									
39	大鳍刺鳑鲏 *Acanthorhodeus macropterus*	√								
40	越南刺鳑鲏 *Acanthorhodeus tonkinensis*	√								
41	条纹二须鲃 *Capoeta semifasciolata*	√	√			√				
42	光倒刺鲃 *Spinibarbus caldwelli*	√								
43	倒刺鲃 *Spinibarbus denticulatus*	√				√				
44	厚唇鱼 *Acrossocheilus labiatus*	√								
45	虹彩光唇鱼 *Acrossocheilus iridescens*	√								
46	南方白甲鱼 *Varicorhirius gerlachi*									
47	盆唇华鲮 *Sinilabeo discognathoides*	√								
48	鲮 *Cirrhina moitorella*	√	√							
49	露斯塔野鲮 *Labeo rohita*									
50	纹唇鱼 *Osteoichilus salsburyi*	√	√		√	√	√	√	√	√
51	墨头鱼 *Garra pingi*	√	√			√				
52	东方墨头鱼 *Garra orientalis*	√								
53	细尾铲颌鱼 *Scaphesthes lepturus*	√								
54	海南瓣结鱼 *Tor brevifilis hainanensis*	√								√
55	鲤 *Cyprinus carpio*	√	√	√		√				
56	尖鳍鲤 *Cyprinus acutidorsalis*	√	√	√		√				
57	须鲫 *Carassioides cantonensis*	√								
58	鲫 *Carassius auratus*	√	√	√	√	√				√
59	海南鳅鮀 *Gobiobotia kolleri*									
60	美丽条鳅 *Nemacheilus pulcher*	√								
61	花带条鳅 *Schistura fasciolatus*	√								
62	中华花鳅 *Cobitis sinensis*	√	√							
63	泥鳅 *Misgurnus anguillicaudatus*	√	√							
64	广西华平鳅 *Pseudogastromyzon fangi*									
65	琼中拟平鳅 *Linigarhomaloptera disparis giongzhongensis*	√								

续表

编号	种　　类	历史记录	加积	万泉镇	石壁镇	牛路岭库尾	塔洋河	加浪河	定安河	太平溪
66	爬岩鳅 *Beaufortia leveretti*	√								
67	鲇 *Silurus asotus*	√				√				
68	越南鲇 *Silurus cochinchinensis*									
69	长臀鮠 *Cranoglanididae bouderiusbouderius*									
70	胡子鲇 *Clarias fuscus*	√	√		√					
71	革胡子鲇 *Clarias bariachus*									
72	细黄颡鱼 *Pelteobagrus virgatus*	√								
73	江黄颡鱼 *Pelteobagrus vachelli*		√							
74	中间黄颡鱼 *Pelteobagrus intermedius*	√								
75	斑鳠 *Mystus guttatus*									
76	长鳠 *Mystus elongatus*	√								
77	海南纹胸鮡 *Glyptothorax hainanensis*	√								
78	黄鳝 *Monopterus albus*				√					
79	大刺鳅 *Mastacembelus armatus*	√	√		√					
80	食蚊鱼 *Cambusia affinis*	√					√			
81	青鳉 *Oryzias latipes*	√					√	√		
82	石鳜 *Siniperca whiteheadi*									
83	高体鳜 *Siniperca robusta*									
84	尼罗罗非鱼 *Oreochromis niloticus niloticus*	√	√	√	√	√	√	√	√	√
85	尖头塘鳢 *Eleotris oxycephala*	√	√	√	√	√				
86	海南细齿塘鳢鱼 *philypnus chalmersi*	√								
87	大鳞细齿塘鳢鱼 *philypnus macrolepis*	√								
88	台湾沟鰕虎鱼 *Oxyurichthys formosanus*	√								
89	睛斑阿胡鰕虎鱼 *Awaous ocellatus*	√								
90	舌鰕虎鱼 *Glossogobius giuris*	√								
91	子陵吻鰕虎 *Rhinogobit giurinus*	√	√		√		√	√		√
92	攀鲈 *Anabas testudineus*	√	√							
93	歧尾斗鱼 *Macropodus opercularis*	√				√				
94	斑鳢 *Channa maculata*	√			√					
95	月鳢 *Channa asiatica*	√			√					
96	南鳢 *Channa gachua*	√								
97	日本鳗鲡 *Anguilla japonica*									
98	花鳗鲡 *Anguilla marmorata*									
99	七丝鲚 *Coilia grayii*									
100	泰国鲤 *Barbonymus schwanenfeldii*		√					√		
	小　　计	74	29	12	15	15	8	8	6	10

8.3.1 6月调查

8.3.1.1 加积河段

加积河段采集到鱼类17种（属）。鱼类采集工具为刺网及虾笼，样品数为217尾。从数量上看，主要种类是尼罗罗非鱼、唇䱻、红鳍鲌、蛇鮈、广东鲂、子陵吻虾虎鱼及纹唇鱼等。数量最多的是尼罗罗非鱼，占总数的33%（图8-2）。该河段采集到四大家鱼中的鲢，鲢体长范围为36.5～53cm。

8.3.1.2 万泉镇河段

万泉镇河段采集到鱼类6种（属）。鱼类采集工具为刺网，样品数为103尾。种类是尼罗罗非鱼、银鲴、鲤、尖鳍鲤、马口鱼及鲫。数量最多的是尼罗罗非鱼，占总数的43%（图8-3）。

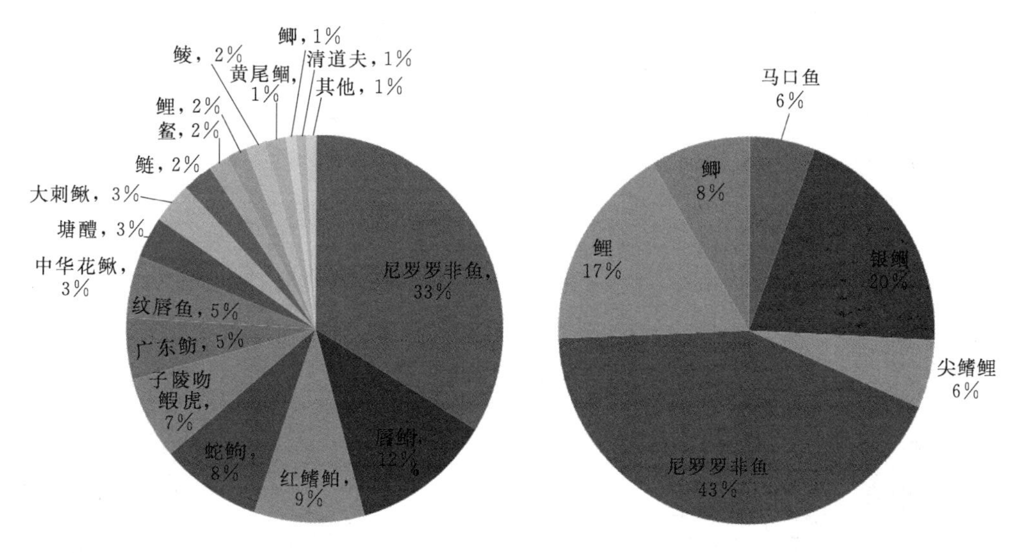

图8-2 加积河段鱼种类数量组成（6月）

图8-3 万泉镇河段鱼种类数量组成（6月）

8.3.1.3 石壁镇河段

石壁镇河段采集到鱼类8种（属）。鱼类采集工具为刺网，样品数为78尾。从数量上看，主要种类是餐、尖头塘鳢、尼罗罗非鱼及鲤等。餐是数量最多的种类，占总数的65%（图8-4）。

8.3.1.4 牛路岭水库库尾

该河段采集到鱼类14种。鱼类采集工具为刺网，样品数为263尾。从数量上看，主要种类是餐、马口鱼、墨头鱼、黄尾鲴、头条波鱼、鲇、鲤、尖鳍鲤等。餐是数量最多的种类，占总数的24%。该河段采集到特有鱼类倒刺鲃，倒刺鲃体长范围为13.0～14.5cm（图8-5）。

8.3.1.5 太平溪

太平溪采集到鱼类10种，鱼类采集工具为刺网，样品数为27尾。主要种类有子陵吻虾虎鱼、餐、尼罗罗非鱼、南方拟餐、马口鱼及高体鳑鲏等。子陵吻虾虎鱼是数量最多的种类，占总数的28%（图8-6）。

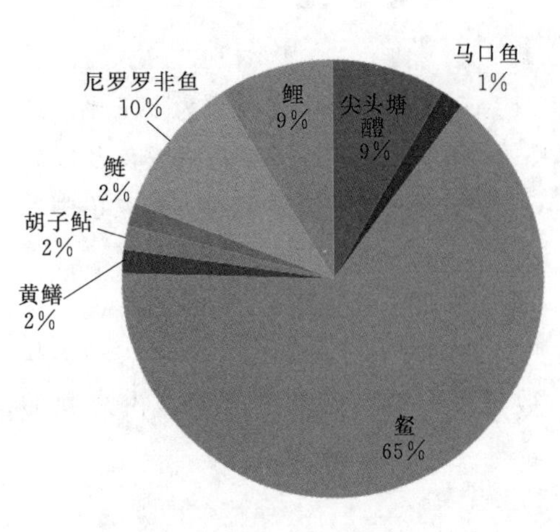

图 8-4 石壁镇河段鱼种类数量组成（6月）

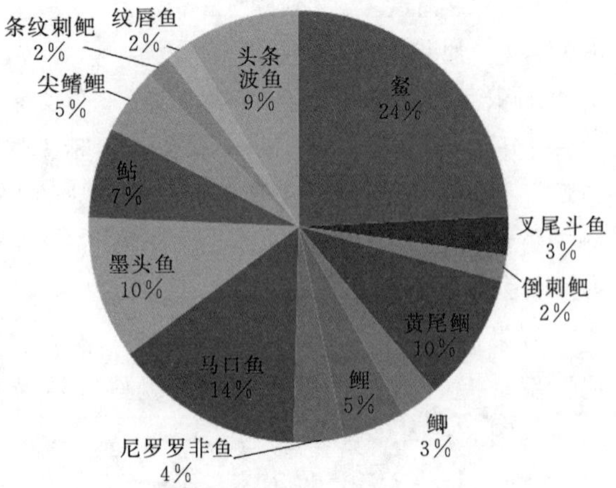

图 8-5 牛路岭水库库尾鱼种类数量组成（6月）

8.3.2 10月调查

8.3.2.1 加积河段

加积河段采集到鱼类23种（属）。鱼类采集工具为刺网及虾笼，样品数为160尾。从数量上看，主要种类有红鳍鲌、唇䱻、尼罗罗非鱼、鲮、泥鳅、黄尾鲴及广东鲂等。数量最多的种类是红鳍鲌，占总数的14%（图 8-7）。

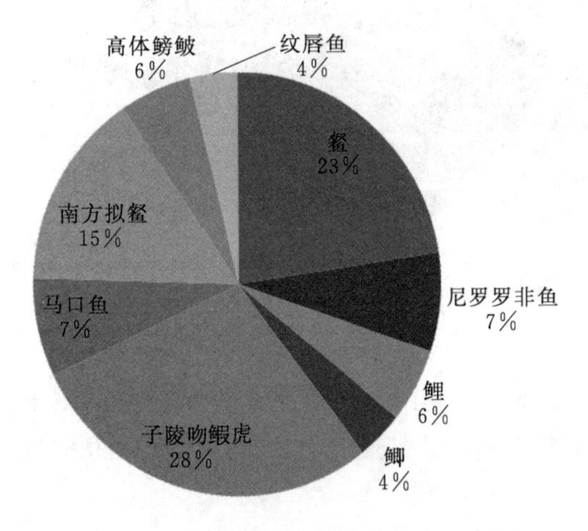

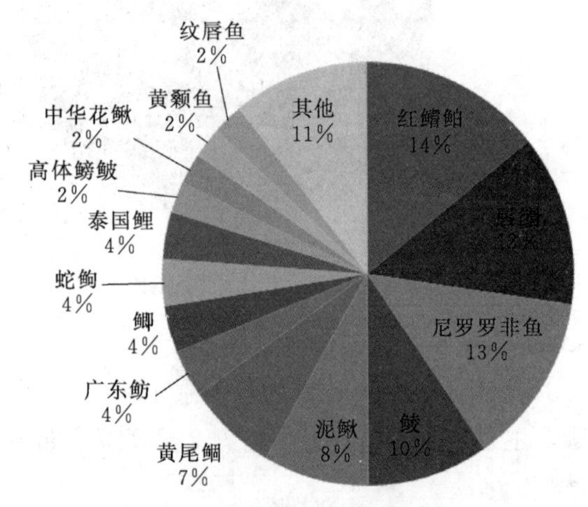

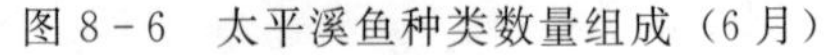

图 8-6 太平溪鱼种类数量组成（6月）

图 8-7 加积河段鱼种类数量组成（10月）

8.3.2.2 万泉镇河段

万泉镇河段采集到鱼类11种（属）。鱼类采集工具为刺网，样品数为53尾。从数量上看，主要种类有尖头塘鳢、尼罗罗非鱼、纹唇鱼及红鳍鲌等。数量最多的种类是尖头塘鳢，占总数的37%（图 8-8）。

8.3.2.3 石壁镇河段

石壁镇河段采集到鱼类种类10种（属）。鱼类采集工具为刺网，样品数为56尾。从数量上看，主要种类是马口鱼、鳘、高体鳑鲏、尖头塘鳢及蛇鮈等。数量最多的种类是马口鱼，占总数的69%（图 8-9）。

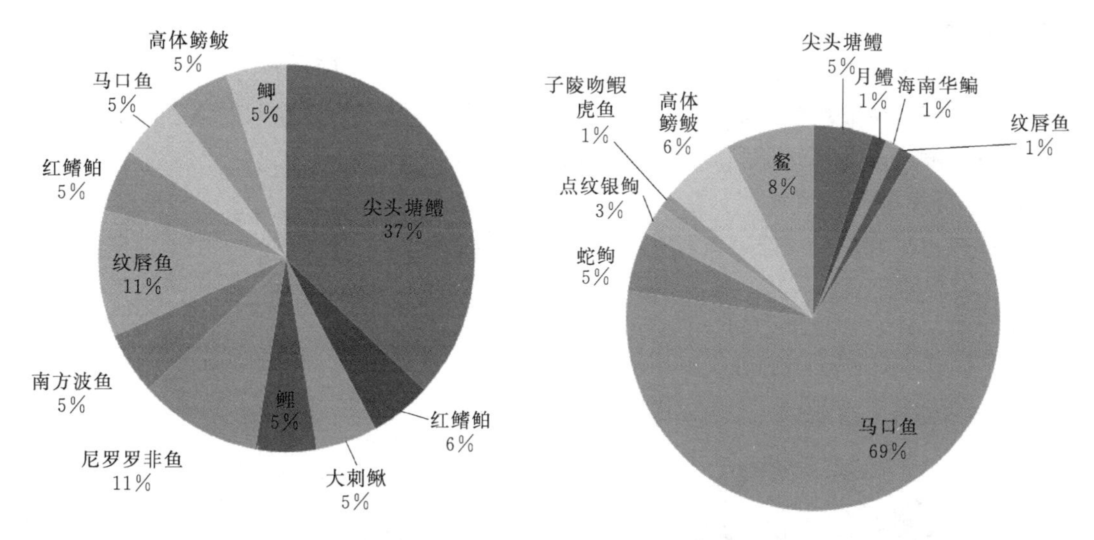

图 8-8　万泉镇河段鱼种类数量组成（10 月）　　图 8-9　石壁镇河段鱼种类数量组成（10 月）

8.3.2.4　牛路岭水库库尾

该河段采集到鱼类种类 11 种。鱼类采集工具为刺网，样品数为 43 尾。从数量上看，主要渔获物种类是纹唇鱼、尖鳍鲤、南方拟鳌及高体鳑鲏等。数量最多的种类是纹唇鱼，占总数的 28%（图 8-10）。

8.3.2.5　定安河

定安河采集到鱼类 6 种，鱼类采集工具为刺网，样品数为 23 尾。种类为南方拟鳌、鳌、纹唇鱼、尼罗罗非鱼、马口鱼及高体鳑鲏。数量最多的种类是南方拟鳌，占总数的 29%（图 8-11）。

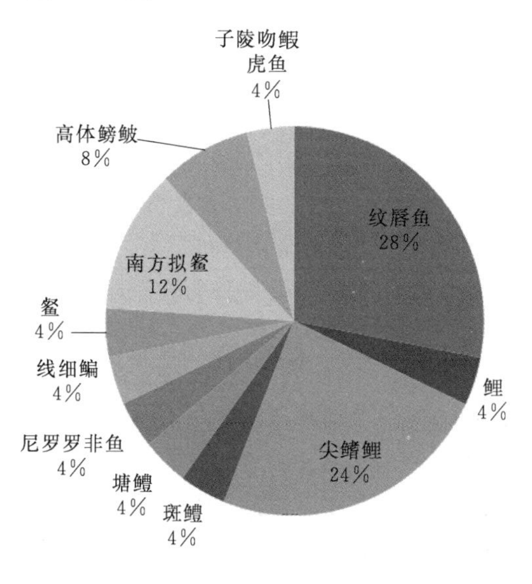

图 8-10　牛路岭水库库尾鱼种类数量组成（10 月）

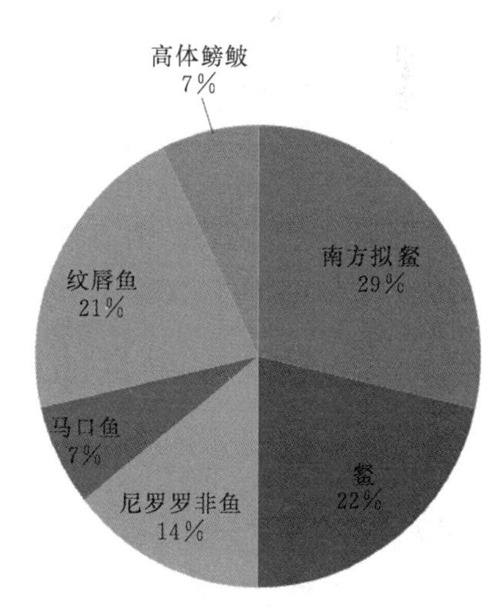

图 8-11　定安河鱼种类数量组成（10 月）

8.3.2.6 加浪河

加浪河采集到鱼类 8 种，鱼类采集工具为刺网及手抄网，样品数为 24 尾。刺网种类有泰国鲤、南方拟䱗、䱗、高体鳑鲏、纹唇鱼、尼罗罗非鱼及子陵吻鰕虎鱼。数量最多的种类是泰国鲤，占总数的 44%。通过手抄网采集到青鳉（图 8-12）。

8.3.2.7 塔洋河

塔洋河采集到鱼类 8 种，鱼类采集工具为刺网及手抄网，样品数为 15 尾。种类分别为䱗、尼罗罗非鱼、纹唇鱼、南方拟䱗、高体鳑鲏、青鳉、食蚊鱼及子陵吻鰕虎鱼。数量最多的种类是䱗，占总数的 26%。通过手抄网采集到青鳉，不计入数量统计（图 8-13）。

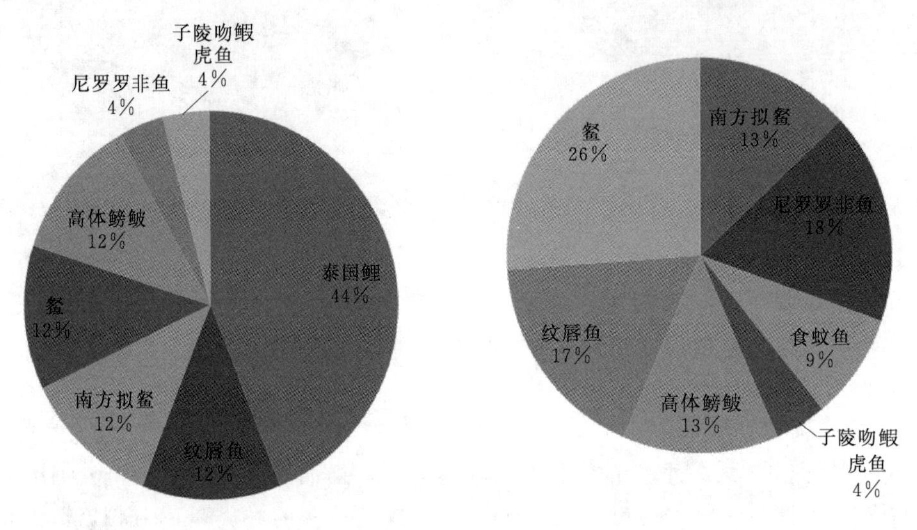

图 8-12 加浪河鱼种类数量组成（10 月）　　图 8-13 塔洋河鱼种类数量组成（10 月）

8.3.3 两次调查结果比较

6 月及 10 月的调查确定了万泉河的优势种类有䱗、尼罗罗非鱼、鲤、鲫、红鳍鲌、鲮、南方拟䱗、广东鲂、尖鳍鲤、黄尾鲴、尖头塘鳢、纹唇鱼、唇䱻、罗非鱼、马口鱼等，四大家鱼（青鱼、草鱼、鲢、鳙）少见。10 月份的调查中，新增的种类有 7 种：攀鲈、月鳢、青鳉、线细鳊、泰国鲤、南方拟䱗、黄颡鱼。这说明了鱼类在不同的季节空间分布发生变化，随着调查次数的增加，调查到的种类数量会略微增加。

10 月与 6 月调查站点相比较，相同的仅 4 个，分别是加积、万泉镇、石壁镇及牛路岭库尾。这几个站点是万泉河的干流重要河段，所以每次都作为监测站点。加积河段中，尼罗罗非鱼、红鳍鲌、唇䱻、广东鲂及蛇鮈都是优势种类，10 月与 6 月相比鲮、黄尾鲴的数量增加，但纹唇鱼的数量略为下降，总体上看，加积河段鱼类种类结构变化不大。其他 3 个站点鱼类的种类结构变化比较大，优势种都有所差异，体现了显著的季节差异，见表 8-3。

10 月的调查，加大了对支流鱼类资源状况的关注。在支流新增种类有青鳉及泰国鲤。青鳉是水质的一个指示种，加浪河及塔洋河有青鳉的分布说明了其水质质量比较好。另外发现加浪河分布有泰国鲤优势种群。经对当地居民的访问调查，得知泰国鲤是人为放流的。泰国鲤是外来种，不应该作为人工放流对象，其对支流土著鱼类的影响值得进一步关注。

表 8-3　　6 月及 10 月主要鱼类种类比例变化（前 20 种）

6 月		10 月	
种　类	数量比例	种　类	数量比例
尼罗罗非鱼	0.185984	马口鱼	0.185366
鳘	0.180593	纹唇鱼	0.073171
尖头塘鳢	0.078167	红鳍鲌	0.068293
红鳍鲌	0.051213	鳘	0.058537
马口鱼	0.048518	泰国鲤	0.058537
唇䱻	0.037736	尖头塘鳢	0.058537
广东鲂	0.03504	唇䱻	0.053659
黄尾鲴	0.03504	高体鳑鲏	0.043902
鲤	0.03504	鲮	0.039024
墨头鱼	0.032345	尖鳍鲤	0.034146
纹唇鱼	0.032345	泥鳅	0.034146
蛇鮈	0.026954	蛇鮈	0.034146
头条波鱼	0.024259	黄尾鲴	0.029268
子陵吻鰕虎鱼	0.024259	尼罗罗非鱼	0.058537
鲮	0.021563	鲫	0.019512
鲫	0.018868	广东鲂	0.014634
鲇	0.018868	鲤	0.014634
尖鳍鲤	0.018868	南方拟鳘	0.014634
中华花鳅	0.018868	点纹银鮈	0.009756
银鲴	0.018868	中华花鳅	0.009756

8.4　珍稀及特有鱼类状况

根据资料记录，万泉河未分布有万泉河特有或者海南特有的鱼类。从地理分布上看，万泉河与珠江的鱼类种类上非常接近，分布有珍稀及华南水系（珠江水系、红河水系、海南岛水系）特有鱼类种类 5 种：尖鳍鲤、广东鲂、倒刺鲃、盆唇华鲮、异鱲，这些种类除在万泉河中分布外，在珠江水系中也有分布。

目前尖鳍鲤、广东鲂仍是优势种类，尖鳍鲤在上游及琼海河段分布较多，广东鲂在琼海河段分布较多。倒刺鲃目前在万泉河非常少见，仅仅在上游有采集到。盆唇华鲮、海南异鱲目前在中下游河段已经难以发现。

以下是 5 种珍稀、特有鱼类的资料。

8.4.1　倒刺鲃

倒刺鲃（*Spinibarbus denticulatus*）是我国南方的特有种类，但目前在珠江水系、海南岛各大河流都非常少见，其资源处于高度衰退状况。

倒刺鲃体稍侧扁，头较小，略尖，口亚下位。有两对须，颌须长大于眼径，吻须稍短。背鳍硬刺粗壮，具弱锯齿，起点在腹鳍起点的后上方。向前有一埋于皮内的平卧倒刺，如图 8-14 所示。属于中下层鱼类，常栖于江河上游，尤喜居深水潭。食植物碎片和丝状藻类，4—6 月产卵。常见个体 1kg 左右，最大 15kg，个体大，生长快，肉味佳，为南方山区重要经济鱼类。

倒刺鲃是底栖性鱼类，性活泼，喜欢成群栖息于底层多为乱石的环境。冬季，倒刺鲃在干流和支流的深坑岩穴中越冬，春季水位上涨后，则到支流中繁殖、生长；渔民称这种现象为“七上八下”，即农历七月以前是由干流进入支流的时期，八月以后是由支流退到干流的时期。3 龄性成熟，亲鱼于 4—6 月水位上涨时，即到水大而湍急的江河段产卵，卵随水漂浮孵化。它是以水生高等植物为主要食物的杂食性鱼类；丝状藻类、昆虫幼虫、淡水壳菜等均为其摄食对象，幼鱼则以甲壳动物为食。一年之中以 3 月、4 月和 9 月摄食强度最大，一般肠管充塞度为 4～5 级，生殖季节也继续摄食，但摄食强度减弱。

8.4.2 尖鳍鲤

尖鳍鲤（*Cyprinus acutidorsalis*）俗名海鲤，是鲤科鱼类中长期生活在我国南海少数河口咸淡水水域中的特有种类，分布于海南岛各水系及广西钦江的下游。体背部青灰，腹部银白色。大部分鳍条呈青灰色。与鲤鱼的体色和体形有较为显著的区别。它体极高，背部显著隆起，而后急剧下斜，头短，口端位，有两对须，吻须甚短。背、臀鳍具带锯齿的强刺，背鳍外缘明显内凹，起点位置后于腹鳍基部；胸鳍末端不达腹鳍。尾柄长高相等。2—3 月产卵，黏附于水草上孵化。常见体重 0.5kg，如图 8-15 所示。

图 8-14 倒刺鲃

图 8-15 尖鳍鲤

8.4.3 广东鲂

广东鲂（*Megalobrama hoffmanni*）属鲤形目、鲤科、鲂属。俗名花扁、真扁鱼、河鳊。曾广泛分布于珠江水系及海南岛，但目前在海南岛仅在万泉河有分布，南渡江水系已经难以发现，如图 8-16 所示。

图 8-16 广东鲂

繁殖习性：广东鲂雌鱼 3 龄达到性成熟，属一年多次产卵鱼类、产卵期为 4—8 月，以 5—6 月为盛期。产黏性卵，卵黏附在沙砾及坚硬物体上。雌亲鱼的怀卵量随个体大小和年龄增大而增加。平均怀卵量为 82～106 粒/g 体重，500～600g 体重雌鱼怀卵量为 3 万～3.6 万粒。产卵时水温要求 20℃以上，水较清，透明度 50cm 以上。有聚群产卵习性。

洄游特性：生殖洄游。

食性：广东鲂为杂食性。成鱼主要摄食河蚬等软体动物，兼食高等水生植物。

8.4.4 盆唇华鲮

盆唇华鲮（*Sinilabeo discognathoides*）属鲤形目。鲤科，野鲮亚科，华鲮属。盆唇华鲮喜生活在水流较急的清澈、多岩石的江河深水处或山涧溪流中，营底栖生活，以着生藻类和有机物碎屑为食。个体较大，常见个体为2～3kg，最大可达5kg以上，曾经是北江的经济鱼类。肉味鲜美，不亚于青鱼，经济价值较高，如图8-17所示。

8.4.5 异鱲

异鱲（*Parazacco spilurus*）体侧扁，腹部较窄，腹鳍甚至肛门腹棱明显。口上位，下颌前端有显著突起，与上颌凹陷嵌合，无须。侧线完全，前部明显下弯。背鳍稍后；臀鳍长，最长鳍条超过尾鳍基部，分枝鳍条11～12根。体侧具不规则的垂直条纹，尾基具一深黑斑点。头小，吻尖。口裂向下倾斜，下颌前端有显著的钩状突起与上颌凹陷相吻合，上下颌侧缘略呈波状相嵌衔。无须，眼较大，侧线鳞44～46片，侧线在胸鳍上方显著下弯，入尾柄后回升到体侧中部。背鳍短，无硬刺，起点在腹鳍起点之后；臀鳍发达，最长鳍条可伸达尾鳍基部。体背灰褐色，腹部白色，体侧带棕红，具不规则垂直斑纹。头腹面红色，尾基具一黑圆斑。异鱲是小型凶猛鱼类，食小鱼、虾，如图8-18所示。

异鱲在《中国濒危动物红皮书》（1998年）被列为易危种。

图8-17 盆唇华鲮

图8-18 异鱲

8.5 鱼类生物多样性

与南渡江相比，万泉河水域的鱼类种类比较单一，且越往上游，鱼类种类越少。而在支流溪流的种类更是稀少。生物多样性指数方面，万泉河总体偏低。加积江段的鱼类Shannon－Wiener多样性指数及Simpson多样性指数都比较高。而在牛路岭库尾6月的调查中生物多样性指数也比较高，其原因可能是鱼类存在季节分布变化，见表8-4。

表8-4 万泉河各江段鱼类生物多样性指数

月份	站点	种类数/种	Shannon-Wiener多样性指数	Simpson多样性指数	均匀度指数
6	加积	17	2.66	0.90	0.85
	万泉镇	6	1.82	0.80	0.87
	石壁镇	8	0.65	0.30	0.41
	牛路岭库尾	14	2.34	0.88	0.89
	太平溪	10	1.72	0.79	0.88

续表

月份	站点	种类数/种	Shannon-Wiener 多样性指数	Simpson 多样性指数	均匀度指数
10	加积	23	2.56	0.90	0.87
	万泉镇	11	1.75	0.76	0.84
	石壁镇	10	1.92	0.76	0.75
	牛路岭库尾	11	0.90	0.56	0.82
	定安河	6	1.54	0.77	0.95
	加浪河	8	1.87	0.81	0.90
	塔洋河	8	1.65	0.78	0.92

8.6 重要鱼类生态习性

万泉河分布的重要鱼类除了5种珍稀、特有的种类外，还有鲢、鳙、草鱼、鲮、大鳍鳠及青鳉等。鲢、鳙及草鱼是四大家鱼的种类，不仅是我国内陆河流中的重要经济种，还对河流生态起着重要作用。万泉河主要鱼类的生态习性见表8-5。

表8-5　万泉河主要鱼类的生态习性

种类	生态习性			
	生态位	产卵	食性	环境要求
马口鱼	中、下层鱼类	黏沉性	杂食性偏肉食	流水、溪流
纹唇鱼	中、下层鱼类	黏沉性	杂食性	流水
红鳍鲌	中、上层鱼类	黏性	肉食性	不严
餐	上层鱼类	黏性	杂食性	不严
尖头塘鳢	下层鱼类	黏性	肉食性	不严
唇䱻	下层鱼类	黏沉性	底栖动物及有机碎屑	流水
广东鲂	下层鱼类	黏沉性	杂食性	栖息地不严，产卵流水
黄尾鲴	中、下层鱼类	半黏性	摄食植物碎屑、腐殖质和底层着生的藻类	流水
鲇	底层鱼类	卵黏性	肉食性	不严
鲮	中、下层鱼类	漂浮性	底栖动物及有机碎屑	水质清爽
尖鳍鲤	中、下层鱼类	卵黏性	杂食性	水质清爽
大刺鳅	底层鱼类	卵黏性	杂食性	不严
鲢	中、上层鱼类	漂浮性	浮游植物	流水刺激
鳙	中、上层鱼类	漂浮性	浮游动物	流水刺激
草鱼	中、下层鱼类	漂浮性	草食性	流水刺激
鲤	底层鱼类	卵黏性	杂食性	不严
鲫	底层鱼类	卵黏性	杂食性	不严
墨头鱼	中、下层鱼类	卵黏性	着生藻类、植物碎屑以及有机物	流水

8.6.1 鲢

鲢（*Hypophthalmichthys molitrix*）属鲤形目、鲤科、鲢属。俗称鲢子，白鲢。

繁殖习性：鲢的性成熟年龄较草鱼早1～2年。成熟个体也较小，一般为3kg以上（4龄）的雌鱼便可达到成熟（图8-19）。在江河中性成熟的鲢，通常溯流而上到上游江段狭小、水流较急的地方产卵受精。亦可在人工条件下产卵孵化成鱼。5kg左右的雌鱼怀卵量20万～25万粒，卵漂浮性。4—6月为产卵期，产漂流性鱼卵。人工养殖须催情产卵。

洄游特性：半洄游。

食性：鲢是典型的滤食性鱼类，在鱼苗阶段主要以浮游动物为饵，长达1.5cm以上的幼鱼和成鱼则逐渐转为吃浮游植物，如多种藻类。

8.6.2 鳙

鳙（*Aristichthys nobilis*）属鲤形目、鲤科、鳙属。鳙又名大头鱼、花鲢、黄鲢（图8-20）。

图8-19 鲢

图8-20 鳙

繁殖习性：鳙性成熟年龄一般为5龄，怀卵量可达100万粒。性成熟个体体重较大，部分地区的鳙达10kg以上。5—7月为产卵期。多数雌鱼溯江而上，到激流处产卵受精。催产季节多在5月初至6月中旬。

洄游特性：半洄游。

食性：滤食性鱼类，从鱼苗开始，幼鱼、成鱼都以轮虫、枝角类、桡足类等浮游动物为主要饵料，也吃部分浮游植物。

8.6.3 草鱼

草鱼（*Ctenopharyngodon idellus*）属鲤形目、鲤科、草鱼属。俗称鲩、油鲩、草鲩、白鲩等（图8-21）。

图8-21 草鱼

繁殖习性：在珠江草鱼首次成熟的年龄为3龄。雌鱼怀卵量通常为40万～60万粒。4—6月为产卵期。草鱼的繁殖季节从4月开始，一般在4—6月，7月后则显著减少。产漂流性卵。

洄游特性：半洄游。

食性：草鱼是较典型的草食性鱼类。体长6cm以下的鱼苗主要吃浮游动物和藻类，生长至6cm以上时，其食性就明显地转向吃食各种水生植物，也喜吃各种陆生嫩草（如各种牧草）和米糠、麸皮、豆饼、豆渣和酒糟等。草鱼采食量较大，日采食量通常为体重的60%～70%。

8.6.4 鲮

鲮（*Cirrhinus molitorella*）属鲤形目、鲤科、鲮属。俗称鲮、鲮鱼、土鲮鱼、鲮公、花鲮等。鲮抗寒性差，水温需7℃以上，主要分布在珠江水系、海南岛、台湾、闽江、澜沧江和元江（图8-22）。

图8-22 鲮

繁殖习性：3龄性成熟，绝对怀卵量为25520～314492粒。江河中成熟的亲鱼，在洪水期成批来到一定的江段，发情、追逐、产卵，并发出“咕咕”的求偶响声，有集群产卵的习性，产漂流性卵。鲮的繁殖期为4月下旬至7月上旬，5月初至6月中旬为盛期。据报道，其产卵场在浔江、黔江及郁江的武鸣等地。在西江的广东境内目前没有发现其产卵场。

洄游特性：半洄游。

食性：鲮以着生藻类为主要食料，常以其下颌的角质边缘在水底岩石等物体上刮取食物，亦食一些浮游动物和高等植物的碎屑和水底腐殖物质。

8.6.5 大鳍鳠

大鳍鳠（*Mystus macropterus*）属鲶形目，鲿科，鳠属。俗称江鼠、石板头、石扁头、岩扁头、石胡子、牛尾巴、罐巴子。英文名：Largefin longbarbel catfish。

大鳍鳠体延长，背鳍前平扁，尾部侧扁。头宽且平扁，口宽阔，亚下位，呈弧形。上颌略长于下颌，上、下颌均具绒毛状齿带。前后鼻孔分离，后鼻孔有鼻须。须4对，稍扁而长：鼻须末端达于眼；上颌须最长，末端超过胸鳍末端；颐须较短，外侧颐须长于内侧颐须，外侧1对末端可达或超过胸鳍基起点，内侧1对约与鼻须等长。眼小，眼间隔宽且平。鳃孔宽阔，鳃膜不与峡部相连。肩骨显著突出于胸鳍之上。在生长过程中，体后半部增长较快。背鳍起点约在体前1/3处，硬刺短而光滑，末端柔软。胸鳍具粗壮硬刺，后缘锯齿发达，前缘则锯齿细小。腹鳍距臀鳍远。脂鳍特别长而低，后缘不游离，略斜或截形，与尾鳍相连。尾鳍分叉，上叶略长。体裸露无鳞，侧线平直。体呈灰黑色，背部色深，腹部色浅，体或有散在的细小斑点。背鳍、臀鳍、尾鳍灰白色，其边缘灰黑色（图8-23）。

图8-23 大鳍鳠

大鳍鳠为底栖性鱼类，多栖息于水流较急、底质多石砾的江河干、支流中，喜集群。夜间觅食，以底栖动物为主食，如螺、蚌、水生昆虫及其幼虫、小虾、小鱼等，偶尔也食高等植物碎屑及藻类。于6—7月在流水滩产卵，卵黏附在岩石上进行发育。

它分布于长江至珠江各水系，以江河中上游出产较多，为常见的食用鱼之一。一般个体重0.5kg左右，最大个体可达5kg。肉质细嫩，味亦鲜美，有一定经济价值。

8.6.6 青鳉

青鳉（*Oryzias latipes*）属鳉形目颌鳉亚目、鳉科鳉属的一种。为小型上层淡水鱼类，体长 20～26mm，体形侧扁，背部平直，腹缘略呈圆弧状。下颌稍长于上颌。头部及身体被圆鳞，纵列鳞 27～30 片。体侧扁，背部平直。头略平扁，被鳞。眼大，口上位，横裂，无侧线。背、腹鳍均小。背鳍位于体后部，几乎与臀鳍相对。尾鳍近截形。背鳍 6 条，位很后；臀鳍 16～19 条。尾鳍截形。体背侧淡灰色，体侧及腹面银白色，臀鳍及尾鳍散布黑色小斑点，其他各鳍淡色（图 8－24）。分布于中国东部、朝鲜西部及日本本州；从中国辽河到海南省，西到关中及四川均有分布。

青鳉常成群地栖息于静水或缓流水的表层。在稻田及池塘、沟渠中常见。以昆虫幼虫、小软体动物为食。产卵期为 4 月下旬到 7 月中旬。分批产卵。体长在 17mm 左右的个体怀卵量为 180～250 粒。一次可产 6～30 粒。卵具油球，卵径约 0.9mm，吸水后膜径 1.1mm。卵膜上具有长、短两类丝状物，短丝数目多，均匀地分布在整个卵膜上；长丝 20 余根，集中一处，形成一束。产卵时，长丝不完全产出，一头附在卵巢膜上，另一头仍固着在卵膜上。这样，产出的卵不会脱离母体而落入水中，使卵悬挂在母体生殖孔的后面。受精后，卵就戴在母体上发育。水温 21℃时，12.5 天即可孵化。青鳉为我国本土原生鱼，随着近些年来外来物种——食蚊鱼在国内野外环境中大量繁殖，青鳉的生存受到了严峻的挑战。

图 8－24 青鳉

青鳉耐受温度和盐分的范围较广，食性较杂，极易饲养管理。在我国华北、华东及华南各地均有广泛的分布。因为其清楚的遗传背景及易获得性，近年来被广泛用作水生毒理学的实验材料。

青鳉喜欢栖息在水质清澈的水体中，对水质、环境变化特别敏感，可作为河流水质的指示生物。

第9章

水生态健康评估方案

万泉河水生态健康评估的总体目标就是要了解万泉河的水生态状况，进而了解导致万泉河健康出现问题的原因，掌握万泉河水生态健康变化规律。在《河流健康评估指标、标准与方法（试点工作）》（以下简称《河流方法》）《中国湖泊健康评价指标、标准与方法》（以下简称《湖泊方法》）的基础上，根据河流特点，确定万泉河水生态健康评估方案。

9.1 评 估 方 案

9.1.1 评估指标选择原则

（1）科学认知原则。基于现有的科学认知，可以基本判断其变化驱动成因的评估指标。

（2）数据获得原则。评估数据可以在现有监测统计成果基础上进行收集整理，或采用合理（时间和经费）的补充监测手段可以获取的指标。

（3）评估标准原则。基于现有成熟或易于接受的方法，可以制定具有相对严谨的评估标准的评估指标。

（4）相对独立原则。选择的评估指标内涵不存在明显的重复。

9.1.2 河流分段方案

根据河流水文特征、河床及河滨带形态、水质状况、生物群落特征以及流域经济社会发展特征的相同性和差异性将评估河流分为若干评估河段。

万泉河源头分为北源和南源，其中南源为主干流。南北两源处于海南岛中部的热带雨林区，森林覆盖率较高；万泉河两源各分布有一个大型水利工程，牛路岭水库和红岭水利枢纽。万泉河中下游属河口平原区，流经琼海市，经博鳌镇流入南海。

根据万泉河的流域特点，设置“南源＋北源＋中下游/牛路岭水库＋红岭水利枢纽”，即“三河两库”共五个评价单元，如图 9－1 所示。

9.1.3 评估指标选择

根据《河流方法》《湖泊方法》，结合万泉河流域特点，选择水生态健康评估指标（表 9－1）。万泉河水生态健康评估指标体系包括水文水资源、河流形态、水质状况、生物群落、社会服务功能 5 个健康要素，见表 9－1、图 9－2。

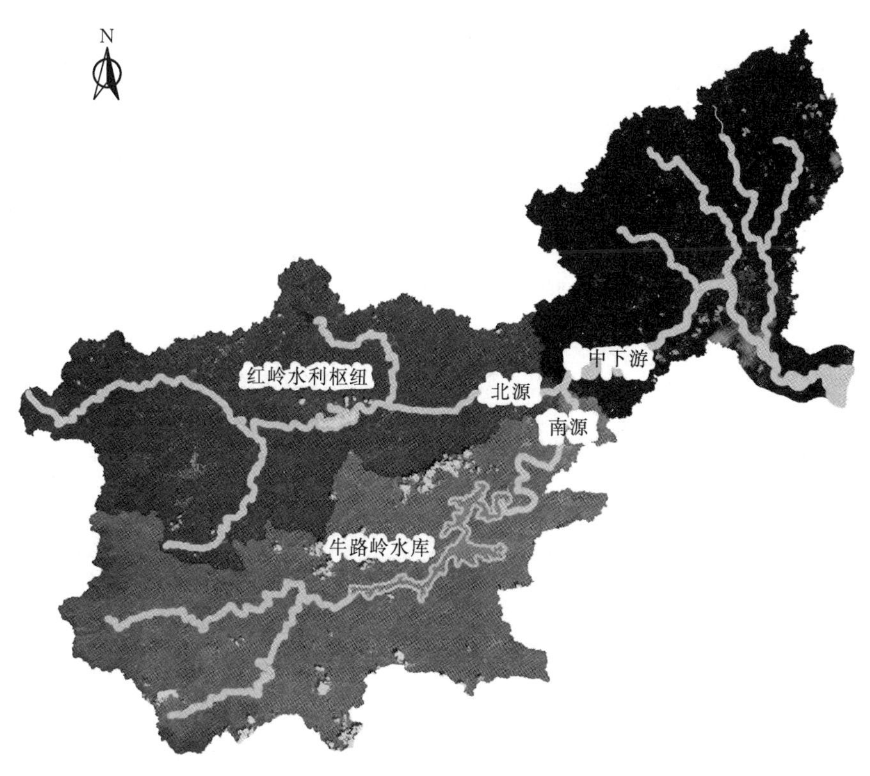

图9-1 万泉河分段评估方案示意图

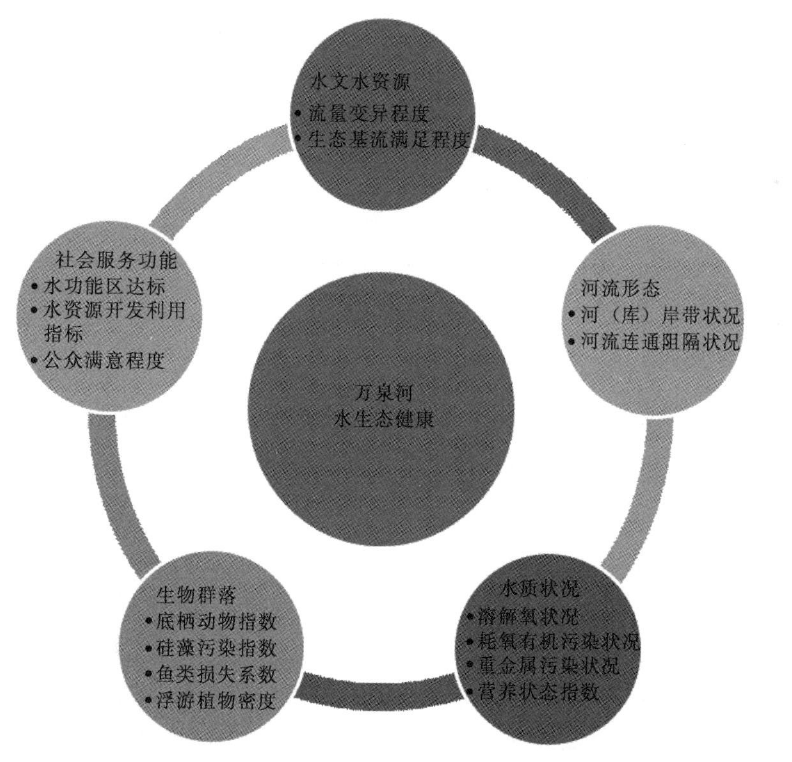

图9-2 万泉河水生态健康评估指标组成图

表 9-1　　万泉河健康评估指标体系

	健康要素	序号	评估指标	流域指标	河段指标	水库指标	指标意义
万泉河健康评估指标	水文水资源（HR）	1	流量变异程度		√		评估河段评估年内实测月径流过程与天然月径流过程的差异
		2	生态流量满足程度	√			指为维持河流生态系统的不同程度生态系统结构、功能而必须维持的流量过程
	河流形态（RM）	3	河（湖）岸带状况		√	√	评价河岸带的稳定性、植物覆盖度、人工干扰等多个要素
		4	河流纵向连通性	√			评价河流对鱼类等生物物种迁徙及水流与营养物质传递阻断状况
	水质状况（WQ）	5	溶解氧状况		√	√	评价河流溶解氧浓度水平
		6	耗氧污染物状况		√	√	评价河流耗氧污染物浓度水平
		7	重金属污染状况		√		评价河流受重金属污染状况
		8	营养状态指数			√	评价湖库富营养化状况
	生物群落（BC）	9	底栖动物指数		√	√	以底栖动物群落结果评价河流生态状况
		10	硅藻污染指数		√		计算硅藻污染指数评价河流生态状况
		11	鱼类损失系数	√			调查评价河段鱼类种类变化状况
		12	浮游植物密度			√	水库的专用调查评价指标，评价湖库营养状态
	社会服务功能（SF）	13	水功能区达标		√		评估河流水质状况与水体规定功能的适宜性
		14	水资源开发利用	√			评价河流水资源开发程度是否在安全范围内
		15	防洪指标		√		评价河段防洪达标建设情况
		16	公众满意程度		√	√	反映公众对评估河流景观、美学价值等的满意程度

9.1.4　指标说明

9.1.4.1　水文水资源（HR）

水文水资源采用流量变异程度（FD）和生态基流满足程度（EF）两个指标进行评价。

水文水资源得分采用分类权重法计算各指标的评估分值，具体如下：

$$HR_r = FD_r \times FD_w + EF_r \times EF_w$$

式中　HR_r——水文水资源得分；

FD_r——流量变异程度得分；

FD_w——流量变异程度权重；

EF_r——生态基流满足程度得分；

EF_w——生态基流满足程度权重。

两个指标权重由9.1.5节确定。本书涉及的公式中，除特别说明外，指标下标“r”

表示该指标得分，下标“w”表示该指标的计算权重，下同。

9.1.4.1.1 流量变异程度（FD）

流量过程变异程度指现状开发状态下，评估河段评估年内实测月径流过程与天然月径流过程的差异。反映评估河段监测站点以上流域水资源开发利用对评估河段河流水文情势的影响程度。

流量过程变异程度由评估年逐月实测径流量与天然月径流量的平均偏离程度表达。计算公式如下：

$$FD=\left[\sum_{m=1}^{12}\left(\frac{q_m-Q_m}{\overline{Q}_m}\right)^2\right]^{1/2},\overline{Q}_m=\frac{1}{12}\sum_{m=1}^{12}Q_m$$

式中 q_m——评估年实测月径流量；

Q_m——评估年天然月径流量；

$\overline{Q}_m$——评估年天然月径流量年均值，天然径流量按照水资源调查评估相关技术规划得到的还原量计算。

流量过程变异程度指标（FD）值越大，说明相对天然水文情势的河流水文情势变化越大，对河流生态的影响也越大。

流量过程变异程度指标（FD）的赋分标准根据全国重点水文站1956—2000年实测径流与天然径流计算获得，见表9-2。

表9-2　流量过程变异程度指标赋分表

流量变异程度（FD）	0.05	0.1	0.3	1.5	3.5	5
赋分（FD_r）	100	75	50	25	10	0

9.1.4.1.2 生态流量满足程度（EF）

河流生态流量是指为维持河流生态系统的不同程度生态系统结构、功能而必须维持的流量过程。采用最小生态流量进行表征。

EF指标表达式为

$$EF_1=\min\left(\frac{q_d}{\overline{Q}}\right)_{m=4}^{9},EF_2=\min\left(\frac{q_d}{\overline{Q}}\right)_{m=10}^{3}$$

式中 q_d——评估年实测日径流量；

$\overline{Q}$——多年平均径流量；

EF_1——4—9月日径流量占多年平均流量的最低百分比；

EF_2——10月至次年3月日径流量占多年平均流量的最低百分比。

多年平均径流量采用不低于30年系列的水文监测数据推算。

生态流量满足程度评估标准采用水文方法确定的基流标准。有条件的区域可以采用更加适宜本区域的计算方法确定生态基流量。

基于水文方法确定生态基流时，可以根据表9-3分别计算EF_1和EF_2赋分值，取其中赋分最小值为本指标的最终赋分。

表 9-3　　分期基流标准与赋分表

分级	栖息地等定性描述	推荐基流标准（年平均流量百分数）		
		EF_1：一般水期（10月至次年3月）	EF_2：鱼类产卵育幼期（4—9月）	EF_r 赋分
1	最大	200%	200%	100
2	最佳	60%～100%	60%～100%	100
3	极好	40%	60%	100
4	非常好	30%	50%	100
5	好	20%	40%	80
6	一般	10%	30%	40
7	差	10%	10%	20
8	极差	<10%	<10%	0

9.1.4.2　河流形态（RM）

万泉河的河流形态采用河库带状况（RS）、河流纵向连通性（RC）进行评价。

其中，河（库）岸带状况包括河岸稳定性（BKS）、河岸带植被覆盖度（RVS）、河岸带人工干扰程度（RD）表达；河流纵向连通性主要调查评估河流对鱼类等生物物种迁徙及水流与营养物质传递阻断状况，重点调查评估区内的闸坝阻隔特征。

河流形态赋分采用分类权重法计算各指标的评估分值，具体如下：

$$RM_r = RS_r \times RS_w + RC_r \times RC_w$$

式中　RM_r——河流形态得分；

RS_w、RC_w——河（库）岸带状况和河流连通性指标权重，权重待9.1.5节确定。

9.1.4.2.1　河（库）岸带状况（RS_r）

（1）岸坡稳定性指数（BKS）。

河岸岸坡稳定性评估要素包括：岸坡倾角、河岸高度、基质特征岸、岸坡植被覆盖度和坡脚冲刷强度。计算公式为

$$BKS_r = \frac{SA_r + SC_r + SH_r + SM_r + ST_r}{5}$$

式中　BKS_r——岸坡稳定性指标赋分；

SA_r——岸坡倾角分值；

SC_r——岸坡覆盖度分值；

SH_r——岸坡高度分值；

SM_r——河岸基质分值；

ST_r——坡脚冲刷强度分值。

各项分值按表9-4标准赋分。

（2）河岸带植被覆盖度（RVS）。

采用直接赋分法，计算公式为

$$RVS_r = TC_r \times TC_w + SC_r \times SC_w + HC_r \times HC_w$$

式中 TC_r、SC_r、HC_r——评估区所在生态分区参考点的乔木、灌木及草本植物覆盖度，其中各权重分别为0.2、0.4、0.4。按表9-5进行赋分。

表9-4 岸坡稳定性指数（BKS）赋分标准

岸坡特征（BKS）	稳定	基本稳定	次不稳定	不稳定
分值（BKS_r）	90	75	25	0
斜坡倾角（SA）/(°)(<)	15	30	45	60
植被覆盖度（SC）/%(>)	75	50	25	0
岸坡高度（SH）/m(<)	1	2	3	5
河岸基质(SM)	基岩	岩土河岸	黏土河岸	非黏土河岸
坡脚冲刷强度(ST)	无冲刷迹象	轻度冲刷	中度冲刷	重度冲刷
总体特征描述	近期内河岸不会发生变形破坏，无水土流失现象	河岸结构有松动发育迹象，有水土流失迹象，但近期不会发生变形和破坏	河岸松动裂痕发育趋势明显，一定条件下可以导致河岸变形和破坏，中度水土流失	河岸水土流失严重，随时可能发生大的变形和破坏，或已经发生破坏

表9-5 河岸带植被覆盖度（RVS）赋分标准

植被覆盖度（RVS）（乔木TC、灌木SC、草本HC）	赋分（RVS_r）	说　明
0～10%	0～30	植被稀疏
10%～40%	30～60	中度覆盖
40%～75%	60～100	重度覆盖
>75%	100	极重度覆盖

（3）河岸带人工干扰程度（RD）。

重点调查评估在河岸带及其邻近陆域进行的十类人类活动，包括：河岸硬性砌护、采砂、沿岸建筑物（房屋）、公路（或铁路）、垃圾填埋场或垃圾堆放、河滨公园、管道、采矿、农业耕种、畜牧养殖等。

对评估区采用每出现一项人类活动减少其对应分值的方法进行河岸带人类影响评估。无上述9类活动的河段赋分为100分，根据所出现人类活动的类型及其位置减除相应的分值，直至0分，具体见表9-6。

表9-6 河岸带人工干扰程度（RD）赋分标准

人类活动类型RD	赋分RD_r	人类活动类型RD	赋分RD_r
河岸硬性砌护	−5	河滨公园	−5
采砂	−40	管道	−5
沿岸建筑物（房屋）	−10	农业耕种	−15
公路（或铁路）	−10	畜牧养殖	−10
垃圾填埋场或垃圾堆放	−60		

(4) 河(库)岸带状况分数计算。

河(库)岸带状况分数在上述三个指标的基础上计算,公式为

$$RS_r = BKS_r \times BKS_w + RVS_r \times RVS_w + RD_r \times RD_w$$

式中 BKS_w、RVS_w、RD_w——岸坡稳定性指数、河岸带植被覆盖度与河岸带人工干扰程度的指标权重,权重待9.1.5节确定。

9.1.4.2.2 河流纵向连通性(RC)

河流连通阻隔状况主要调查评估河流对鱼类等生物物种迁徙及水流与营养物质传递阻断状况。重点调查监测站点以下至河口(干流、湖泊、海洋等)河段的闸坝阻隔特征,闸坝阻隔分为四类情况:

(1) 完全阻隔(断流)。

(2) 严重阻隔(无鱼道、下泄流量不满足生态基流要求)。

(3) 阻隔(无鱼道、下泄流量满足生态基流要求)。

(4) 轻度阻隔(有鱼道、下泄流量满足生态基流要求)。

对评估站点下游河段每个闸坝按照阻隔分类分别赋分,然后取所有闸坝的最小赋分,按照下式计算评估站点以下河流纵向连续性赋分:

$$RC_r = 100 + \min[(DAM_r)_i, (GATE_r)_j]$$

式中 $(DAM_r)_i$、$(GATE_r)_j$——各个闸坝水量及物质流量阻隔特征。

评价赋分见表9-7。

表9-7 闸坝纵向连通性赋分表

鱼类迁移阻隔特征	水量及物质流通阻隔特征	赋 分
无阻隔	对径流没有调节作用	0
有鱼道,且正常运行	对径流有调节,下泄流量满足生态基流	−25
无鱼道,对部分鱼类迁移有阻隔作用	对径流有调节,下泄流量不满足生态基流	−75
迁移通道完全阻隔	部分时间导致断流	−100

9.1.4.3 水质状况(WQ)

水质状况指标采用GB 3838—2002《地表水环境质量标准》中的基本项目指标,分为溶解氧状况(DO)、耗氧有机污染状况(OCP)、重金属污染状况(HMP)三类,各指标赋分参照水质类别划分采用插值法求得;湖库评价采用富营养化指数(EI)进行评价。各指标权重(DO_w、OCP_w、HMP_w、EI_w)待9.1.5节确定。

河流: $WQ_r = DO_r \times DO_w + OCP_r \times OCP_w + HMP_r \times HMP_w$

湖库: $WQ_r = DO_r \times DO_w + OCP_r \times OCP_w + EI_r \times EI_w$

9.1.4.3.1 溶解氧状况(DO)

DO对水生动植物十分重要,过高和过低的DO对水生生物均造成危害。

等于和优于Ⅲ类的水质状况满足鱼类生物的基本水质要求,因此采用DO的Ⅲ类限值5mg/L为基点,DO状况指标赋分见表9-8。

表 9-8　　DO 水质状况指标赋分表

DO/(mg/L)(>)	7.5 (或饱和度>90%)	6	5	3	2	0
赋分 DO_r	100	80	60	30	10	0

9.1.4.3.2 耗氧污染物状况（OCP）

耗氧污染物指导致水体中溶解氧大幅度下降的污染物，取高锰酸盐指数（COD_{Mn}）、化学需氧量（COD_{Cr}）、五日生化需氧量（BOD_5）、氨氮（NH_3-N）等 3 项对河流耗氧污染状况进行评估。

$$OCP_r=\frac{COD_{Mn_r}+COD_{Cr_r}+BOD_{5_r}+NH_3N_r}{4}$$

各指标赋分值见表 9-9。

表 9-9　　耗氧有机污染状况赋分表

赋分		100	80	60	30	0
高锰酸盐指数/(mg/L)(<)	COD_{Mn_r}	2	4	6	10	15
化学需氧量/(mg/L)(<)	COD_{Cr_r}	15	17.5	20	30	40
五日生化需氧量/(mg/L)(<)	BOD_{5_r}	3	3.5	4	6	10
氨氮/(mg/L)(<)	NH_3N_r	0.15	0.5	1	1.5	2

9.1.4.3.3 重金属污染状况（HMP）

重金属污染是指含有汞、镉、铬、铅及砷等生物毒性显著的重金属元素及其化合物对水的污染。选取砷、汞、镉、铬（六价）、铅等 5 项评估水体重金属污染状况。各指标赋分值见表 9-10。

表 9-10　　重金属污染状况赋分表

赋　分		100	60	0
砷/(mg/L)(<)	As_r	0.05		0.1
汞/(mg/L)(<)	Hg_r	0.00005	0.0001	0.001
镉/(mg/L)(<)	Cd_r	0.001	0.005	0.01
铬（六价）/(mg/L)(<)	Cr_r	0.01	0.05	0.1
铅/(mg/L)(<)	Pb_r	0.01	0.05	0.1

9.1.4.3.4 营养状态指数（EI）

湖库从贫营养向重度富营养过渡需经历贫营养、中营养、轻度富营养、中度富营养和重度富营养几个过程。从贫营养到重度富营养转变的过程中，湖泊中的营养盐浓度和与之相关联的生物生产量从低向高逐渐转变。湖泊营养状况评价一般从营养盐浓度、生产能力和透明度三个方面设置湖泊营养状态的评价项目。

湖泊富营养化评价按照《地表水资源质量评价技术规程》（SL 395—2007）中的规定进行评价。营养状态评价项目包括总磷、总氮、叶绿素 a、高锰酸盐指数和透明度。湖库营养状态评价采用指数法，计算公式如下：

$$EI = \sum_{n=1}^{N} E_n / N$$

式中 EI——营养状态指数；

E_n——评价项目赋分值；

N——评价项目个数。

各评价项目的赋分值计算标准见表 9-11：

表 9-11　　湖泊营养状态评价标准及分级方法

营养状态分级		评价项目赋分值 E_n	总磷 /(mg/L)	总氮 /(mg/L)	叶绿素 a /(mg/L)	高锰酸盐指数 /(mg/L)	透明度 /m
贫营养 0<EI≤20		10	0.001	0.020	0.0005	0.15	10
		20	0.004	0.050	0.0010	0.4	5.0
中营养 20<EI≤50		30	0.010	0.10	0.0020	1.0	3.0
		40	0.025	0.30	0.0040	2.0	1.5
		50	0.050	0.50	0.010	4.0	1.0
富营养	轻度富营养 50<EI≤60	60	0.10	1.0	0.026	8.0	0.5
	中度富营养 60<EI≤80	70	0.20	2.0	0.064	10	0.4
		80	0.60	6.0	0.16	25	0.3
	重度富营养 80<EI≤100	90	0.90	9.0	0.40	40	0.2
		100	1.3	16.0	1.0	60	0.12

湖泊富营养化评价赋分标准，见表 9-12。

表 9-12　　湖泊富营养化状况评价赋分标准表

EI	<10	42	45	50	60	62.5	65	>70
EI_r 赋分	100	80	70	60	50	30	10	0

9.1.4.4 生物群落（BC）

万泉河生物群落指标采用附生硅藻指数、底栖动物指数、鱼类损失系数、浮游植物密度进行评估。其中附生硅藻指数以特定污染敏感指数（IPS）表达，底栖动物以底栖动物指数（BI）表达。生物群落分数在以上指标的基础上计算：

河流：$BC_r = IPS_r \times IPS_w + BI_r \times BI_w + FOE_r \times FOE_w$

湖库：$BC_r = BI_r \times BI_w + PHD_r \times PHD_w$

式中 BC_r——生物群落得分；

IPS_r、BI_r、FOE_r、PHD_r——附生硅藻指数、底栖动物指数、鱼类损失指数、浮游植物密度得分，各评价指标的权重（IPS_w、BI_w、FOE_w、PHD_w）待 9.1.5 节确定。

9.1.4.4.1 底栖动物指数（BI）

利用水体中底栖动物的种类、数量及对水污染的敏感性建立可表示水生态质量的数值。其公式表达为

$$BI = \sum \frac{N_i T_i}{N}$$

式中 N_i——一个样本中 i 种的数量；

T_i——i 种的污染敏感值（数值范围为 0～10）；

N——一个样本种底栖动物的数量总和。

BI 指数既反映了群落的耐污特征，也反映了不同耐污类群的密度。BI 指数赋分方法见表 9-13。

表 9-13 BI 指数赋分方法

BI 指数值	赋　分	BI 指数值	赋　分
0～3.50	65～100	6.51～8.50	15～35
3.51～5.50	45～65	8.51～10.0	0～15
5.51～6.50	35～45		

9.1.4.4.2 附生硅藻指数（IPS）

附生硅藻使用特定污染敏感指数来进行评价。这个生物指数主要用来：①评价一个水域的生物质量状况；②监测一个水域生物质量的时间变化；③监测河流生物质量的空间变化；④评价某次污染对水环境系统带来的影响。

IPS 指数包括了所有硅藻种群（包括热带种群）。它使用了样本中发现的所有分类物种信息，每个物种有对应的敏感级别（I）和指数值（V）的排序评分，其公式与 Zelinka & Marvan（1961）的类似。

$$IPS = \frac{\sum_{j=1}^{n} A_j I_j V_j}{\sum_{j=1}^{n} A_j V_j}$$

式中 A_j——j 物种的相对丰富度；

I_j——数值为 1 到 5 的敏感度系数；

V_j——数值为 1 到 3 的指示值。

计算出的硅藻指数值可进行水生态质量评价，具体见表 9-14。

表 9-14 IPS 指数赋分方法

指数值	赋　分	指数值	赋　分
$IPS \geqslant 17$	100	$9 > IPS \geqslant 5$	25～50
$17 > IPS \geqslant 13$	75～100	$IPS < 5$	0～25
$13 > IPS \geqslant 9$	50～75		

9.1.4.4.3 鱼类生物损失指数（FOE）

采用生物完整性评估的生物物种损失方法确定。鱼类生物损失指数指评估河段内鱼类

种数现状与历史参考系鱼类种数的差异状况，所调查鱼类种类不包括外来物种。该指标反映流域开发后，河流生态系统中顶级物种受损失状况。

鱼类生物损失指标的评价标准选用19世纪80年代的历史调查数据作为基点，通过查阅历史背景调查数据或文献确定。

基于历史调查数据分析统计评估河流的鱼类种类数，在此基础上，开展专家咨询调查，确定本评估河流所在水生态分区的鱼类历史背景状况，建立鱼类指标调查评估预期。

鱼类生物损失指标计算公式如下：

$$FOE=\frac{FO}{FE}$$

式中 FOE——鱼类生物损失指数；

FO——评估河段调查获得的鱼类种类数量；

FE——19世纪80年代以前评估河段的鱼类种类数量。

鱼类生物损失指标赋分见表9-15。

表9-15　　鱼类生物损失指数赋分标准表

鱼类损失系数（FOE）	1	0.85	0.75	0.6	0.5	0.25	0
赋分（FOE_r）	100	80	60	40	30	10	0

9.1.4.4.4 浮游植物密度（PHD）

浮游植物密度是针对湖库进行营养状态评价的生物指标。水体中的浮游植物作为初级生产者，对水中营养状态的反映尤为显著。现有研究表明，浮游植物密度可以作为水体营养级别的指标。

浮游植物密度指标赋分见表9-16。

表9-16　　浮游植物密度指标赋分标准表

浮游植物密度（PHD）/（$\times 10^5$ cells/L）	≤3	10	50	100	>500
赋分 PHD_r	100	80	60	40	0

9.1.4.5 社会服务功能（SF）

社会服务功能指标评价采用水功能区达标（WFZ）、水资源开发利用（WRU）、防洪指标（FLD）、公众满意程度（PP）四个指标。社会服务功能得分计算公式为

$$SF_r=WFZ_r\times WFZ_w+WRU_r\times WRU_w+FLD_r\times FLD_w+PP_r\times PP_w$$

式中 SF_r——社会服务功能得分；

WFZ_r、WRU_r、FLD_r、PP_r——水功能区达标、水资源开发利用、公众满意度得分，各指标权重（WFZ_w、WRU_w、FLD_r、PP_w）待9.1.5节确定。

9.1.4.5.1 水功能区达标（WFZ）

以水功能区水质达标率表示。水功能区水质达标率是指对评估河流包括的水功能区按照SL 395—2007规定的技术方法确定的水质达标个数比例。该指标重点评估河流水质状况与水体规定功能，包括生态与环境保护和资源利用（饮用水、工业用水、农业用水、渔

业用水、景观娱乐用水）等的适宜性。水功能区水质满足水体规定水质目标，则该水功能区规划功能的水质保障得到满足。

针对万泉河水质达标评价，采用2014年水质监测结果，计算万泉河水质达标次数，水功能区水质达标率指标赋分计算如下：

$$WFZ_r = WFZP \times 100$$

式中 WFZ_r——评估河流水功能区水质达标率指标赋分；

WFZP——评估河流水功能区水质达标次数占全年比例。

9.1.4.5.2 水资源开发利用（WRU）

以水资源开发利用率表示。水资源开发利用率是指评估河流流域内供水量占流域水资源量的百分比。水资源开发利用率表示流域经济社会活动对水量的影响，反映流域的开发程度，体现了社会经济发展与生态环境保护之间的协调性。

水资源开发利用率计算公式如下：

$$WRU = WU/WR$$

式中 WRU——评估河流流域水资源开发利用率；

WR——评估河流流域水资源总量；

WU——评估河流流域水资源开发利用量。

国际上公认的水资源开发利用率合理限度为30%～40%，即使是充分利用雨洪资源，开发程度也不应高于60%。根据1990—2000年同期平均水资源数量以及供用水量分析，全国水资源开发利用率为18%，珠江流域为13%。

水资源的开发利用合理限度确定的依据应该按照人水和谐的理念，既可以支持经济社会合理的用水需求，又不对水资源的可持续利用及河流生态造成重大影响，因此，过高和过低的水资源开发利用率均不符合河流健康要求。

因此，在健康评估概念模型中水资源开发利用率指标赋分呈抛物线，在30%～40%为最高赋分区，过高（超过60%）和过低（0%）开发利用率均赋分为0。概念模型公式为

$$WRU_r = a \times WRU^2 + b \times WRU$$

式中 WRU_r——水资源利用率指标赋分；

WRU——评估河段水资源利用率；

a、b——系数，$a=1111.11$，$b=666.67$。

概念模型仅适用于水资源供水需求量与可供水量之间存在矛盾的河流流域。不适用于无水资源开发利用需求的评估河段，或水资源供水需求量远低于可利用量的河段。对于这些评估河段，可以根据实际情况对水资源开发利用率指标进行赋分，如果供水量占水资源总量的比例低于10%，且已经满足流域经济社会的用水需求，则可以赋100分。

9.1.4.5.3 防洪指标（FLD）

本指标适用于有防洪需求河流，无此功能要求的河流可以不予评估。

河流防洪指标（FLD）评估河道的安全泄洪能力。影响河流安全泄洪能力的因素较多，其中的防洪工程措施和非工程措施的完善率是重要方面，重点评估工程措施的完善状况。

河流防洪指标（FLD）计算公式如下：

$$FLD=\frac{\sum_{n=1}^{NS}(RIVL_n\times RIVWF_n\times RIVB_n)}{\sum_{n=1}^{NS}(RIVL_n\times RIVWF_n)}$$

式中　FLD——河流防洪指标；

$RIVL_n$——河段 n 的长度，评估河流根据防洪规划划分的河段数量；

$RIVB_n$——根据河段防洪工程是否满足规划要求进行赋值：达标，$RIVB_n=1$，不达标，$RIVB_n=0$；

$RIVWF_n$——河段规划防洪标准重现期（如100年）。

防洪指标赋分见表9-17。

表9-17　防洪指标赋分表

防洪达标（FLD）	95%	90%	85%	70%	50%
赋分（FLD_r）	100	75	50	25	0

9.1.4.5.4 公众满意程度（PP）

通过收集分析公众调查表，统计有效调查表调查成果，根据公众类型和公众总体评估赋分，按照下式计算公众满意度指标赋分。

$$PP_r=\frac{\sum_{n=1}^{NPS}PER_r\times PER_w}{\sum_{n=1}^{NPS}PER_w}$$

式中　PP_r——公众满意度指标赋分；

PER_r——有效调查公众总体评估赋分；

PER_w——公众类型权重。

公众调查总体评估结论赋分，公众类型权重见表9-18。

表9-18　公众类型赋分统计权重

调查公众类型		权　重
沿岸居民（河岸以外1km以内范围）		3
非沿岸居民	水库管理者	2
	水库周边从事生产活动	1.5
	经常来旅游	1
	偶尔来旅游	0.5

9.1.5 权重确定

权重是表示某一指标对水生态健康的相对重要程度所赋予的一个数值，确定指标权重非常重要，主要通过分析各指标的重要程度以及之间的相互关系。《河流方法》《湖泊方法》中给出了一组推荐的定值权重，该组权重面向我国南北方河流，缺少针对性，且部分指标权重未尽合理。因此研究采用了层次分析法和专家打分相结合的方式来确定评价指标的权重。其中层次分析法（AHP）是用数学方法确定权重，通过对其准确性进行检验减少了权重确定的主观随意性，且此评价方法应用范围最广。

9.1.5.1 层次分析法

层次分析法基本原理是根据系统的具体性质和目标要求，首先建立关于系统属性的各因子递进层次结构模型，再按照某一规定准则，对每一层次上的因素进行逐对比较，得到其关于上一层次因子重要性比较的标度；建立判断矩阵，进而通过计算判断矩阵的特征值和特征向量，得到各层次因子关于上一层次因素的相对权重（层次单排序权值）；自上而下用上一层次各因子的相对权重加权求和，求出各层次因素关于系统整体属性（总目标）的综合重要度（层次总排序权值）。

层次分析法的具体过程分为两步：第一步是构造判断矩阵；第二步求判断矩阵的最大特征值和对应的特征向量，再对判断矩阵作一致性检验。如果检验通过，则将求得的特征向量作归一化处理，即得到该准则下 n 个指标之间的相对权重向量（W_1，W_2，…，W_n）；否则，重新构造判断矩阵，重复上述过程。

首先，建立关于系统属性的各因子递阶层次结构模型。再逐层逐项进行比较，矩阵中各元素由相应的因素 i 和 j 进行相应重要性的比较来确定（即重要性比较标度）。重要性比较标准根据资料数据、专家意见、决策分析人员和决策者的经验经过反复研究确定。同一层次中，将与上一层指标有直接联系的指标两两对比，根据相对重要程度给出判断值，见表 9-19。极端重要为 9，强烈重要为 7，明显重要为 5，稍微重要为 3，同等重要为 1；它们之间的数 8、6、4、2 表示中值，倒数则是两两对比颠倒的结果。具体比较时，可以从最高层开始，也可以从最低层开始。

表 9-19 判断矩阵的标度及其对应的含义

标度	含义
1	指标 i 相对于指标 j 同等重要
3	指标 i 相对于指标 j 稍微重要
5	指标 i 相对于指标 j 明显重要
7	指标 i 相对于指标 j 强烈重要
9	指标 i 相对于指标 j 极端重要
2、4、6、8	介于相邻两种判断的中间情况
倒数	两两对比颠倒的结果，即指标 j 相对于指标 i 来说

其次，确定各指标的权重值和对它们进行一致性检验。判断矩阵是层次分析法的基本信息，也是进行层次分析法分析的基础，判断矩阵的特征向量经归一化后，即为同层次相应因素对于上一层次某因素相对重要性的排序权值。

9.1.5.2 层次结构建立

根据河湖水生态健康评估体系，建立 3 层结构模型，分别是目标层（水生态健康），结构层（水文水资源、河流形态、水质状况、生物群落、社会服务功能）和相应的指标层，如图 9-3 所示。

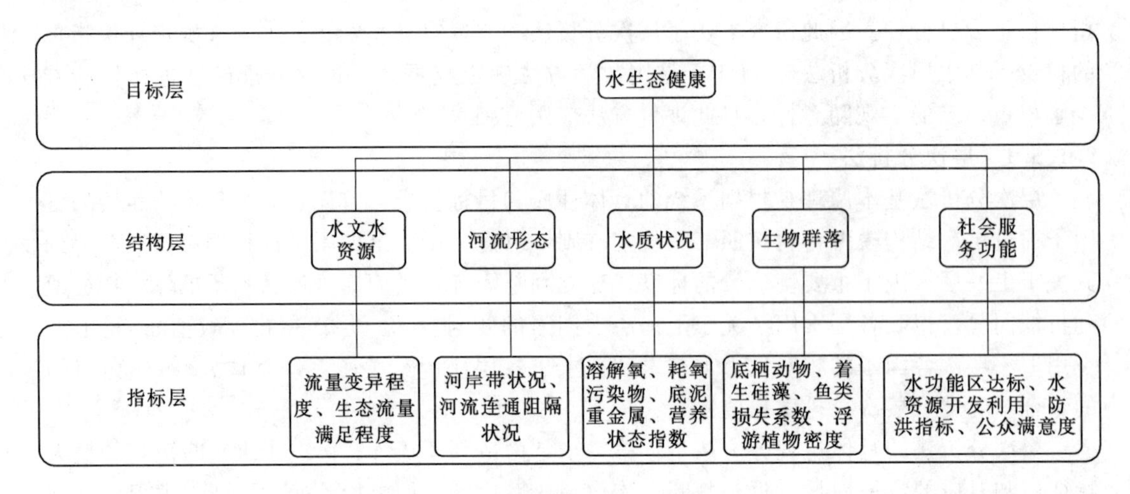

图9-3　水生态健康评估层次结构图

根据上述指标体系层次结构图，对目标层、结构层和指标层两两比较其重要性，构建判断矩阵。

权重调查共访问从事水资源保护相关技术人员5人（均为高级工程师）。求得各位专家的判断矩阵数据后，对各矩阵的要素求均值，得到均值判断矩阵后计算指标的排序权重。

9.1.5.3　层次单排序及一致性检验

层次单排序就是求单目标判断矩阵的权数，特征值与特征向量的计算方法可用几何平均法或算术平均法。根据判断矩阵求出最大特征根 λ_{max} 及其所对应的特征向量 W，所求特征向量 W 经归一化处理后作为各元素的排序权重。从理论上讲，判断矩阵满足完全一致性条件 $P_{ik}=P_{ij}\times P_{jk}$，此时 $\lambda_{max}=n$。实际上专家认识的多样性，常常使得 $\lambda_{max}>n$。为了一致性检验，需要计算判断矩阵的一致性指标CI，公式为

$$\mathrm{CI}=\frac{\lambda_{max}-n}{n-1}$$

当完全一致时，CI=0，CI越大，矩阵的一致性越差。当阶数小于等于2时，矩阵总有完全一致性。为度量不同阶判断矩阵是否满足一致性，将CI与平均随机一致性指标RI进行比较，其比值称为判断矩阵的一致性比例，公式为CR=CI/RI。依据Saaty T L提出的1～9阶判断矩阵，RI值见表9-20。当阶数大于2时，若CR<0.10或CR在0.1左右时，说明权数分配合理，否则，要继续对判断矩阵进行调整，直到一致性满意为止。

表9-20　　阶矩阵一致性指标RI

阶　数	1	2	3	4	5	6	7	8	9
RI	0.00	0.00	0.58	0.90	1.12	1.24	1.32	1.41	1.45

9.1.5.4　权重确定

采用YAAHP 10软件进行以上计算，软件自动对各专家判断矩阵调整达到一致后输出结果见表9-21～表9-29。

表 9-21 水生态健康结构层权重计算结果

万泉河健康	河流形态	水质状况	生物群落	社会服务	水文水 资源	WI
河流形态	1	0.2	0.2	0.5	0.5	0.0574
水质状况	5	1	3	5	5	0.4800
生物群落	5	0.3333	1	3	5	0.2714
社会服务	2	0.2	0.3333	1	3	0.1201
水文水资源	2	0.2	0.2	0.3333	1	0.0712

表 9-22 河流形态指标层权重计算结果

河流形态	河（库）岸带状况	河流纵向连通性	WI
河（库）岸带状况	1	0.5	0.3333
河流纵向连通性	2	1	0.6667

表 9-23 水质状况指标层权重计算结果（河流）

水质状况	溶解氧	耗氧物	重金属	WI
溶解氧	1	0.3333	3	0.2583
耗氧物	3	1	5	0.6370
重金属	0.3333	0.2	1	0.1047

表 9-24 水质状况指标层权重计算结果（水库）

水质状况	溶解氧	耗氧物	营养状态指数	WI
溶解氧	1	0.3333	0.2	0.1047
耗氧物	3	1	0.3333	0.2583
营养状态指数	5	3	1	0.6370

表 9-25 生物群落指标层权重计算结果（河流）

生物群落	底栖动物	着生硅藻	鱼类损失系数	WI
底栖动物	1	0.25	2	0.2081
着生硅藻	4	1	4	0.6608
鱼类损失系数	0.5	0.25	1	0.1311

表 9-26 生物群落指标层权重计算结果（水库）

生物群落	底栖动物	浮游植物	鱼类损失系数	WI
底栖动物	1	0.2	0.5	0.1125
浮游植物	5	1	5	0.7089
鱼类损失系数	2	0.2	1	0.1786

表 9-27　　社会服务功能指标层计算结果

社会服务	水功能区达标	公众满意	水资源开发利用	防洪指标	WI
水功能区达标	1	5	5	5	0.6157
公众满意	0.2	1	0.5	0.5	0.0871
水资源开发利用	0.2	2	1	0.5	0.1231
防洪指标	0.2	2	2	1	0.1741

表 9-28　　河（库）岸带状况指标层计算结果

河（库）岸带状况	岸坡稳定	植被覆盖	人为干扰	WI
岸坡稳定	1	0.2	0.2	0.0887
植被覆盖	5	1	0.5	0.3522
人为干扰	5	2	1	0.5591

表 9-29　　水文水资源指标层计算结果

水文水资源	生态流量满足程度	流量变异程度	WI
生态流量满足程度	1	5	0.8333
流量变异程度	0.2	1	0.1667

9.1.6　水生态健康评估赋分

万泉河健康综合评价（WQH）在以上指标的基础上综合计算，公式为

$$WQH = HR_r \times HR_w + RM_r \times RM_w + WQ_r \times WQ_w + BC_r \times BC_w + SF_r \times SF_w$$

其中，各项指标的权重（HR_w、RM_w、WQ_w、BC_w、SF_w）分别为 0.14、0.14、0.14、0.28、0.30。

综合计算得到的万泉河健康得分按照表 9-30 进行健康等级划分。

表 9-30　　万泉河健康综合评价等级划分表

等级	类型	颜色	赋分范围	说　明
1	理想	蓝	80～100	接近参考状况或预期目标
2	健康	绿	60～80	与参考状况或预期目标有较小差异
3	亚健康	黄	40～60	与参考状况或预期目标有中度差异
4	不健康	橙	20～40	与参考状况或预期目标有较大差异
5	病态	红	0～20	与参考状况或预期目标有显著差异

9.2　水 文 水 资 源

9.2.1　流量变异程度

选取乘坡、加报、加积三个站点对万泉河南源、北源、中下游三个单元的流量变异程度进行评价。考虑到 2015 年为保证率 95%的枯水年份（1956—2015 年序列），为较真实地反映近年流量变化情况，本次评价现状年流量数据采用 2011—2015 年平均流量，2011—2015 年各年份保证率分别为 38%、68%、18%、48%、95%。评价结果如图 9-4 所示。

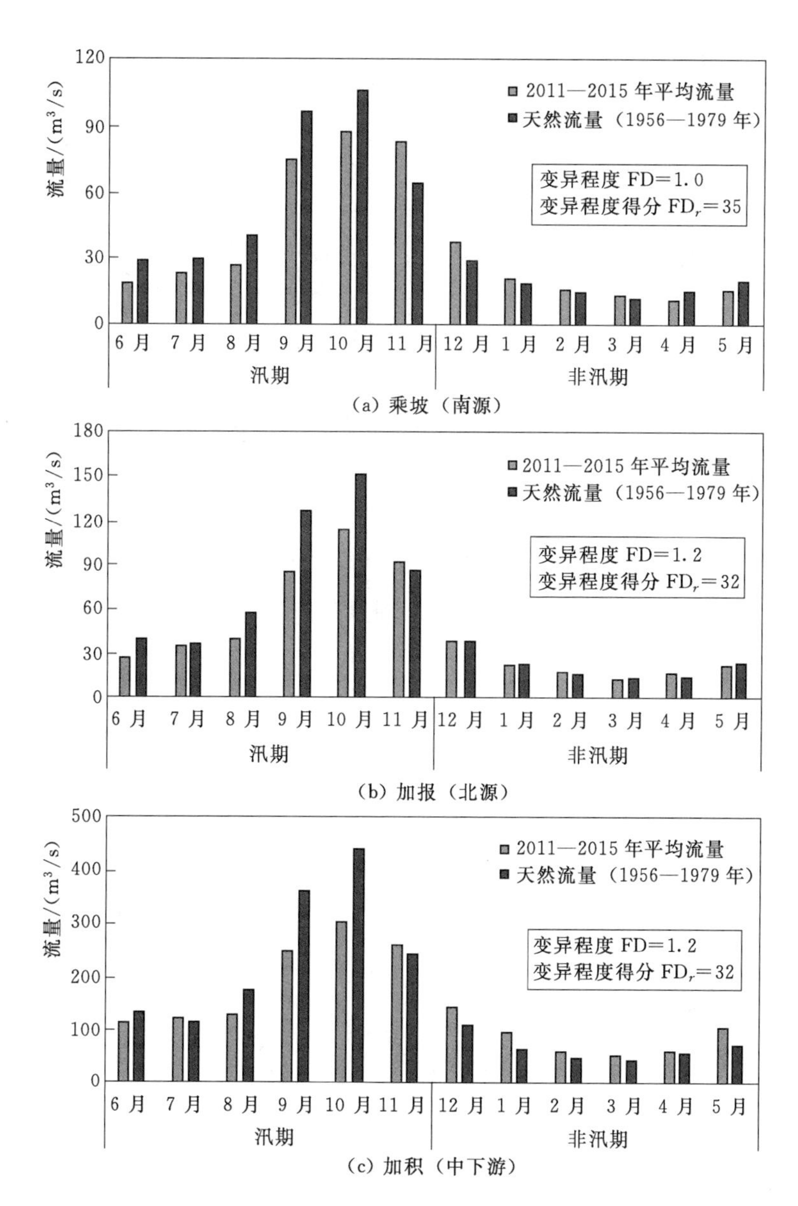

(a) 乘坡（南源）

(b) 加报（北源）

(c) 加积（中下游）

图 9-4　万泉河各控制断面流量变异程度

从评价结果可以看到，2011—2015 年万泉河各水文站点实测平均流量较天然流量有较大程度的变异，得分为 33 分。

9.2.2　生态基流满足程度

根据《海南省水资源综合规划》，万泉河以加积为控制断面，确定生态基流为 $26m^3/s$，鱼类产卵盛期（3—7 月）的敏感生态需水为 $43.4m^3/s$，非鱼类产卵盛期（8 月至次年 2 月）的敏感生态需水为 $34.7m^3/s$。

从图 9-5 来看，万泉河 2015 年全年均满足生态基流，满足 3—7 月鱼类产卵盛期敏感生态需水，满足 8 月至次年 2 月非鱼类产卵盛期敏感生态需水。因此，万泉河生态基流满足程度得分为 100 分。

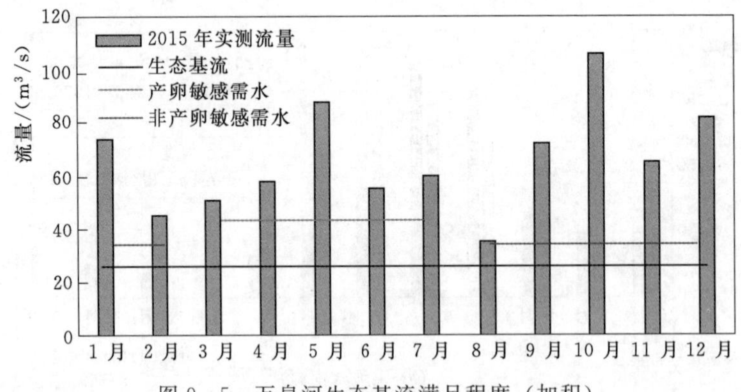

图9-5 万泉河生态基流满足程度（加积）

9.2.3 水文水资源评估结果

综合上述指标计算结果可知，万泉河水文水资源评价得分为89分，处于健康状态。其中，流量变异程度指标得分较低，各评价单元流量变异程度较高，见表9-31和图9-6。

表9-31 万泉河水文水资源得分表

指　标	权重	南源	北源	中下游
变异程度得分 FD_r	0.1667	35	32	32
生态基流满足程度得分 EF_r	0.8333	100		
水文水资源得分 HR_r		89	89	89
		89		

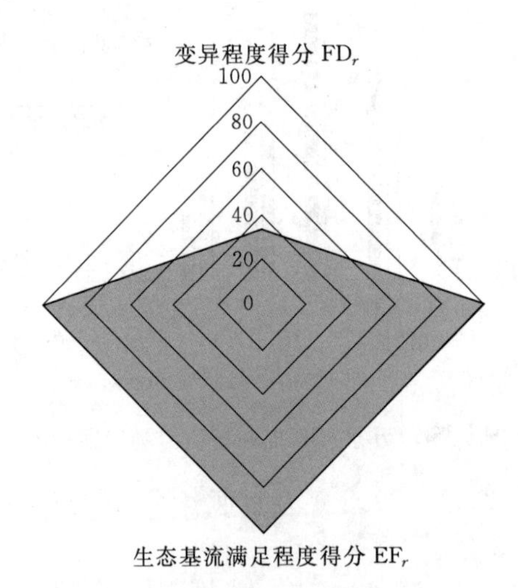

图9-6 万泉河水文水资源得分雷达图

9.3 河流形态

9.3.1 河库岸带状况

万泉河河（库）岸带状况评分见表9-32。

表 9-32 万泉河河（库）岸带状况评分表

评价单元		指标	河岸稳定性	河岸植被覆盖度	河岸带人工干扰程度	河（库）岸带状况得分 RS_r			
		权重	0.0887	0.3522	0.5591				
南源	乘坡	左岸	75	60	100	84	82	75	73
		右岸	75	50	100	80			
	会山	左岸	88	60	85	76	71		
		右岸	88	55	70	66			
	太平溪	左岸	88	35	90	70	81		
		右岸	81	80	100	91			
	牛路岭坝前	库岸	19	5	100	59	67		
	牛路岭库中1	库岸	19	35	100	70			
	牛路岭库中2	库岸	19	45	100	73			
北源	大平水文站	左岸	100	50	45	52	68	76	
		右岸	75	85	85	84			
	白马岭	左岸	69	100	85	89	88		
		右岸	38	100	85	86			
	加报	左岸	38	40	100	73	67		
		右岸	75	40	70	60			
	营盘溪	左岸	75	40	85	68	66		
		右岸	75	45	75	64			
	青梯溪	左岸	69	100	100	97	95		
		右岸	81	100	90	93			
	红岭坝前	库岸	19	55	100	77	71		
	红岭库中	库岸	19	5	100	59			
	红岭库尾	库岸	19	55	100	77			
中下游	石壁	左岸	88	55	60	61	72	68	
		右岸	88	55	100	83			
	加积	左岸	56	65	100	84	76		
		右岸	75	75	60	67			
	汀州	左岸	75	30	85	65	69		
		右岸	75	30	100	73			
	文曲河	左岸	75	30	85	65	67		
		右岸	75	40	85	68			
	加浪河	左岸	75	40	85	68	68		
		右岸	75	40	85	68			
	塔洋河	左岸	75	30	55	48	58		
		右岸	75	40	85	68			

万泉河河岸带状况得分为73分，上游南北源两单元的得分较中下游高。其中上游南北源河岸带较相似，普遍植被覆盖度较高，所受人类干扰也相对较低；而南北源中的两个水库单元均形成了明显的消落带，景观美感较差且生物多样性较低。中下游受人类干扰影

响逐渐增多，大部分河岸均被开垦种植，林下缺少灌草植被，河岸带的缓冲带作用受影响。

9.3.2 河流纵向连通性

河流连通性主要调查评估河流因为闸坝阻隔等原因对鱼类等生物物种迁徙及水流与营养物质传递阻隔的影响。

根据相关水力开发规划报告及水利普查资料，万泉河干流已建梯级包括乘坡电站、牛路岭水电站、烟园水电站、加积水电站，定安河干流已建红岭水利枢纽、合口水电站、加兴岭水电站、船埠水电站。根据各个电站闸坝的阻隔情况进行评价如下。

（1）鱼类迁移阻隔。从实际调查情况来看，万泉河干流及定安河干流的闸坝均未设置过鱼通道，河流处于完全阻隔状态，特别是牛路岭水库及红岭水利枢纽两个高坝基本把万泉河分割为孤立的单元；鱼类等水生生物仅能通过发电水轮机或在水库泄水时实现下行需求，但此时鱼类往往会受到一定程度的机械损伤；从实际情况来看，即使在较大洪水的高流量状态下，大部分滚水坝均无法重新恢复河流的连通性，鱼类的上行需求无法满足，由此上下游鱼类难以实现基因交流而导致生物多样性下降。

（2）水量及物质流通阻隔。万泉河除红岭水利枢纽设置了10%的多年平均流量（3.34m^3/s）为生态基流外，万泉河其他各电站均没有设置生态流量保护目标。万泉河及定安河干流大部分电站的主要任务为水力发电，在未设置生态基流下泄目标的情况下，电站为了满足发电效益最大化可能会对库区水位及电站下泄水量进行日内或短期内调节，由此造成下游河段流量减少的情况；万泉河汛期流量较大，各水电站在满足发电需求的情况下可能还会弃水，因此下泄水量变化较小；而非汛期水量较小时，下泄流量减少的情况较有可能发生。现场调查（4月）中，观测到上游乘坡电站的下泄水量较小，下游河段基本处于静水状态。

综合评价万泉河及定安河干流各电站对鱼类迁移、水量及物质流通的阻隔特征评价结果，万泉河河流纵向连通性得分为25分，见表9-33。

表9-33 万泉河河流纵向连通性得分表

评价单元	闸坝名称	阻隔状况	赋分	河流纵向连通性得分 RC_r	
南源	烟园水电站	滚水坝，无过鱼设施；对流量影响小	−50	25	25
	牛路岭水电站	坝高90.5m，无过鱼设施；对流量影响较大	−75		
	乘坡水电站	水力翻板闸，无过鱼设施；对流量影响小	−50		
北源	船埠水电站	滚水坝，无过鱼设施；对流量影响小	−50	25	
	嘉兴岭水电站	滚水坝，无过鱼设施；对流量影响小	−50		
	合口水电站	滚水坝，无过鱼设施；对流量影响小	−50		
	红岭水利枢纽	坝高94.9m，无过鱼设施；对流量影响较大，设置了生态基流保护目标	−75		
中下游	加积水电站	滚水坝，无过鱼设施；对流量影响小	−50	50	

9.3.3 河流形态评估结果

河流连通性主要调查评估河流因为闸坝阻隔等原因对鱼类等生物物种迁徙及水流与营养物质传递阻隔的影响。因此该指标调查以遥感分析为主，分析各个评估河段闸坝数量与分布情况；同时结合现场查勘与资料搜集，了解其鱼道设置及其运行情况。

综合上述指标结果可得，万泉河河流形态得分为48分，见表9-34、图9-7。

表9-34 万泉河河流形态得分表

<table>
<tr><th>指　　标</th><th>权重</th><th>南源</th><th>北源</th><th>中下游</th></tr>
<tr><td>河库岸带状况得分 RS_r</td><td>0.3333</td><td>75</td><td>76</td><td>68</td></tr>
<tr><td>河流纵向连通性得分 RC_r</td><td>0.6667</td><td>25</td><td>25</td><td>50</td></tr>
<tr><td colspan="2" rowspan="2">河流形态得分 RM_r</td><td>42</td><td>42</td><td>56</td></tr>
<tr><td colspan="3">47</td></tr>
</table>

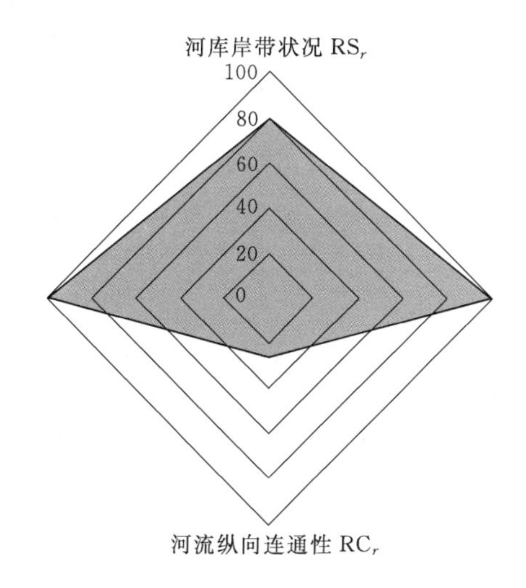

图9-7 万泉河河流形态得分雷达图

万泉河河流形态处于亚健康状态。从得分情况来看，河流纵向连通性是影响万泉河河流形态健康的主要因素。万泉河上下游建设的闸坝工程对万泉河生物迁移和物质流动有阻隔影响。

9.4 水　质　状　况

9.4.1 溶解氧状况

万泉河溶解氧状况得分见表9-35。从评估结果来看，万泉河各站点溶解氧得分均较高，呈上游优于下游、水库优于河流的趋势。

9.4.2 耗氧污染物状况

万泉河耗氧污染状况得分见表9-36。万泉河各类耗氧污染物处于相对较低的水平，其中北源及下游支流的高锰酸盐指数得分较低。

表 9-35 万泉河溶解氧状况得分表

评价单元			溶解氧 DO_r		
南源	干流上游	乘坡	93	93	93
		会山	85		
	上游支流	太平溪	100		
牛路岭水库		库首	93	98	
		库中1	100		
		库中2	100		
北源	定安河	大平水文站	96	91	
		白马岭	96		
		加报	88		
	上游支流	营盘溪	95		
		青梯溪	80		
红岭水利枢纽		库首	100	100	
		库中	100		
		库尾	100		
中下游	干流下游	石壁	72	85	
		加积	93		
		汀州大桥	95		
	下游支流	文曲河	92		
		加浪河	92		
		塔洋河	64		

表 9-36 万泉河耗氧污染物污染状况得分

评价单元			高锰酸盐指数 COD_{Mn_r}	化学需氧量 COD_{Cr_r}	五日生化需氧量 BOD_{5_r}	氨氮 NH_3-N_r	耗氧污染物 OCP_r		
南源	干流上游	乘坡	81	100	100	100	95	98	96
		会山	96	100	100	100	99		
	上游支流	太平溪	100	100	100	100	100		
牛路岭水库		库首	90	100	100	100	98	98	
		库中1	90	100	100	100	98		
		库中2	89	100	100	100	97		
北源	定安河	大平水文站	71	100	100	98	92	93	
		白马岭	81	100	100	92	93		
		加报	88	100	100	97	96		
	上游支流	营盘溪	75	100	100	97	93		
		青梯溪	66	100	100	94	90		
红岭水利枢纽		库首	100	100	100	100	100	100	
		库中	100	100	100	100	100		
		库尾	100	100	100	100	100		
中下游	干流下游	石壁	91	100	100	100	98	92	
		加积	75	100	100	100	94		
		汀州大桥	86	100	100	100	97		
	下游支流	文曲河	79	100	100	99	94		
		加浪河	73	100	100	100	93		
		塔洋河	55	95	76	87	78		

9.4.3 重金属污染状况

万泉河河流重金属污染状况得分见表 9-37。从评估结果来看，万泉河未受明显的重金属污染。

表 9-37　　万泉河重金属污染得分

评价单元			汞 Hg_r	镉 Cd_r	六价铬 Cr_r	铅 Pb_r	砷 As_r	重金属 HMP_r		
南源	干流上流	乘坡	100	100	89	100	100	98	99	99
		会山	100	100	96	100	100	99		
	上游支流	太平溪	100	100	—	100	100	100		
北源	定安河	大平水文站	100	100	88	100	100	98	98	
		白马岭	100	100	92	100	100	98		
		加报	100	100	94	100	100	99		
	上游支流	营盘溪	100	100	87	100	100	97		
		青梯溪	100	100	85	100	100	97		
中下游	干流下游	石壁	100	100	93	100	100	99	100	
		加积	100	100	—	100	100	100		
		汀州大桥	100	100	—	100	100	100		
	上游支流	文曲河	100	100	—	100	100	100		
		加浪河	100	100	—	100	100	100		
		塔洋河	100	100	—	100	100	100		

9.4.4 营养状态指数

牛路岭水库和红岭水利枢纽营养状态指数得分见表 9-38。计算结果显示，牛路岭水库和红岭水利枢纽均处于中营养状态。

表 9-38　　牛路岭水库和红岭水利枢纽营养状态指数得分表

评价单元		E_{Chla}	E_{SD}	E_{TP}	E_{TN}	$E_{COD_{Mn}}$	营养状态指数 EI	营养状态指数得分 EI_r		
牛路岭水库	库首	44	39	31	38	45	40	82	82	82
	库中 1	41	38	31	41	45	39	82		
	库中 2	44	38	33	40	46	40	81		
红岭水利枢纽	库首	45	39	34	51	38	41	80	82	
	库中	50	38	35	42	37	40	81		
	库尾	51	39	23	40	39	39	82		

9.4.5 水质状况评估结果

综合上述指标计算结果可知，万泉河河流水质状况得分为 94 分，考虑两水库单元营养状态则为 91 分，总体来说万泉河水质状态处于理想水平，见表 9-39 和图 9-8。

其中，三个评价单元相比，中下游的水质状况得分相对较低。

表 9-39　　万泉河水质状况得分表

<table>
<tr><th>指　标</th><th colspan="2">权重</th><th>南源</th><th>北源</th><th>中下游</th><th>牛路岭水库</th><th>红岭水利枢纽</th></tr>
<tr><td>溶解氧状况得分 DO_r</td><td>0.2583</td><td>0.1047</td><td>93</td><td>91</td><td>85</td><td>98</td><td>100</td></tr>
<tr><td>耗氧污染物状况得分 OCP_r</td><td>0.6370</td><td>0.2583</td><td>98</td><td>93</td><td>92</td><td>98</td><td>100</td></tr>
<tr><td>重金属污染状况得分 HMP_r</td><td>0.1047</td><td>—</td><td>99</td><td>98</td><td>100</td><td>—</td><td>—</td></tr>
<tr><td>营养状态指数得分 EI_r</td><td>—</td><td>0.6370</td><td>—</td><td>—</td><td>—</td><td>82</td><td>81</td></tr>
<tr><td colspan="3" rowspan="3">水质状况得分 WQ_r</td><td>97</td><td>93</td><td>91</td><td rowspan="2">88</td><td rowspan="2">88</td></tr>
<tr><td colspan="3">94</td></tr>
<tr><td colspan="5">91</td></tr>
</table>

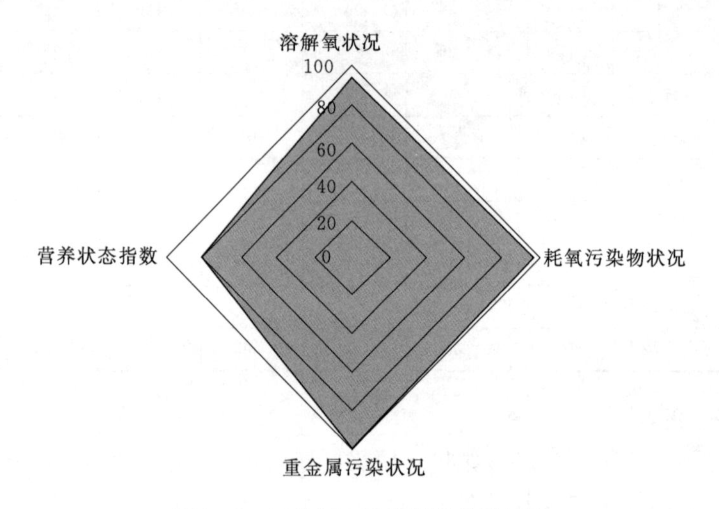

图 9-8　万泉河水质状况得分雷达图

9.5 生 物 群 落

9.5.1 底栖动物指数

万泉河底栖动物指数得分为 48 分（表 9-40），所反映的生态质量为中等。

万泉河采集到的底栖动物种类和数量都较少，其中软体动物的腹足纲底栖动物在大部分站点中占有优势，近河口的汀州大桥站点则以咸淡水种类为优势；适应于溪流环境的昆虫纲底栖动物（如蜉蝣目、蜻蜓目）在上游太平溪、营盘溪出现的频率较高。从万泉河各站点底栖动物群落的特点来看，底栖动物的丰富度与采样点处的底质状况、水文环境和水质状况有一定的联系。

9.5.2 附生硅藻指数

万泉河附生硅藻指数得分为 59 分（表 9-41），所反映的生态质量为中等。其中，北源及中下游两单元较南源得分要低。

表 9－40　　万泉河底栖动物指数得分

评价单元			非汛期	汛期	BI 指数	底栖动物指数得分 BI_r		
南源	干流上游	乘坡	5.5	5.0	5.2	48	49	43
		会山	4.7	8.2	6.5	35		
	上游支流	太平溪	—	3.6	3.6	64		
	牛路岭水库		6.3			37		
北源	定安河	大平水文站	6.3	6.3	6.3	37	43	
		白马岭	7.2	—	7.2	28		
		加报	6.6	4.2	5.4	46		
	上游支流	营盘溪	—	4.0	4.0	60		
		青梯溪	—	5.4	5.4	46		
	红岭水利枢纽		6.6			34		
中下游	干流下游	石壁	—	7.3	7.3	27	51	
		加积	5.4	4.0	4.7	53		
		汀州大桥	4.5	—	4.5	55		
	下游支流	文曲河	—	3.9	3.9	61		
		加浪河	—	4.0	4.0	60		
		塔洋河	—	5.1	5.1	49		

表 9－41　　万泉河附生硅藻指数得分表

评价单元			非汛期	汛期	IPS 指数	着生硅藻指数得分 IPS_r		
南源	干流上游	乘坡	9.9	11.6	10.8	61	64	59
		会山	13.2	12.1	12.7	73		
	上游支流	太平溪	—	10.2	10.2	58		
北源	定安河	大平水文站	12.0	6.4	9.2	51	56	
		白马岭	11.5	12.0	11.8	67		
		加报	12.3	9.0	10.7	60		
	上游支流	营盘溪	—	8.9	8.9	49		
		青梯溪	—	9.6	9.6	54		
中下游	干流下游	石壁	—	11.7	11.7	67	58	
		加积	11.9	12.7	12.3	71		
		汀州大桥	6.9	9.2	8.1	44		
	下游支流	文曲河	—	6.9	6.9	37		
		加浪河	—	13.0	13.0	75		
		塔洋河	—	9.4	9.4	53		

9.5.3　鱼类生物损失指数

根据万泉河历史上分布的鱼类种类及近年采集到的鱼类，剔除外来种，万泉河分布有鱼类 73 种，现采集到其中 39 种土著种。

调查主要围绕万泉河的水生态问题进行采样站点设置，未开展上游溪流微生境的采样监测，故通过文献资料补充该部分种类数据。根据《海南省森林溪流淡水鱼类地理分布研究》一文报道，万泉河上游森林溪流还分布有异鱲、盆唇华鲮、细尾铲颌鱼等12个本次调查未采集到的种类。累计万泉河已收集及整理的种类为51种，由此计算万泉河鱼类损失系数可得

$$FOE=\frac{51}{73}=0.70$$

在此需对鱼类损失指数进行必要说明：该指数仅仅反映本项目开展调查的水域范围内鱼类多样性的丰富度，并不代表未调查到的种类已经消失或者灭绝了。因为一个水域鱼类区系是多年调查数据的累积值，限于本项目调查范围、调查强度、调查方法、调查时长的差异，调查仅仅可采集到其中的一小部分，本书通过查阅近年研究成果，尽可能补充调查中的不足。

根据调查结果，计算得万泉河鱼类损失系数得分为53分。

9.5.4 浮游植物密度

从监测结果来看，牛路岭水库的浮游植物密度平均为 30.1×10^5 cells/L，红岭水利枢纽为 27.3×10^5 cells/L。

根据评价赋分，牛路岭水库浮游植物密度得分为53分，红岭水利枢纽得分为56分，见表9-42。

表9-42　　牛路岭水库、红岭水利枢纽浮游植物密度得分

<table>
<tr><th colspan="2">评价单元</th><th>藻类密度
/(10^5 cells/L)</th><th colspan="3">浮游植物密度得分
PHD_r</th></tr>
<tr><td rowspan="3">牛路岭水库</td><td>库首</td><td>26.31</td><td>56</td><td rowspan="3">53</td><td rowspan="6">55</td></tr>
<tr><td>库中1</td><td>27.52</td><td>55</td></tr>
<tr><td>库中2</td><td>36.60</td><td>49</td></tr>
<tr><td rowspan="3">红岭水利枢纽</td><td>库首</td><td>30.41</td><td>53</td><td rowspan="3">56</td></tr>
<tr><td>库中</td><td>16.84</td><td>65</td></tr>
<tr><td>库尾</td><td>34.72</td><td>50</td></tr>
</table>

9.5.5 生物群落评估结果

万泉河生物群落得分为54分（表9-43、图9-9）。从健康得分来看，万泉河生物群落处于亚健康状态。

表9-43　　万泉河生物群落得分表

<table>
<tr><th>指标</th><th colspan="2">权重</th><th>南源</th><th>北源</th><th>中下游</th><th>牛路岭水库</th><th>红岭水利枢纽</th></tr>
<tr><td>底栖动物指数 BI_r</td><td>0.2081</td><td>0.1125</td><td>49</td><td>43</td><td>51</td><td>37</td><td>34</td></tr>
<tr><td>硅藻污染指数 IPS_r</td><td>0.6608</td><td>—</td><td>64</td><td>56</td><td>58</td><td>—</td><td>—</td></tr>
<tr><td>鱼类损失系数 FOE_r</td><td>0.1311</td><td>0.1786</td><td colspan="5">53</td></tr>
<tr><td>浮游植物密度 PHD_r</td><td>—</td><td>0.7089</td><td>—</td><td>—</td><td>—</td><td>53</td><td>56</td></tr>
<tr><td colspan="3" rowspan="3">生物群落得分 BC_r</td><td>59</td><td>53</td><td>56</td><td rowspan="2">51</td><td rowspan="2">53</td></tr>
<tr><td colspan="3">56</td></tr>
<tr><td colspan="5">54</td></tr>
</table>

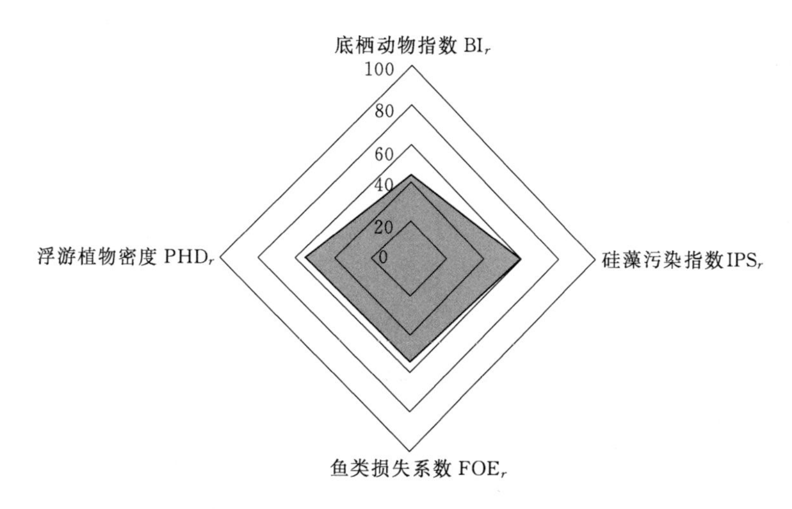

图 9-9 万泉河生物群落得分雷达图

9.6 社会服务功能

9.6.1 水功能区达标

万泉河水功能区达标得分见表 9-44。

表 9-44 万泉河水功能区达标得分表

评价单元		水功能区		水质目标	全年监测次数	达标次数		达标比例		水功能区达标得分 WFZ_r		
		一级区	二级区			全因子	双因子	全因子	双因子			
南源	乘坡	万泉河源头水保护区		Ⅱ	12	12	12	100%	100%	100	100	81
北源	大平水文站	定安河源头水保护区		Ⅰ	12	0	1	0	8%	0	44	
	白马岭	定安河琼中开发利用区	定安河琼中工业农业用水区	Ⅱ	12	9	9	75%	75%	75		
	加报	定安河下游琼中—琼海保留区		Ⅱ	12	7	12	58%	100%	58		
中下游	加积	万泉河琼海开发利用区	万泉河加积饮用景观娱乐用水区	Ⅱ	12	12	12	100%	100%	100	100	
	汀州	万泉河琼海开发利用区	万泉河下游博鳌景观娱乐农业用水区	Ⅱ	12	12	12	100%	100%	100		

注 计算最终得分仅考虑全因子达标评价结果。

9.6.2 公众满意度

调查共发放调查问卷 52 份，计算得到万泉河公众满意度得分为 78 分，见表 9-45。

表 9-45　万泉河公众满意度得分表

公众类型	份数/份	赋分															平均得分	权重	得分
沿岸居民	25	85	65	80	80	65	85	80	70	80	80	65	85	85	80	70	77	3.0	77
		80	80	70	75	70	85	70	90	80	80								
周边从事生产活动	12	80	60	65	80	80	80	75	75	70	80	70	85				75	1.5	
经常来旅游	10	85	80	80	75	80	75	80	75	80	75						79	1.0	
偶尔来旅游	5	80	90	80	80	90											84	0.5	

公众满意度调查对象中，“沿岸居民”主要来自沿岸各村庄、城镇，包括中下游的琼海市加积镇、万泉镇、石壁镇，上游的琼中县长征镇、湾岭镇等；“周边从事生产活动”主要是万泉河的渔业捕捞人员，少部分来自琼海市沿岸个体经营者；“经常来旅游、偶尔来旅游”主要调查琼海市城区及万泉湖风景区的旅游者。

从调查结果来看，民众反映的主要问题包括：“河流水质一般”“河水较浑”“河面漂浮垃圾”；旅游者则反映“河岸（河滨带）树木植被较少”；渔业捕捞人员普遍反映“河中鱼虾数量减少”；等等。

9.6.3　防洪指标

根据万泉河流域堤防资料调查结果，各单元防洪指标得分见表 9-46。

表 9-46　万泉河流域防洪指标得分表

评价单元	堤　防　名　称	规划重现期/年	堤防长度/m	达标长度/m	防洪指标	
					FLD	FLD_r
南源	—	—	—	—	—	—
北源	营根河右岸防洪堤	20	2500	2500	100%	100
	营根河左岸防洪堤	20	2500	2500		
中下游	万泉河博鳌镇千舟湾住宿区河段堤防	10	800	800	60%	12
	万泉河博鳌镇南强村河段堤防	10	250	85		
	万泉河博鳌镇古调河段堤防	10	200	196		
	万泉河博鳌镇滨海码头河段堤防	10	400	95		
	万泉河博鳌镇蓝色海岸河段堤防	10	700	230		
	加浪河加积镇万泉豪庭堤防河段	10	1000	600		
	加浪河加积镇碧海苑至海瑞水城河段堤防	10	800	800		
	加浪河加积镇美都半岛河段堤防	10	1000	143		
	文曲河防洪堤	10	319	319		

9.6.4　水资源开发利用

根据《珠江片水资源保护规划（2014—2030）》等资料，海南省万泉河水资源开发利用程度为 6.9%。

根据《河流方法》的设定，水资源开发利用概念模型仅适用于水资源供水需求量与可供水量之间存在矛盾的河流流域，考虑到万泉河流域水资源供水需求量远低于可利用量，现状开发利用比例低于10%，且已经满足流域经济社会的用水需求。因此，万泉河水资源开发利用赋分100分。

9.6.5 社会服务功能评估结果

万泉河社会服务功能得分为82分（表9-47，图9-10）。

表9-47 万泉河社会服务功能得分表

指　　标	权重	南源	北源	中下游
水功能区达标 WFZ_r	0.6157	100	44	100
公众满意 PP_r	0.0871	78		
防洪指标 FLD_r	0.1741	—	100	12
水资源开发利用 WRU_r	0.1231	100		
社会服务功能 SF_r		98	64	83
		82		

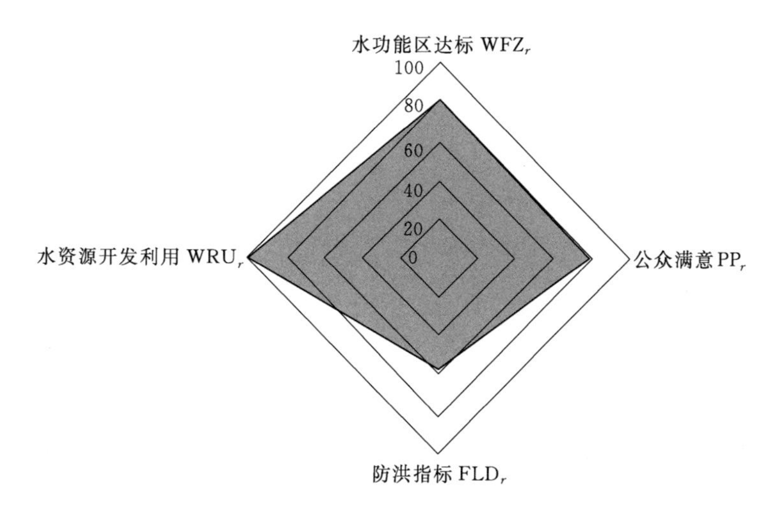

图9-10　万泉河社会服务功能得分雷达图

9.7　万泉河健康综合评估

综合以上各项评价指标，万泉河健康得分为79分（表9-48），属于健康状态。

从评估得分雷达图（图9-11）来看，万泉河健康得分较低为河流形态，其次为生物群落。

三个评价单元各健康要素得分情况与流域得分基本一致，均以河流形态和生物群落两项得分较低；其中北源定安河社会服务功能得分亦较低，主要是水功能区未能达标。

表 9-48　　　　万泉河健康得分表

指　标	权重	南源	北源	中下游
水文水资源得分 HR_r	0.0712	89	89	88
河流形态得分 RM_r	0.0574	42	44	58
水质状态得分 WQ_r	0.4800	97	93	91
生物群落得分 BC_r	0.2714	59	53	56
社会服务功能得分 SF_r	0.1201	98	64	83
万泉河健康得分 WQH		83	75	78
		79		

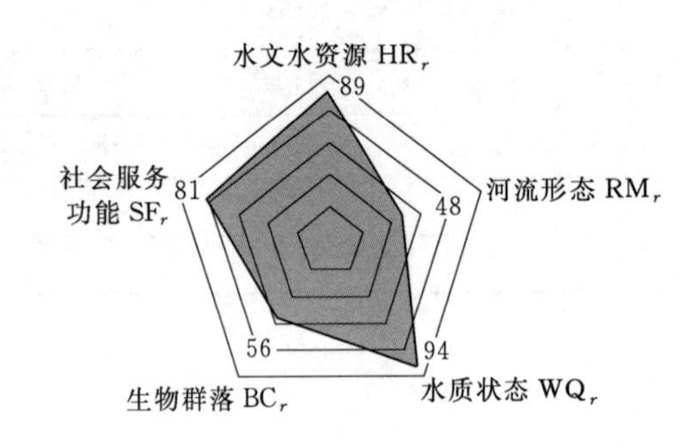

(a) 万泉河

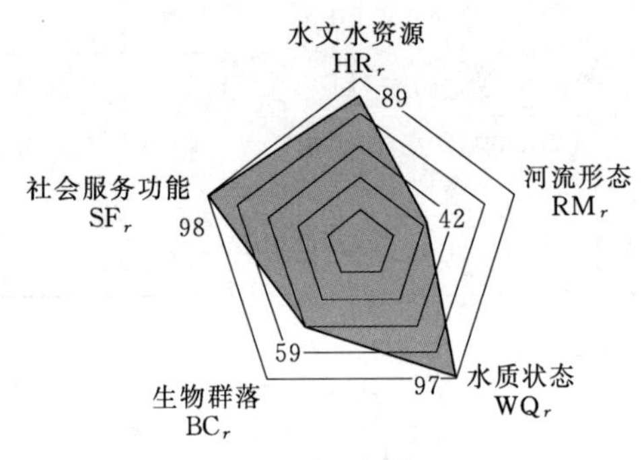

(b) 南源

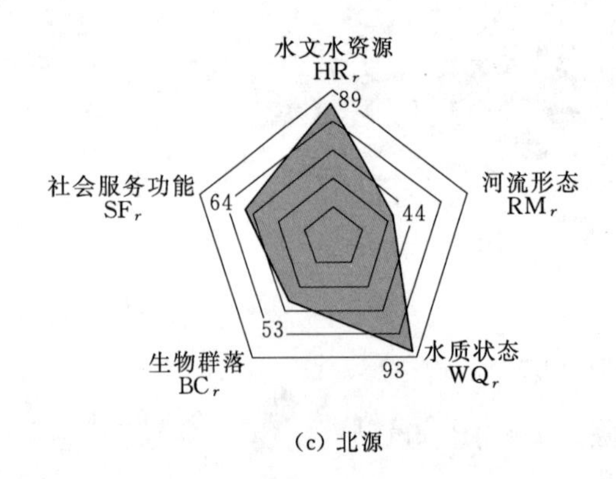

(c) 北源

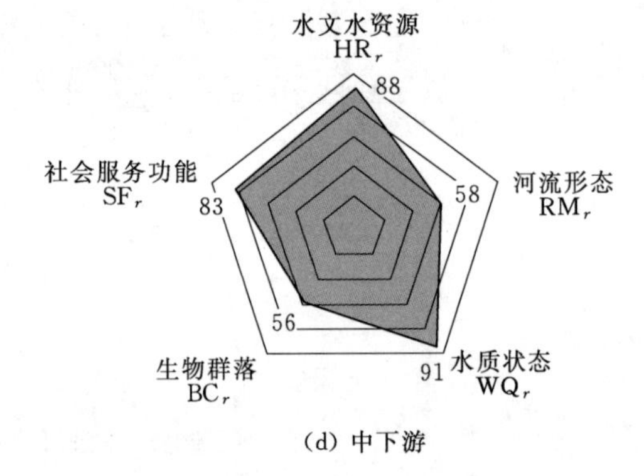

(d) 中下游

图 9-11　万泉河健康评估得分雷达图

第10章 水生态健康问题及管理对策

通过对万泉河自然概况和流域内社会经济发展情况的背景调查可以了解到，万泉河由于其所处的自然地理条件的特殊性使其流域生态天然存在脆弱性，同时流域开发利用活动中自然植被受破坏、生产生活污染排放等问题进一步威胁其脆弱的生态环境。

一方面，万泉河所在的海南岛属热带季风岛屿气候，岛内频繁遭受热带气旋、暴雨、干旱等多种气象灾害。统计调查发现，热带气旋是影响海南岛的主要自然灾害，年平均影响7.4个，主要集中在5—11月，是全国热带气旋登陆最多的省份；由台风或非台风带来的暴雨在海南岛频发，暴雨日总雨量一般占当地年雨量的20%，由此造成岛内河流山洪特征明显；另外，海南省一年中干季时间长达5～6个月（一般从11月至次年4月），而期间的降水量仅占年降水量的11%～27%。因此，由于海南岛地域的特殊性，其遭遇极端自然灾害的频率较高，导致岛内各江河流域的水生态系统遭受较强烈的自然干扰，使得江河流域的生态脆弱性突显。

另一方面，在近几十年来的开发活动中，万泉河流域大面积砍伐山林，种植橡胶、槟榔等经济作物的现象突出，部分的原生态林和植被遭到破坏，上游源头水源林受到一定程度的破坏。从上游的实地调查中发现，道路两旁基本为成片的马占相思林、桉树林、橡胶林、槟榔林等人工种植林；部分支流水量较小，河床几乎全部裸露。流域内植被破坏导致水源涵养能力有所降低的同时，生产生活污染排放进一步威胁生态健康。万泉河流域生产企业以农产品加工和食品加工业为主，如糖厂、胶厂、淀粉厂、食品厂等，这些工业所排放的污染物主要为有COD_{Cr}和氨氮。由于制糖企业和胶厂生产周期正好在河道内流量最小的枯水期，而此时河道内的纳污能力小，因此对河流水质影响较大。目前海南省工业污水治理率为100%，但是污水排放超标时有发生，造成局部地区水质污染。万泉河流域除琼海市和琼中县设有集中的污水处理厂外，各分散村镇多采用人工湿地进行污水处理。这些生活污水中氨氮是主要的污染特征因子，对万泉河的水质产生一定的污染压力。

通过万泉河水生态健康评估体系，识别出万泉河所存在的水生态健康问题，为针对性地提出水生态健康管理对策提供依据。

10.1 水生态健康问题

10.1.1 河流流量变异较大

从流量变异程度指标的计算结果来看，2015年万泉河三个水文站点的流量变异程度均较大。由近5年（2011—2015年）万泉河上下游三个水文站的流量变异程度（图10-1）的计算结果可以看到，三个站的流量变异程度变化趋势较接近，经t检验，各站变异程度无显著差异（$p>0.01$）。

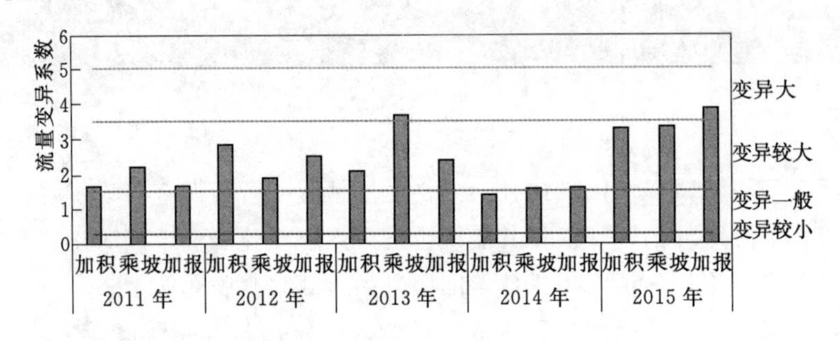

图10-1 近5年万泉河上下游水文站流量变异程度

采用Flow Health流量分析软件对三个站点的水文情势进行分析。分别以各站1956—1979年实测流量作为参照流量，并以此作为天然流量计算年份；以2011—2015年实测流量作为测试流量（图10-2），分析结果如图10-3所示。

从分析结果来看，2015年各水文站的汛期流量指标较天然流量有极大的偏差；加积、加报的最大月流量指标较天然流量有极大的偏差，乘坡有大偏差；加积的流量季节性变化较天然流量有大偏差，加报、乘坡有极大偏差。由此可见，三个站点的流量在汛期均有明显的变化，主要表现为汛期大流量显著低于天然流量过程，同时也导致流量的季节变化也存在差异。

从三个水文站的分布位置来看，乘坡水文站位于琼中县和平镇，控制集水面积727km²，分布有乘坡二级、乘坡三级两个年调节电站；加报水文站位于琼海市东太农场附近，控制集水面积1149km²，新建的红岭水利枢纽（2015年初下闸蓄水）为年调节电站；加积站位于万泉河下游琼海市加积镇，控制集水面积3236km²，建有牛路岭水电站，为多年调节电站。由此可见，三个水文站上游均分布有较大调节能力的水利枢纽，其削峰调蓄的作用可能是引起万泉河流量变异的原因之一。

对万泉河下游加积水文站的径流年内变化进行分析，加积站自1979年牛路岭水库建成后发生了较大的变化，牛路岭水库工程前径流量年内分配极不均匀，汛期6—11月占了全年径流量的78%，最大3个月（9—11月）占56%，最大径流月是10月，该月径流量占全年径流量的24%。最小径流月是3月，该月径流量仅占全年径流量的2%，最枯3个月（2—4月）占8%。工程后的径流年内变化主要表现在非汛期的水量增加，汛期的水量减少。非汛期（12月至次年5月）占全年的水量为29 %，比工程前增加了7%。汛期（6—11月）占全年的水量为71%，比工程前减少了7%（图10-4）。

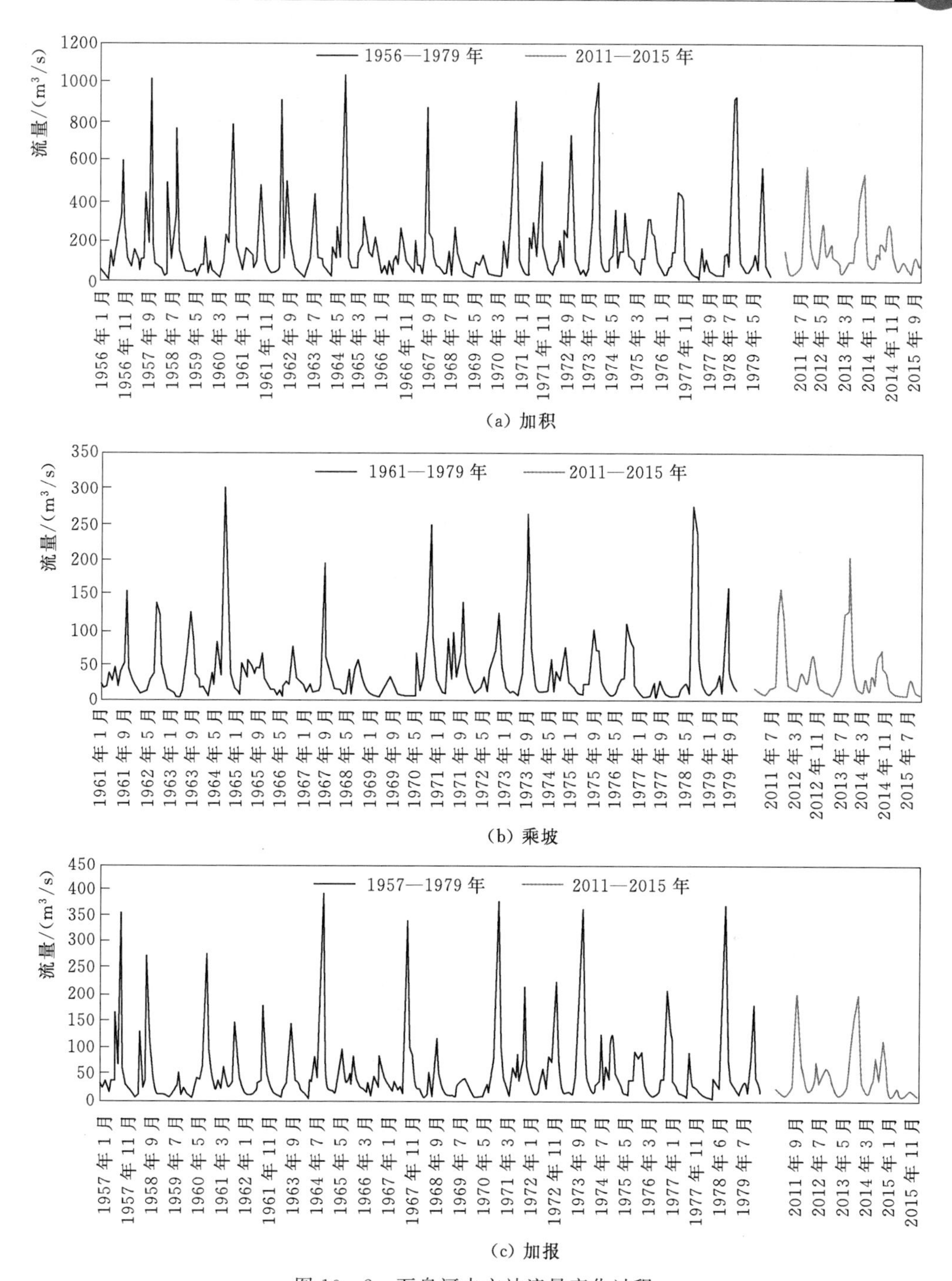

图 10-2　万泉河水文站流量变化过程

加报水文站在 2015 年红岭水利枢纽建成之前，上游集水范围内未有控制性工程存在，对加报站多年平均流量径流年内分配进行分析可得：1956—1979 年统计序列中，加报汛期流量占全年的 79%，非汛期占 21%；在 1980—2014 年统计序列中，汛期流量占全年的 76%，非汛期占 24%。由此可见，加报站在后一统计序列中同样是汛期水量减少、非汛期水量增加，但变化比例低于加积站（图 10-5）。

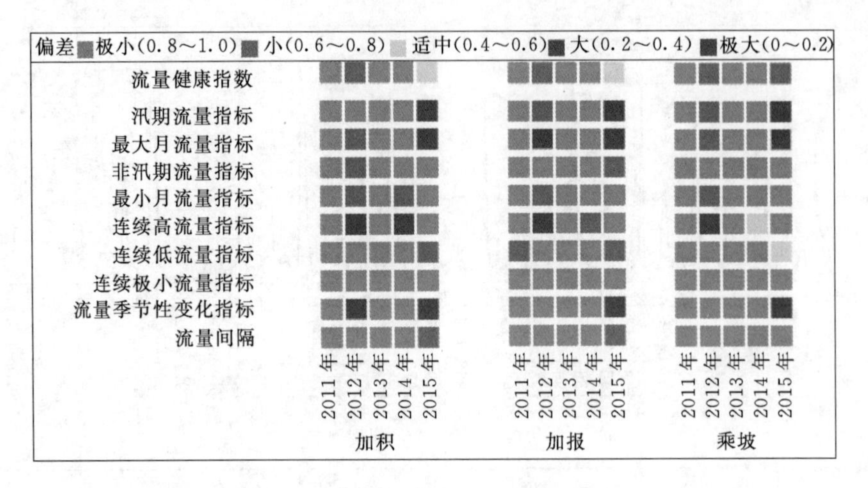

图10-3 万泉河各站点健康流量分析

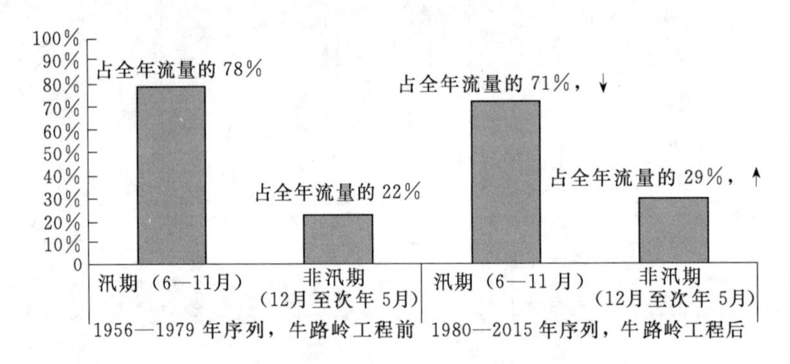

图10-4 加积站多年平均流量径流年内分配变化图

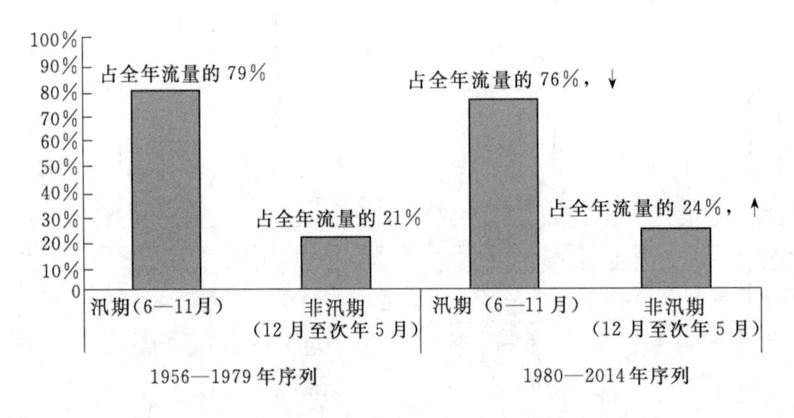

图10-5 加报站多年平均流量径流年内分配变化图

以上分析结果显示，牛路岭水库的运行调度对万泉河的流量过程产生了较大的影响。根据田伊池（2014）研究成果，牛路岭水库现状电站出库流量水文指标整体发生高度改变，破坏了原有的河流生境，对生态系统造成胁迫作用。简要概括各类指标改变产生的影响如下：

（1）月流量均值。现状出库流量指标以低度改变为主，丰枯变化的改变可能使生物的自然产卵、迁徙周期等发生紊乱。

（2）年极端流量。现状出库流量指标以中度改变为主，蓄丰补枯的水量明显减少，可能导致河道与滞洪区的养分交换不畅，影响滞洪区内生物的生长。

（3）年极端流量发生时间。现状出库流量指标属于低度改变，年极端流量发生时间一般会影响鱼类洄游产卵、繁殖等行为，以及生物繁殖期内的栖息地环境。

（4）高、低流量频率及延时。现状出库流量，年高流量脉冲次数和低流量延时数据指标属于高度改变，低流量脉冲次数和高流量延时数据指标属于中度改变。高低流量频率及延时的变化影响泛洪区岸边植物的栖息地环境，对河流生态系统产生胁迫作用。水库调节后，该组指标仅有两个值发生中度改变，其余均发生高度改变，该变化破坏了泛洪区岸边植物的栖息地环境，各种水生生物原有的繁殖期行为过程及栖息地条件等自然特征也受到了严重的影响。

（5）日流量改变值及逆转次数。现状出库流量，日流量年均增加值和减少值指标属于中度改变，逆转次数属于高度改变。频繁的流量变化，将对某些植物、漫滩有机物及低速生物体的生长产生影响。

牛路岭水库是以发电和防洪为主的大型水库，水库的运行使得水文指标发生不同程度的变化，对生态系统产生影响。为减小电站运行对下游河道生态系统的影响，可开展生态调度以满足河道内生态需水量，但生态调度所引起的电量损失令人担忧。如何在生态调度与发电效益之间取得平衡是现代电站调度管理中的重要课题。另外，红岭水利枢纽的主要任务是灌溉和发电，其中流域外多年平均调水量为 4.47 亿 m^3（2020 年），调水量接近流域水资源量的 10%，由此而对万泉河流量产生的影响亦不容忽视。

10.1.2 鱼类多样性及资源量下降

从综合评估结果来看，万泉河健康得分较低的要素为河流形态，其次为生物群落。其中，河流形态中的河流纵向连通性指标得分为 25 分，生物群落中的鱼类损失系数指标得分为 53 分，从万泉河水生态现状调查的结果来看，这两者之间可能存在一定的因果关系。

从鱼类资源的调查结果来看，万泉河鱼类资源存在以下问题：

（1）万泉河鱼类资源有明显衰退，鱼类多样性下降。根据万泉河历史上分布的鱼类及近年采集到的鱼类，剔除外来种，万泉河分布有鱼类 73 种，调查采集到其中 39 种土著种，结合上游山区溪流的研究成果，累计万泉河已收集及整理的种类为 51 种，鱼类损失系数为 0.70；除了由调查深度、强度和广度引起的误差外，这说明万泉河鱼类群落存在一定程度的衰退。其中，光倒刺鲃、厚唇鱼、虹彩光唇鱼、盆唇华鲮、细尾铲颌鱼、海南瓣结鱼个体较大，没有采集到则说明了其资源量已经有一定程度的衰退。另外倒刺鲃在万泉河亦非常少见。鱼的种类显著减少说明了河流中生境的变化，减少的种类都是分布于河流上游的喜流水生境鱼类。

（2）万泉河鱼类种群结构失衡，生态类型单一化，食物链不合理。万泉河分布的鱼类以杂食性为主，摄食浮游生物的种类缺失。河流中的优势种类以摄食底栖动物及有机碎屑、着生藻类为主，对水体中的浮游生物摄食量小，富营养化承受力低。另外万泉河分布的鱼类基本上是产黏沉性卵的鱼类，如广东鲂、唇䱻、纹唇鱼、鲤、鲫、尖鳍鲤等，而红鳍鲌等鲌是适合库区环境产卵繁殖的种类。万泉河分布的鱼类生态类型与其河流特性有关，万泉河全长仅163km，距离短，难以满足产漂流性卵的鱼类早期发育所需的漂程。

（3）生境及水文情势改变是影响鱼类多样性的主要因素。调查中发现万泉河渔业捕捞规模较小，尽管也存在电鱼等非法捕捞活动，但总体上沿江而上，捕捞量较小，捕捞对鱼类多样性的影响较小。从万泉河目前河流的流态流速来看，部分电站区间河段流速缓慢，生境趋于静水状态，原有的流水生境消失是造成万泉河土著急流性鱼类资源衰退的重要原因。

（4）外来种入侵是万泉河河流生态面临的严峻问题。外来种影响河流生态及生物多样性。尼罗罗非鱼在万泉河上游及中下游都成为优势种群。目前清道夫在加积河段也是常见种类；泰国鲤在加浪河已经形成优势种群。

由此可见，生境变化是造成万泉河鱼类资源衰退的重要原因，而引起万泉河纵向连通性得分较低的这些拦河闸坝正是人类改变万泉河生境的重要手段。

根据2010年水利普查及《海南省河流水电开发规划研究报告》（海南省发展和改革委员会，2014年10月）等资料的统计，万泉河流域已建电站64座（已计入红岭水利枢纽），其中具有调节能力的有22座，占34%（图10-6）。

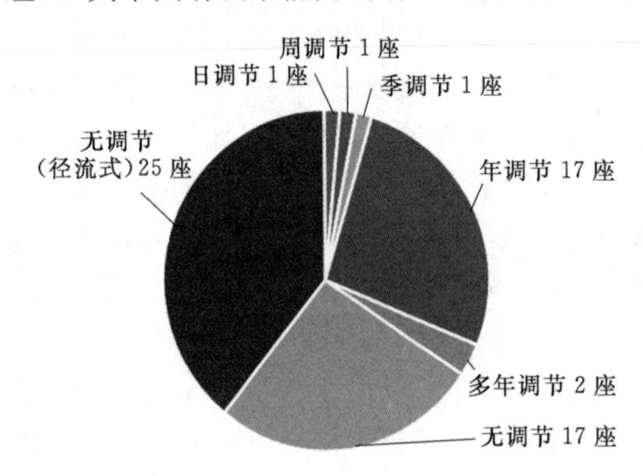

图10-6 万泉河已建电站统计图

这些具有调节能力的电站为实现其枢纽功能（如发电、灌溉等）调节其下泄流量，从而改变下游河道原有的天然流量过程，使得河道的自然水文节律发生变化，进而改变鱼类等水生生物赖以生存的河流生境，使其群落结构发生较大的变化。一般认为，拦河闸坝通过以下几个方面影响鱼类资源：

（1）大坝阻隔。一方面，大坝阻隔了洄游性鱼类的洄游通道。万泉河有降河洄游性的鱼类包括花鳗鲡、日本鳗鲡，拦河闸坝主要阻挡了幼鳗溯河洄游的行为；而由于万泉河较短，不适合产漂流性卵的鱼类繁殖，因此缺少青草鲢鳙等半洄游性种类，所以万泉河拦河闸坝对这部分鱼类的阻隔影响较小。

另一方面，大坝阻隔了上下游鱼类的迁移，影响了它们的基因交流，导致生物多样性的下降。大坝建成后，使得现有的连通河段被分割成“流水河段—水库—流水河段”三个片断。片断化的生境可能会使物种扩散以及群落的建立受到限制，它对物种的正常散布移居活动产生直接障碍，一旦单一生境的种群在自然演替和代谢中死亡后，其他种群由于大坝阻隔而不能进入到被分割的生境之中，物种数量将下降。同时，生境片断化还可能导致形成不同的异质种群，种群间基因难以交流，各种群将受到不同程度的影响。研究表明，由于大坝的阻隔，完整的河流环境被分割成不同的片段，鱼类生境的片段化和破碎化导致种群数量较大的鱼类、群体间将出现遗传分化；种群数量较少的物种将逐步丧失遗传多样性，危及物种长期生存。

（2）引水式电站。引水式电站一般会引起下游减脱水河段的形成，引水造成的下泄水量减少，即压缩了下游水生生物的栖息空间，造成其种群规模的下降，而脱水河段的形成对该河段中的水生生物是毁灭性的。

万泉河及定安河干流中的电站一般为闸坝式电站，而一些山区支流多为引水式电站，这些电站均造成下游一定范围的减脱水河道，对鱼类等水生生物资源的影响较大。

（3）水文情势变化。水库建成后为满足其在发电、防洪等一些功能上的需要而实行一定的调度，改变了河流的水文情势。特别是在鱼类产卵季节，坝下据的洪峰一般会削减，加上下泄低温水，对水库下游的河道鱼类产卵场将会产生重要影响，严重影响鱼类的正常繁殖。水库调度过程中使得库尾及坝下游的水位有较大幅度的涨落，使黏沉性的鱼卵暴露到空气中或者淹水加深而死亡。

电站建设后，万泉河现状部分河段流速缓慢，生境趋于静水状态，对于原有喜流水性鱼类来说其生境已不再适合，造成部分河段鱼类种群结构失调。

（4）水质变化。水库建成后，周边地区的社会经济随之有较大程度的发展，污染物质进入水体交换缓慢的库区后难以排出，造成库区的水质污染，水库营养状态有上升的趋势，使一些喜清水的鱼类的繁殖能力下降。

（5）低温水及气体过饱和。万泉河大部分闸坝坝高较低，但如牛路岭水库、红岭水利枢纽等高坝则可能会产生低温水和气体过饱和的问题。鱼类产卵繁殖需要一定的适宜温度，而高坝水库内水温分层，下泄的深层低温水使得下游鱼类的繁殖时机后移。另外，水库下泄水含有过量气体，使下游鱼类患“气泡病”，同时也危害到鱼卵和幼鱼。

综上所述，万泉河流域中开发利用活动在一定程度上改变了河流原有的生境，鱼类多样性及资源的下降是其产生的消极表现之一。

10.1.3 水库消落带的脆弱性

水库消落带是指因水库调度等原因引起库区水位变动而在库区周围形成的一段特殊区域，是水位反复周期性变化的干湿交替区。它不仅与库区水域系统进行着物质、能量交换，同时还与库区两岸坡地系统进行着物质和能量的交换。其特殊的水陆兼具的环境特点，会引发诸多生态环境问题，比如水土流失、环境污染，以及景观破坏等。这在牛路岭水库和红岭水利枢纽的库岸带中尤为显著。

其中有关于水库消落带的功能，一般认为其具有：

（1）保护自然库岸廊道以及与之相联系的地表和地下水径流。

（2）拦截径流中的泥沙稳定岸坡，减少侵蚀。

（3）拦截吸附氮、磷、杀虫剂等污染物。

（4）减缓水流，降低其破坏性。

（5）维持生物物种多样性，调节水流温度等微气候环境。

（6）提供生物栖息地，保护野生动植物生境以及其他特殊地和旅行廊道，保持生态系统的动态稳定性。

（7）美化水库廊道景观。

牛路岭水库的消落带在稳定岸坡、维持生物多样性、美化景观等功能上表现出一定程度的脆弱性。

牛路岭水库正常蓄水位为105m，死水位为80m，水库在年内调度过程中形成了落差

25m的消落带。从现场调查来看，牛路岭水库消落带除小范围草本植物外，基本无乔灌植被覆盖。缺少乔灌植被枝叶对降雨的截留作用，使得降雨在岸坡上形成的地表径流对岸坡土壤产生侵蚀作用；另外，缺少根系对水库岸坡的抓合，使得岸坡土壤强度下降。从现场调查来看，牛路岭水库部分岸坡确实存在水土流失的现象。

从岸滨底栖动物的采样结果来看，水库消落带底栖动物种类较少，生物量较低，仅采集到米虾、中华圆田螺、苏氏尾鳃蚓等几种较高耐性的种类。脆弱的消落带缺少对底栖动物所需的营养及水生植被等植物对栖息空间的需求，仅有少数耐性较高的生物才能生存。总的来说，牛路岭水库消落带生物多样性较低。

从遥感卫星图片来看，牛路岭水库岸周均形成了一条明显的消落带，与较高海拔处的森林植被和水库广阔蔚蓝的水面形成了鲜明的对比，景观类感较差（图10-7）。

图10-7　牛路岭水库消落带示意图

另外，消落带作为陆地生态系统和水域生态系统之间的过渡区域，是周围泥沙、有机物、化肥和农药等进入水域的最后一道生态屏障，对水陆生态系统起着廊道、过滤器、屏障等作用，在维持生态系统生产力及保持生态系统动态平衡等方面具有重要功能。牛路岭水库库周地区人类活动较少，因此尚未面临严重的污染输入问题。

综上所述，具有较强调节能力的水库在其运行调度中均会产生消落带的脆弱问题，在牛路岭水库中尤为显著。而红岭水利枢纽在2015年初开始下闸蓄水，虽然运行时间不长，但在水库中也能看到明显的消落带的形成。过去对水库的运行调度只注重充分发挥其功能而产生的经济效益，而忽视了由此产生的生态效应，这导致了水质下降、水土流失加剧、水库物种减少等问题，应该在水库今后的运行中加强对消落带的管理。

10.2 健康管理对策

针对万泉河主要健康问题，提出恢复万泉河水生态健康的对策措施。

10.2.1 开展生态调度

自然水文情势在维系河流生物多样性和生态系统完整性上至关重要。从进化的角度看，水生生物在数千万年地质年代演替形成的生物学特性、生活史策略、栖息地模式及物候顺序等，都与自然水文情势密切相关。同时水文情势被认为是河流生态系统的关键驱动因素。水文情势可以在不同空间和时间尺度下改变生境，随之对物种分布、密度、水生群落的构成和生物多样性的产生影响。由于水力资源的开发利用，万泉河水文情势发生了较大程度的变化；同时，这些已有的水利枢纽又承担着保障城镇居民及工农业用水、提供清洁能源、防洪保障等重要功能。因此，有必要通过利用现有工程开展生态调度工作，尽可能恢复万泉河天然水文节律，满足生态需水的要求。所谓生态调度，即既要在一定程度上满足人类社会经济发展的要求，也要考虑满足河流生命得以维持和延续的需要，其最终的目标是维护河流健康生命，实现人与河流的和谐发展。

（1）就万泉河而言，生态调度应该包括几方面的内容：

1）河流生态需水量调度。以满足河流生态流量为目的，生态流量按其功能的不同又有所不同，包括提供生物体自身的水量和生物体赖以生存的环境水量、保持河流一定自净能力水量、维持河口湿地基本功能需水量等。万泉河的天然径流过程是在一定的范围内随机变化，现有的生态系统是根据河流天然径流变化的特征响应。河流生态流量可分为最小生态流量和适宜生态流量。河流生态需水量调度，就是通过水库调度使河流径流过程落在适宜生态流量过程区间上，不允许低于最小生态流量。

2）模拟生态洪水调度。水库的运行调度改变了河流的自然水文情势，使得水文过程均一化。为了缓解由于水文过程均一化而导致的生态问题，可考虑改变水库的泄流方式，通过人工调度的方式模拟“人造洪水”，恢复河流丰枯变化的节律。该工作的基础是弄清水文过程与生态过程的相关性，建立相应的数学模型。需要掌握水库建设前水文情势，包括流量丰枯变化形态、季节性洪水峰谷形态、洪水过程等因素与下游生态过程的关系。深入研究水库建成后由于水文情势变化产生的不利生态影响，还需要对采取不同的水库生态调度方式对生态过程的影响进行敏感度分析。

从水生态调查结果来看，万泉河中下游没有明确的生境保护目标（如产卵场等），初步建议万泉河生态调度应以恢复/模拟天然水文节律为目标开展研究。

目前，万泉河中上游具有较大调节能力的水库包括牛路岭水库和红岭水利枢纽。其中，红岭水利枢纽以灌溉为主，结合防洪，兼顾发电，工程设置了 $4.72m^3/s$ 的生态流量要求，但无进行生态调度等措施；工程灌溉任务中，流域外多年平均调水量为 4.47 亿 m^3（2020 年），调水量接近流域水资源量的 10%，对流域流量变化也有重要影响。由于牛路岭水库建成较早，并无相关的生态流量措施。近年来有针对牛路岭水库生态—发电调度模型开展研究，引入下游河道生态需水作为约束条件，研究优化水库调度方案，以同时满足生态需水和发电效益最大化的调度策略。

（2）建议可结合牛路岭水库、红岭水利枢纽的发电运行，优化水库运行调度方案，开展生态调度研究。我们认为，在万泉河的生态调度中应该解决以下两个问题：

1）生态需水分析。现有的河道生态需水量的计算方法很多，不同的方法具有不同的特点，应结合流域实际情况深入分析，找到多个方法，从不同角度分析下游河流生态需水量，并考虑如何将其与水库调度规则相结合。本书中采用的生态需水目标为2005年《海南省水资源综合规划》的成果，规划中设置了生态基流（12%）及敏感期生态需水（25%、20%），并针对花鳗鲡这一敏感目标设置了水生生物保护需水量。但事实上，花鳗鲡这一保护目标并无敏感需水要求，而生态基流和敏感期生态需水所确定的比例是否能完全满足河流生态需水的要求需进行深入的研究。从1956—1979年多年平均对生态需水的满足程度分析结果来看，除了对产卵敏感期敏感生态需水的满足程度，非产卵期天然状态下大流量产生的生态效应及水生生物，特别是鱼类对这一流量过程的响应之间的机理是生态需水研究中的重点问题（图10-8）。

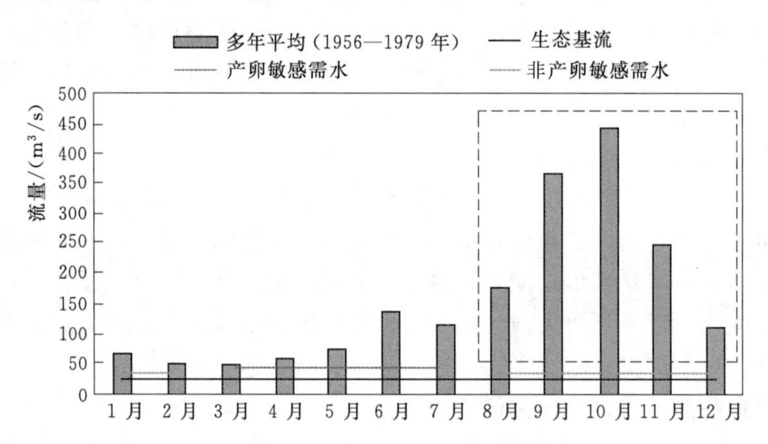

图10-8 1956—1979年统计序列多年平均流量的生态需水满足程度

2）水库生态调度中供水多目标协调。水库原有的运行方式主要考虑兴利和防洪之间的利益协调，对生态考虑较少或考虑得极其简单，按照原有的调度方式进行调度能够协调各目标之间的利益关系，现在要加入生态因素进行生态调度，势必会挤占其他用水目标，破坏原有的供水平衡，需重新确定各供水目标与生态目标的关系，如何平衡好各目标关系有待进一步研究，这需要重新制定调度规则，使水库在满足社会经济需求的同时，降低对生态带来的负面影响，从而使调度方式更加完善。

10.2.2 保护鱼类资源

针对万泉河鱼类资源衰退的问题，提出几方面人工保育鱼类资源的建议。

（1）加强鱼类栖息地保护。流水生境对维持鱼类多样性和保持河流自净能力有重要作用。天然的河道及良好水环境条件为鱼类生存、繁衍及物种多样性保护提供了必要的生境条件。随着河流水文情势改变，相应的水力、水质、河道等也发生改变，鱼类栖息地发生了显著的变化，并在一定程度上对鱼类产生胁迫。鉴于目前万泉河生境变化显著，对目前现存的天然河段加强保护，限制进一步开发利用。①万泉河中上游的山区溪流多有小水电的开发，对于一些无立项、无设计、无管理、无验收的“四无”水电站应予以取缔，保留尚未开发的河段，为万泉河喜流水性鱼类保留其仅有的栖息空间。从现状调查来看，万泉河上游的乘坡河、太平溪等河流中的鱼类以喜流水性种类为主，其中不乏倒刺鲃等名贵经济种类，小水电开发形成的库区静水河段和坝下减脱水河段对这些喜流水性鱼类产生了消极影响。②万泉河干流烟园水电站以下、定安河干流船埠水电站以下至加积水电站之间的河段规划有狗灶、石虎两个梯级。目前这一河段河道开阔，水质良好，水体规模较大，是鱼类资源产卵繁育的良好场所，保留这一河段的现状对万泉河鱼类保护有重要意义，建议进一步论证新建梯级生态保护措施的必要性。

(2) 优化鱼类种群结构，保护珍稀特有种类，增加滤食性种类。对海南岛这一孤立的淡水水系来说，尖鳍鲤、广东鲂、倒刺鲃、盆唇华鲮、异鱲是万泉河中珍稀、特有的种类，与南渡江、昌化江相比，这些种类在万泉河中仍有一定的数量，开展人工增殖保育工作对这些鱼类的保护有积极的意义，主要开展这些种类的人工增殖技术，进行亲本捕捉、人工催产、人工培育等方面技术的研究。

另外，万泉河的鱼类种类组成单一化，缺少产漂流性卵的鱼类，鲢及鳙需要人工投放才能维持种群规模。从现状调查来看，一些水库的库区存在一定的富营养化趋势，这在下游支流的一些水电库区尤为明显。从防治水体富营养化的需要出发，可加强鲢及鳙的放流数量，以促进对浮游植物及浮游生物的滤食，同时对人工放流的鲢及鳙合理捕捞。鲢及鳙对浮游生物的调控，国内已有许多成功的案例，内在机理的研究及调控模式较为成熟。

此外，万泉河的鱼类中洄游、半洄游种类较少，对维持鱼类洄游通道畅通这一需求相对较弱。但从促进上下游生物基因交流、保持生物多样性的角度来看，恢复河流纵向连通性仍有一定的积极意义。

10.2.3 水库消落带修复

我国对于消落带生态问题的研究，主要集中在三峡工程完工后库区消落带的生态环境问题及治理。研究多集中在适合水淹植物物种选择、控制农业面源污染和植物恢复重建等方面，并提出工程措施和生态措施相结合来重建三峡消落带的生态系统。针对牛路岭水库的实际现状，建议采取生态措施恢复重建消落带植被。

消落带植被生态重建需要解决的关键问题之一是植物的遴选，要筛选大量能适应消落带的新的生态环境，满足各种生态系统功能的植物种类。为此，一些学者对三峡库区消落带植被构成、植物适生性进行了调查研究，开展了消落带植物的遴选、繁殖和耐水淹机理研究和消落带植被恢复应用技术体系研究等。因此，牛路岭水库的消落带植被重建工作应开展针对性研究。

由于水库调蓄运行和自然条件等原因，常导致库水位频繁和大幅度波动，水库边缘植被往往易遭受破坏。因此，消落带的植被恢复与重建具有其独特的方式，最好的选择是以植被工程为主、土石工程为辅的规模性治理，在库区的土质库岸段营造人工的、湿生的、固土能力强的、部分可经济利用的、具观赏价值的湿地草丛、湿地灌丛等保护型、经济型及观赏型植被类型，建立防止岸坡遭受侵蚀的立体防护植被带。目前主要的两种生态工程重建模式为植被生态工程模式和工程与生态措施相结合模式，这两种模式如下：

（1）植被生态工程模式。在水库消落带边坡上按一定的组合种植多种植物，通过植物的生长活动达到根系加筋、茎叶防冲蚀的目的。经过植物生态护坡技术处理，可在坡面形成茂密的植被覆盖，在表土层形成盘根错节的根系，有效抑制暴雨径流以及波浪对边坡的侵蚀，增加土体的抗剪强度，减小空隙水压力和土体自重力，从而大幅度提高边坡的稳定性和抗冲刷能力。从长远看，固坡植物还能改善土壤属性、水文地质条件甚至地区小气候，从而从根本上改善边坡地质条件。

植被生态护坡能充分改善生态环境，减弱岩土体风化作用、热效应及冲刷效应，从根本上改善边坡环境，植物生态工程模式越来越受到重视，植被生态工程模式的优势在于①植物枝叶可以降低雨水对坡面的冲击、冲刷，植物根系可以固土，提高坡面的抗冲能力；②固土护坡植物根系可以加固边坡，提高边坡的稳定性；③恢复自然，保护环境。

植被生态工程模式对水库消落带边坡的防护是通过它的主要构成部分来实现的：①植物的生长层通过自身致密的覆盖，防止边坡表层土壤直接遭受雨水以及波浪的冲蚀，降低暴雨径流的冲刷能量和地表径流速度，从而减少土壤的流失；②落叶层与根茎交界面的腐质层为边坡表层土壤提供了一个保护层；③根系层对坡面地表土壤加筋锚固，提供机械稳定作用。

（2）工程与生态措施相结合模式。生物措施虽然在水土保持方面的效益巨大，但对于某些大型水库而言，仅有生物措施显然是不够的。工程与生态措施相结合模式是指综合利用植物与土木工程措施，和非生命的植物材料结合使用，以减轻坡面的不稳定性和侵蚀，以达到减少水土流失、维持生物多样性和生态平衡，以及美化环境等目的的技术模式，它是以生态工程学、工程力学、植物学、植物生物学、水利学以及环境美学等为理论基础的一门综合性工程技术。它以因地制宜、整体、协调、自生、循环原则为指导，在少量人工辅助措施的辅助下，在生态系统自我组织、自我调节功能的基础上实现水库消落带边坡健康的生态系统。

张永祥等在桂林青狮潭水库开展的消落带修复研究可以为牛路岭水库提供参考。青狮潭水库建于1987年，总库容6亿m^3，装机容量1.28万kW，是一个以灌溉为主，结合供水、发电、防洪、航运、养鱼、旅游等综合利用的大型水库，迄今已运行40年。其消落带重建工作模式如下：

1）在当地水库开展消落带植物调查，筛选出适合建立水库消落带植被的植物；研究者在库区消落带的一些地带发现能适应水库消落带水位频繁变化的植物，在对青狮潭水库调查中，在消落带发现了苋科植物种、莎草科植物种、禾本科种等主要植物。在这些植物中，多数植物的生长周期已经和库水位变化相协调，一般在9月水位下降时迅速复活并生长，次年的1月开花结果，从5月开始逐渐进入休眠期。有些植物明显退化变种，不开花或极少量开花，主要靠根系来进行繁殖。

2）植物筛选应遵循“适地适种、物种多样性、优选乡土物种为主与外来物种为辅相结合”的原则；研究者把消落带分为三个层次，上层主要种植本土景观植物，以改善消落带的景观美感；中层种植竹类、夹竹桃等能适应较小水位变化的植物；下层选取硬骨草、钝叶草、面脉草、荻等能适应水库消落带生态环境的植物，这些植物有生长快、适应性广、抗逆性强、根系纵深发达的优良特性，只要进行等高种植，在较短的时间内就能形成致密的绿篱带。

3）引进多年生植物才是水库消落带生态恢复的目的。

4）开展预选物种的生物学特征研究，包括生长状态、根系抗拉力、水污染吸附特性、淹水特性、生态安全性等多方面试验。

5）开展实地种植，确定重建方案。

参 考 文 献

[1] 艾丽皎，吴志能，张银龙. 水体消落带国内外研究综述 [J]. 生态科学，2013，32 (2)：259-264.

[2] 蔡大鑫，张京红，刘少军. 海南岛万泉河流域暴雨洪涝灾害风险区划研究 [J]. 中国农学通报，2013，29 (23)：201-209.

[3] 封光寅，李文杰，周丽华，等. 流量过程变异对汉江中下游河流健康影响分析 [J]. 水文，2016，36 (1)：46-50.

[4] 冯耀龙，田伊池，韩金强，等. 水库生态——发电优化调度及应用研究 [J]. 中国农村水利水电，2014 (2)：137-141.

[5] 傅国斌，刘昌明. 全球变暖对区域水资源影响的计算分析——以海南岛万泉河为例 [J]. 地理学报，1991 (3)：277-288.

[6] 海南省水电开发规划报告 [R]. 海口：海南省发展和改革委员会，2014.

[7] 海南省水资源公报 [R]. 海口：海南省水务厅，2009—2015.

[8] 海南省水资源综合规划 [R]. 海口：海南省水务局，2005.

[9] 海南省万泉河红岭水利枢纽工程初步设计报告 [R]. 广州：中水珠江设计公司，2009.

[10] 海南省万泉河流域综合治理开发规划报告 [R]. 广州：中水珠江设计公司，2006.

[11] 黄川. 三峡水库消落带生态重建模式及健康评价体系构建 [D]. 重庆：重庆大学，2006.

[12] 李萍萍，崔波，付为国，等. 河岸带不同植被类型及宽度对污染物去除效果的影响 [J]. 南京林业大学学报（自然科学版），2013，37 (6)：47-52.

[13] 马绣同. 海南岛潮间带软体动物生态观察 [J]. 动物学杂志，1963 (3).

[14] 佘济云，胡焕香，李俊，等. 海南省万泉河流域植物区系及植被恢复经营模式研究 [J]. 中国农学通报，2012，28 (7)：64-69.

[15] 佘济云，周丹华，刘照程，等. 基于 GIS 的万泉河流域生态敏感性分析 [J]. 中国农学通报，2012，28 (10)：69-73.

[16] 汤家喜. 河岸缓冲带对农业非点源污染的阻控作用研究 [D]. 沈阳：沈阳农业大学，2014.

[17] 田伊池. 水库生态一发电优化调度及应用研究 [D]. 天津：天津大学，2013.

[18] 王守书. 河流旅游功能构建与产品开发研究——以海南万泉河为例 [D]. 上海：上海师范大学，2009.

[19] 吴创收. 华南流域人类活动和气候变化对入海水沙通量和三角洲演化的影响 [D]. 上海：华东师范大学，2013.

[20] 吴国文. 南方湖库初春“水华”现象原因分析与对策 [J]. 海南师范大学学报（自然科学版），2005，18 (2)：188-192.

[21] 肖利娟. 海南省 7 座大中型水库浮游植物群落特征和富营养化分析 [D]. 广州：暨南大学，2008.

[22] 辛成林，任景玲，张桂玲，等. 海南东部河流、河口及近岸水域颗粒态重金属的分布及污染状况 [J]. 环境科学，2013，34 (4)：1315-1323.

[23] 严雪丹. “自然人本”下的万泉河流域植被景观恢复性规划 [D]. 长沙：中南林业科技大学，2013.

[24] 张东江，哈建强，史洪飞. 白洋淀入淀流量变异程度分析 [J]. 水资源保护，2014，30 (1)：43-47.

[25] 张俊龙，李永平，王春晓，等. 洞庭湖入湖流量变异程度评价研究 [C]. 中国水利学会2014学术年会，2014.

[26] 张伟，佘济云，郭霞，等. 万泉河流域生态经济可持续发展评价指数的研究 [J]. 中南林业科技大学学报，2012，32 (4)：122-126.

[27] 张永祥. 水库消落带生态修复与重建 [D]. 南宁：广西大学，2007.

[28] 周丹华. 海南省万泉河流域生态脆弱性研究 [D]. 长沙：中南林业科技大学，2013.

[29] 周永娟，仇江啸，王姣，等. 三峡库区消落带生态环境脆弱性评价 [J]. 生态学报，2010，30 (24)：6726-6733.